图解 LED 应用从入门到精通
第 2 版

刘祖明　张安若　王艳丽　等编著

机械工业出版社

本书结合国内外 LED 技术的应用和发展，全面系统地阐述了 LED 的基础知识和最新应用。全书共分为 12 章，系统地介绍了 LED 照明产品基础、LED 射灯、LED 球泡灯、LED 荧光灯、LED 筒灯、LED 吸顶灯、LED 路灯、LED 隧道灯、LED 景观灯、LED 室外照明灯等灯具设计及安装、调光或调光系统以及 LED 照明产品认证及国际认证的相关知识。本书题材新颖实用，内容由浅入深，循序渐进，通俗易懂，图文并茂，是一本具有很高实用价值的 LED 应用指南。

本书可供电信、信息、航天、汽车、国防及家电等领域即将从事的 LED 工程技术人员、产品推广人员、广告制作及安装人员阅读，也可供广大电工及职业院校相关专业的师生参考，还可作为 LED 工程应用技术短期培训教材使用。

图书在版编目（CIP）数据

图解 LED 应用从入门到精通 / 刘祖明等编著. —2 版. —北京：机械工业出版社，2016.2（2018.1 重印）

ISBN 978-7-111-52430-4

Ⅰ．①图… Ⅱ．①刘… Ⅲ．①发光二极管－照明技术－图解
Ⅳ．①TN383-64

中国版本图书馆 CIP 数据核字（2015）第 301258 号

机械工业出版社（北京市百万庄大街 22 号　邮政编码 100037）

策划编辑：张俊红　责任编辑：吕　潇　版式设计：霍永明
责任校对：张　征　封面设计：马精明　责任印制：李　洋

北京玥实印刷有限公司印刷

2018 年 1 月第 2 版·第 2 次印刷

184mm×260mm·18 印张·413 千字

标准书号：ISBN 978-7-111-52430-4

定价：49.80 元

前言

进入 21 世纪，LED 照明产业发展迅速，欧洲、美国、日本、韩国和我国台湾地区在不同领域具有较强优势，全球产值年增长率保持在 20% 以上。我国自 1996 年起先后启动了绿色照明工程、半导体照明工程以来，初步形成了完整的产业链，并在下游集成应用方面具有一定优势。目前，世界照明工业正在转型，许多国家提出淘汰白炽灯、推广节能灯计划，将半导体照明节能产业作为未来新的经济增长点。随着我国产业结构调整、发展方式转变进程的加快，半导体照明节能产业作为节能减排的重要措施迎来了新的发展机遇期。LED 照明灯具必将对传统的照明光源市场带来冲击，成为一种很有竞争力的新型照明光源。

我国从 1996 年启动实施绿色照明工程，2008 年开展财政补贴高效照明产品推广工作，2009 年印发了《半导体照明节能产业发展意见》，2011 年发布了"中国逐步淘汰白炽灯路线图"，推动照明产业结构优化、持续发展。据测算，若将我国全部在用的白炽灯替换成节能灯，每年可节电 480 亿千瓦时，相当于减排二氧化碳近 4800 万吨，若进一步更换为 LED 照明产品，将带来更大的节能效果。在 2013 年发布了"中国逐步降低荧光灯含汞量路线图"，让 LED 照明产品的优势更加明显，LED 照明市场发展又迎来了新的春天。

随着 LED 技术的不断创新和发展，LED 照明灯具产品的开发、研制、生产已成为发展前景十分诱人的朝阳产业。目前，由于 LED 照明技术的广泛应用及其潜在的市场，LED 照明灯具显示出了强大的发展潜力，并已形成一条完整的 LED 照明灯具产业链。

由于 LED 照明行业与其他行业相比发展时间相对较短，但在国内 LED 照明产品发展比较好，应用领域甚广。由于生产、应用地域分布极不平衡，可供相关技术人员、工程人员学习和借鉴的"样板"少。同时加上许多资料不甚完善，给学习 LED 照明技术带来了许多苦恼。鉴于此我们编写了此书。

本书结合国内外 LED 技术的应用和发展，全面系统地阐述了 LED 的基础知识和最新应用。全书共分为 12 章，系统地介绍了 LED 照明产品基础知识、LED 射灯、LED 球泡灯、LED 荧光灯、LED 筒灯、LED 吸顶灯、LED 路灯、LED 隧道灯、LED 景观灯、LED 室外照明灯等灯具设计及安装以及 LED 照明产品认证及国际认证的相关知识。本书题材新颖实用，内容由浅入深，循序渐进，通俗易懂，图文并茂，是一本具有很高实用价值的 LED 应用指南。同时结合书中笔者在 LED 照明领域的多年应用经验，让 LED 新成果及新技术在这里得到应用，使本书内容更加全面、实用、新颖。

笔者长期从事 LED 照明技术的研究和开发工作，积累了丰富的实践经验，并且编写了数本关于 LED 照明方面的图书，在业界产生了一定的影响。《图解 LED 应用从入门到精通》一书出版两年来，深受读者的关注与喜爱，很多读者发来邮件或打来电话与笔者交流 LED 技术，并提出了宝贵的意见。笔者经过这两年的考虑，在吸取读者意见的基础上，并结合这几年 LED 发展的新技术，决定对《图解 LED 应用从入门到精通》一书进行内容修订，增加了很多实际的 LED 设计实例与新技术，使本书内容更加全面和实用。

全书由刘祖明、张安若、王艳丽负责编写，张安若编写了第 1~4 章，王艳丽编写了第 5~8 章，刘祖明编写了第 9~12 章，并负责全书的统稿工作。参与资料收集及部分编写工作的还有钟柳青、刘丽明、邱寿华、刘文沁、王华、刘艳明、钟勇、廖艳情、刘艳生。在此，对以上人员致以诚挚的谢意。

本书在写作过程中参考了大量的书籍，同时也引用了一些互联网上的资料并加以完善和修改，在此向这些书籍和资料的原作者表示衷心的感谢。在写作过程中，资料收集和技术交流方面得到了国内外专业学者和同行的支持，在此也表示衷心的感谢。可能有些引用资料的出处，基于各种原因未能列在参考文献中，在此对这些资料的作者表示歉意与感谢！

本书的所有实例都经过编者的实际应用，但由于 LED 照明设计涉及面广，实用性强，加之编写时间仓促，以及作者水平有限，书中难免存在不足之处，敬请广大读者批评指正。同时感谢读者选择了本书，希望我们的努力能对您的工作和学习有所帮助，也希望广大读者不吝赐教。

编　者

目录

第**1**章

LED 照明产品基础知识

―――――☆ ☆ **1.1 LED 的发展史及应用** ☆ ☆―――――

★1. LED 的发展史

1907 年，Henry Joseph Round 第一次在碳化硅里观察到电致发光现象，科技工作者开始了新的探索之旅。20 世纪 20 年代晚期，Bernhard Gudden 和 RobertWichard 在德国使用从锌硫化合物与铜中提炼的黄磷发光，但由于发光太暗，没有得到应用。

1936 年，GeorgeDestian 发表了关于硫化锌粉末发射光线的报告，出现了"电致发光"这一专业术语。

20 世纪 50 年代，英国科学家在电致发光的实验中使用砷化镓发明了第一枚具有现代意义的 LED。

20 世纪 60 年代末，人们在砷化镓基体上使用磷化物发明了第一只可见红光的 LED。1965 年，第一款用锗材料制造的 LED 面世，随后不久，Monsanto 和惠普公司开始批量生产，并应用在设备上作为指示灯。

20 世纪 70 年代，由于 LED 器件在家庭与办公设备中的大量应用，LED 的价格直线下跌。事实上，LED 在那个时代主打市场是数字与文字显示技术应用领域。

20 世纪 80 年代早期的重大技术突破是开发出了 AlGaAs LED，以 10lm/W 的发光效率发出红光。这一技术进步使 LED 能够应用于室外信息发布以及汽车高位刹车灯（CHMSL）设备。

1990 年，业界又开发出了能够提供相当于最好的红色器件性能的 AlInGaP 技术，这比当时标准的 GaAsP 器件性能要高出 10 倍。

1994 年，日本科学家中村修二在 GaN 基片上研制出了第一只蓝色发光二极管，由此引发了对 GaN 基 LED 研究和开发的热潮。1996 年由日本 Nichia 公司（日亚）成功开发出白光 LED。

20 世纪 90 年代后期，研制出通过蓝光激发 YAG 荧光粉产生白光的 LED，但色泽不均匀，使用寿命短，价格高。随着技术的不断进步，近年来白光 LED 的发展相当迅速，白光 LED 的发光效率已经达到 120lm/W。在实验室的白光 LED 的发光效率更高，甚至超过 200lm/W。

随着 LED 技术的迅猛发展，其发光效率的逐步提高，LED 的应用市场将更加广泛，

2

特别是在全球能源短缺的忧虑再度升高的背景下，LED 在照明市场的前景更备受全球瞩目，被业界认为在未来 10 年成为最被看好的市场以及最大的市场，将是取代白炽灯、钨丝灯和荧光灯的最大商品。展望将来还期望更进一步地提高。

★2. LED 的应用

LED 的应用领域非常广，包括通信、消费性电子、汽车、照明、信号灯等，可大体区分为背光源、照明、电子设备、显示屏、汽车等五大领域。

➤ 背光源部分。

主要是手机背光光源方面，是 SMD 型产品应用的最大市场。LED 作为背光源已普遍运用于手机、计算机、手持掌上电子产品及汽车、飞机仪表盘等众多领域。

➤ 照明部分。

LED 照明已逐渐发展至商品化的初步阶段，但在使用寿命及价格上仍有改进空间。LED 照明应用包括建筑装饰、室内装饰、旅游景点装饰等，主要用于重要建筑、街道、商业中心、名胜古迹、桥梁、社区、庭院、草坪、家居、休闲娱乐场所的装饰照明，以及集装饰与广告为一体的商业照明。

➤ 电子设备部分。

LED 以其功耗低、体积小、寿命长的特点，已成为各种电子设备指示灯的首选，目前几乎所有的电子设备都有 LED 的身影。

➤ 显示屏。

LED 显示屏作为一种新兴的显示媒体，随着大规模集成电路和计算机技术的高速发展，得到了飞速发展，以其亮度高、动态影像显示效果好、故障低、能耗少、使用寿命长、显示内容多样、显示方式丰富、性价比高等优势，已广泛应用于各行各业。

➤ 汽车部分。

LED 在汽车内部的使用包括仪表板、音箱的指示灯，在汽车外部使用包括高位制动灯、左右尾灯、前后车灯、制动灯等。若再加上交通标志等，LED 与交通有关的市场，商机非常巨大。

➤ 特殊工作照明和军事运用。

由于 LED 光源具有抗震性、耐候性、密封性好，以及热辐射低、体积小、便于携带等特点，可广泛应用于防爆、野外作业、矿山、军事行动等特殊工作场所或恶劣工作环境之中。

➤ 其他应用。

LED 还可用于玩具、礼品、手电筒、圣诞灯等轻工产品之中，我国作为全球轻工产品的重要生产基地，对 LED 有着巨大的市场需求。

☆☆ 1.2 LED 发光原理 ☆☆

发光二极管（Light Emitting Diode，LED）是一种固态的半导体器件，可以直接把电转化为光。LED 的心脏是一个半导体的晶片，晶片的一端附在一个支架上，一端是负极，另一端连接电源的正极，使整个晶片被环氧树脂封装起来。半导体晶片由两部分组成，一部分是 P 型半导体，在它里面空穴占主导地位，另一端是 N 型半导体，在这边主要是电子。但这两种半导体连接起来的时候，它们之间就形成一个 PN 结。当电流通过导线作用于这个晶片的时候，电子就会被推向 P 区，在 P 区里电子跟空穴复合，然后就会以光子的形式发出能量，这就是 LED 发光的原理。而光的波长就是光的颜色，是由形成 PN 结的材料决定的。

发光二极管（LED）是由Ⅲ-Ⅳ族化合物，如 GaAs（砷化镓）、GaP（磷化镓）、GaAsP（磷砷化镓）等制成的，其核心是 PN 结。因此它具有 PN 结的单向导电特性，即正向导通、反向截止及击穿特性。此外，在一定条件下，它还具有发光特性。在正向偏置电压下，电子由 N 区注入 P 区，空穴由 P 区注入 N 区。进入对方区域的少数载流子（少子）一部分与多数载流子（多子）复合而发光，如图 1-1 所示。

假设发光是在 P 区中发生的，那么注入的电子与价带空穴直接复合而发光，或者先被发光中心捕获后，再与空穴复合发光。除了这种发光复合外，还有些电子被非发光中心（这个中心介于导带、价带中间附近）捕获，而后再与空穴复合，每次释放的能量不大，不能形成可见光。发光的复合量相对于非发光复合量的比例越大，光量子效率越高。由于复合是在少子扩散区内发光的，所以仅在靠近 PN 结面数微米以内产生光。

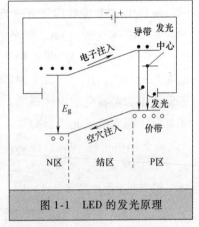

图 1-1　LED 的发光原理

理论和实践证明，光的峰值波长 λ 与发光区域的半导体材料禁带宽度 E_g 有关，即

$$\lambda \approx 1240/E_g \tag{1-1}$$

式中，E_g 的单位为电子伏特（eV）。

若能产生可见光，则其波长为 380（紫光）~780nm（红光）。半导体材料的 E_g 应为 3.26~1.63eV。

☆☆　1.3　白光 LED 实现方法　☆☆

对一般照明而言，人们更需要的光源是白光。1998 年成功开发出白光的 LED。这种白光的 LED 是将 GaN 芯片和钇铝石榴石（YAG）封装在一起做成的。GaN 芯片发蓝光（$\lambda_p = 465nm$，$W_d = 30nm$），高温烧结制成的含 Ce^{3+} 的 YAG 荧光粉受此蓝光激发后发出黄色光，峰值 550nm。蓝光 LED 基片安装在碗形反射腔中，覆盖以混有 YAG 的树脂薄层，厚约 200~500nm。LED 基片发出的蓝光一部分被荧光粉吸收，另一部分与荧光粉发出的黄光混合，可以得到白光。现在，对于 InGaN/YAG 白色 LED，通过改变 YAG 荧光粉的化学组成和调节荧光粉层的厚度，可以获得色温 3500~10000K 的各色白光。

白光 LED 类型及其原理见表 1-1。

4

表1-1 白光 LED 类型及其原理

芯片数	激发源	发光材料	发光原理
1	蓝色 LED	InGaN/YAG	用蓝色光激励 YAG 荧光粉发出黄色光,从而混合成白光
1	蓝色 LED	InGaN/荧光粉	InGaN 的蓝光激发红、绿、蓝三基色荧光粉发光
1	蓝色 LED	ZnSe	由薄膜层发出的蓝光和基板上激发的黄光混合成白光
1	紫外 LED	InGaN/荧光粉	InGaN 发出紫外光激发红、绿、蓝三基色荧光粉发白光
2	蓝、黄绿 LED	InGaN、GaP	将具有补色关系的两种芯片封装在一起,发出白光
3	蓝、绿、红 LED	InGaN、AlInGaP	将发三原色的三种芯片封装在一起发出白光
多个	多种光色的 LED	InGaN、AlInGaP、GaPN	将遍布可见光区的多种色光芯片封装在一起,构成白色 LED

★1. 单芯片型结构又可分为三种

➢ InGaN (蓝)/YAG 荧光粉。

InGaN (蓝)/YAG 荧光粉是目前较为成熟的产品,其中 1W 的和 5W 的 Lumileds 公司已有批量产品。这些产品采用芯片倒装结构,可提高发光效率和散热效果。荧光粉涂覆工艺的改进,可将色均匀性提高 10 倍。实验证明,电流和温度的增加使 LED 光谱有些蓝移和红移,但对荧光光谱影响并不大。寿命实验结果也较好,ϕ5 的白光 LED 在工作 1.2 万 h 后,光输出下降 80%,而这种功率 LED 在工作 1.2 万 h 后,仅下降 10%,估计工作 5 万 h 后下降 30%。这种称为 Luxeon 的功率 LED 最高效率达到 44.3lm/W,最高光通量为 187lm,产业化产品可达 120lm,Ra 为 75~80。

➢ InGaN (蓝)/红荧光粉 + 绿荧光粉。

Lumileds 公司采用 460nm LED 配以 SrGa2S4:Eu2+(绿色)和 SrS:Eu2+(红色)荧光粉,色温可达到 3000~6000K 的较好结果,Ra 达到 82~87,较前述产品有所提高。

➢ InGaN (紫外)/(红 + 绿 + 蓝)荧光粉。

Cree、日亚、丰田等公司均在大力研制紫外 LED。Cree 公司已生产出 50mW、385~405nm 的紫外 LED;丰田已生产此类白光 LED,其 Ra 大于等于 90,但发光效率还不够理想;日亚于最近制得 365nm、1mm^2、4.6V、500mA 的高功率紫外 LED,如制成白色 LED,会有较好效果。

ZnSe 和 OLED 白光器件也有进展,但离产业化生产尚远。

★2. 双芯片

双芯片可由蓝光 LED + 黄光 LED、蓝光 LED + 黄绿光 LED 以及蓝绿光 LED + 黄光 LED 制成,此种器件成本比较便宜,但由于是两种颜色 LED 形成的白光,显色性较差,只能在显色性要求不高的场合使用。

★3. 三芯片（蓝光 + 绿光 + 红光）**LED**

Philips 公司用 470nm、540nm 和 610nm 的 LED 芯片制成 Ra 大于 80 的器件,色温可达 3500K。如用 470nm、525nm 和 635nm 的 LED 芯片,则缺少黄色调,Ra 只能达到 20 或 30。

采用波长补偿和光通量反馈方法可使色移动降到可接受程度。美国 TIR 公司采 Luxeon RGB 器件制成用于景观照明的系统产品,用 Lumileds 公司制成液晶电视屏幕

（22in），其产品的性能都不错。

★4. 四芯片（蓝光+绿光+红光+黄光）LED

采用 465nm、535nm、590nm 和 625nm LED 芯片可制成 Ra 大于 90 的白光 LED。Nor-lux 公司用 90 个三色芯片（R、G、B）制成 10W 的白光 LED，每个器件光通量达 130lm，色温为 5500K。

★5. 单芯片和多芯片的比较

单芯片和多芯片的比较见表 1-2。

表 1-2　单芯片和多芯片的比较

	方式	难度	比较
多芯片型	RGB 三色混光	不易	➢ 材料来源简单 ➢ 使用三颗 LED 芯片，成本高 ➢ 三色混光不易使光色相同，一致性差
	BCW 蓝光+琥珀色黄光	可行	➢ 一致性高 ➢ 可用于高电量产品 ➢ 专利权在 Gentex 公司手中 ➢ 由于电压高，有过热问题
单芯片型	蓝光+YAG 萤光粉	可行	➢ 材料来源简单，一致性高 ➢ 可用于低电量产品 ➢ 低电压，没有过热问题 ➢ 专利权在 Nichia 公司手中
	UV+RGB 萤光粉	不易	➢ 亮度较亮，一致性佳，没有过热问题 ➢ 芯片、萤光粉的来源都不易，目前量产都有问题
	ZnSe	难	➢ 制作不易，且属活泼性元素，信赖度待提升

☆☆ 1.4　LED 常用的封装形式简介 ☆☆

LED 技术大都是在半导体分离器件封装技术基础上发展与演变而来的。普通二极管封装是将普通二极管的管芯密封在封装体内，其作用是保护芯片和完成电气互连。LED 封装的作用是要完成输出电信号，保护管芯正常工作，输出可见光的功能。LED 封装既有电参数，又有光参数的设计及技术要求。

LED 的 PN 结能发射多少光，主要取决于 LED 芯片的质量、芯片结构、几何形状、封装内部材料及包装材料。所以对 LED 封装，要结合 LED 芯片的大小、功率大小来选择适当的封装方式，使 LED 的发光强度最大。

★1. 插件型封装（引脚式封装）

常规 φ5mm 型 LED 引脚式封装是将边长 0.25mm 的正方形管芯粘结或烧结在支架上，管芯的正极通过球形接触点与金线键合为内引线与一条管脚相连，负极通过反射杯和支架的另一引脚相连，之后在其顶部用环氧树脂包封。插件型封装外形与结构如图 1-2 所示。

➢ 2002 杯/平头：此支架一般做对角度、亮度要求不是很高的材料，其引脚长比其他支架要短 10mm 左右。引脚间距为 2.28mm。

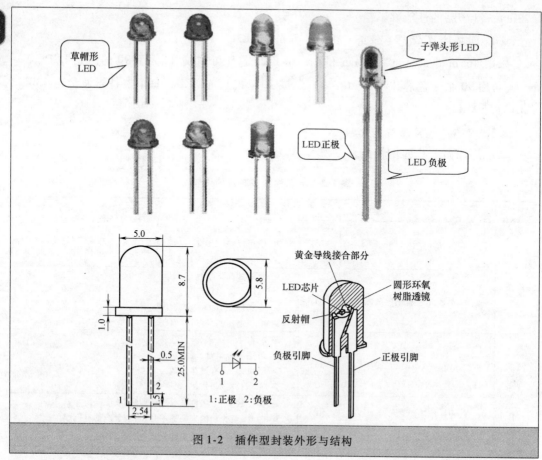

图 1-2 插件型封装外形与结构

注：反射杯的作用是收集管芯侧面、界面发出的光，向期望的方向角内发射。顶部包封的环氧树脂做成一定形状，其作用是保护管芯等不受外界侵蚀或采用不同的形状和材料性质，起透镜或漫射透镜功能，控制光的发散角。

➤ 2003 杯/平头：一般用来做 φ5 以上的 LED 灯，外露引脚长正极为 29mm，负极为 27mm。引脚间距为 2.54mm。

➤ 2004 杯/平头：用来做 φ3 左右的 LED 灯，引脚长及间距同 2003 支架。

➤ 2004LD/DD：用来做蓝、白、纯绿、紫色的 LED 灯，可焊双线，杯较深。

➤ 2006：两极均为平头型，用来做闪烁 Lamp，固化程序（IC），焊多条引线。

➤ 2009：用来做双手的 LED 灯，杯内可固两颗晶片，三个引脚控制极性。

➤ 2009-8/3009：用来做三色的 LED 灯，杯内可固三颗晶片，四个引脚。

★2. COB 封装

COB 是板上芯片直装（Chip On Board）的英文缩写，其工艺是先在基底表面用导热环氧树脂（掺银颗粒的环氧树脂）覆盖硅片安放点，再通过粘胶剂或焊料将 LED 芯片直接粘贴到 PCB 板上，最后通过引线（金线）键合实现芯片与 PCB 板间电互连的封装技术。

COB 封装技术主要用来解决小功率芯片制造大功率 LED 灯的问题，可以分散芯片的散热，提高光效，同时改善 LED 灯的眩光效应，减少人眼对 LED 灯的眩光效应的不适感。COB 封装外形与结构如图 1-3 所示。在 COB 基板材料上，从早期的铝基板到铜基板，再到当前部分企业所采用的陶瓷基板，COB 光源的可靠性也逐步提高。低热阻 COB 封装目前分为铝基板 COB、铜基板 COB 和陶瓷基板 COB。

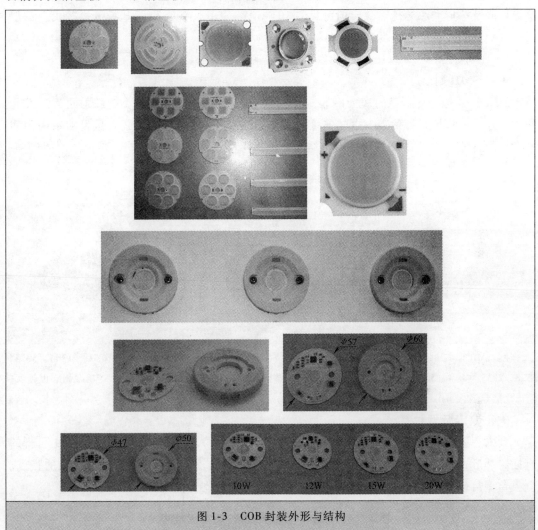

图 1-3　COB 封装外形与结构

注：

① 芯片直接置于铝基或铜基板上，导热、散热性好，光衰小。小芯片做大功率，成本低、光效高。极大的消除了点状效应，表现为面光源。整体发光，光线均匀柔和。

② COB 光源的生产商主要有 Cree（美国科锐）、Bridgelux（美国普瑞）、Citizen（日本西铁城）、Nichicon （日亚化学）、OSRAM（德国欧司朗）、Sharp（日本夏普）、Seoul Semiconductor（韩国首尔半导体）、Everlight（中国台湾亿光）等。

➤ 铝基板 COB。铝基板的成本低，封装出来的 COB 光源性价比高。其光效可达到 130lm/W，应用于 COB 筒灯、COB 轨道灯等 COB 灯具中，因技术及其工艺的发展，铝基板 COB 光源功率可以达到 5~10W 。

➤ 铜基板 COB。芯片直接固定在铜上面（导热系数在 380W/m·K），导热效果好，

8

可以封装 20～500W 的 COB（防止局部过热），光效可达 130lm/W，广泛应用于户外照明、隧道照明。

➤ 陶瓷基板 COB。陶瓷是目前最适合做 LED 封装基板的材料，具有优良的导热性能、绝缘性能及热形变小等优点。目前可封装 10～50W COB 光源，由于基板价格较贵，一般用于高端照明或高可靠性的照明领域。

注：目前除了上面三种以外，还有用均温板作为基板的 COB 封装光源。

★3. SMD 封装

SMD 封装是一种新型的表面贴装式半导体发光器件，具有体积小、散射角大、发光均匀性好、可靠性高等优点。电气连接采取 2、4 或 6 引脚贴片的方式，是目前室内照明中常用的封装形式。SMD 封装外形与结构如图 1-4 所示。

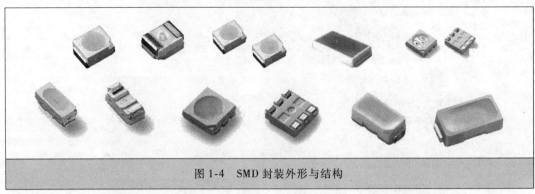

图 1-4　SMD 封装外形与结构

注：SMD 形式封装的 LED 又分 CHIP、TOP、SIDEVIEW 等若干种。封装分为 0805、1206、3014、3528、2835、4014、5050、5630、5730 等规格，封装外形越大，散热性能越好，可承受功率相应也越大，输出光能越多。

★4. 食人鱼型封装

食人鱼型封装是因 LED 的形状很像亚马逊河中的食人鱼 Piranha 而得名，是 4 引脚的直插封装形式。食人鱼 LED 所用的支架是铜制的，面积较大，具有传热和散热快的特点。食人鱼型封装与结构如图 1-5 所示。目前已处于停产状态，使用量已不大。

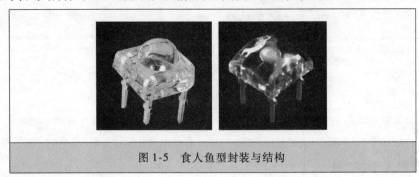

图 1-5　食人鱼型封装与结构

★5. 大功率 LED 封装

大功率 LED 是指拥有大额定工作电流的 LED，功率可以达到 1W、2W、甚至数十瓦，工作电流可以是几百毫安到几安不等。在这主要以仿流明（lumileds）封装为例，大功率封装与结构如图 1-6 所示。

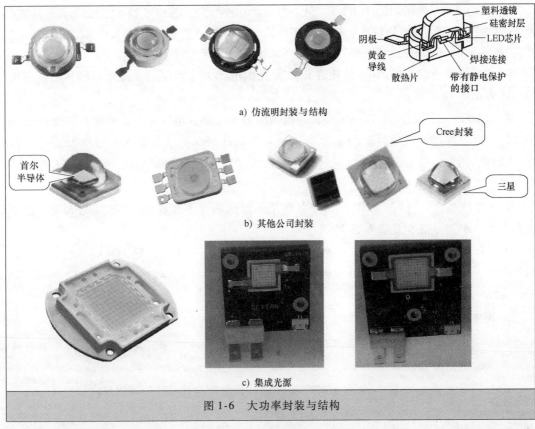

a) 仿流明封装与结构

b) 其他公司封装

c) 集成光源

图 1-6　大功率封装与结构

注：集成光源是将数十颗甚至上百颗 1W 大功率晶片，LED 通过阵列排布，然后在上面灌封调好荧光粉的灌封胶，起到保护作用。

☆☆ 1.5　LED 技术指标 ☆☆

★1. LED 的伏安特性

LED 的伏安特性曲线如图 1-7 所示。

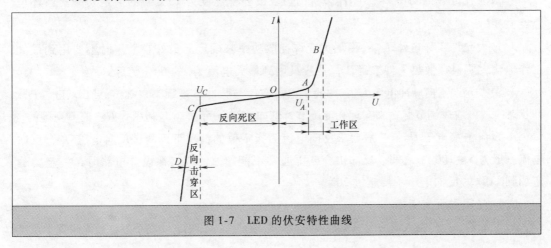

图 1-7　LED 的伏安特性曲线

注：LED 具有单向导电性，LED 的门限电压和正常工作时的正向压降与 LED 的光色有关；具有非线性的伏安特性曲线，流过的 LED 电流与电压不成正比。LED 光通量随电流增大而增加，但不成正比；对温度敏感，结温升高时，光输出减少，正向电压降低；离散性较大。

➢ OA 段：正向死区。U_A 为开启 LED 发光的电压，比如红光（黄光）LED 的开启电压一般为 0.2 ~ 0.25V。

➢ AB 段：工作区。在这一区段，一般是随着电压增加电流也跟着增加，发光亮度也跟着增大。但在这个区段内要特别注意，如果不加任何保护，当正向电压增加到一定值后，LED 的正向电压会减小，而正向电流会加大。如果没有保护电路，会因电流增大而烧坏发光二极管。

➢ OC 段：反向死区。LED 加反向电压是不发光的（不工作），但有反向电流。这个反向电流很小，一般在几微安之内。

➢ CD 段：反向击穿区。LED 的反向电压一般不要超过 10V，最大不得超过 15V，否则就会出现反向击穿，导致 LED 损毁。

★**2. LED 的电学指标**

➢ 正向电压 U_F：LED 正向电流在 20mA（350mA）时的正向电压。

➢ 正向电流 I_F：对于小功率 LED 正向电流为 20mA，中功率或大功率芯片要依据芯片的规格来确定正向工作电流。

➢ 反向漏电流 I_R：按 LED 以前的常规规定，指反向电压在 5V 时的反向漏电流。

➢ 耗散功率 P_D：即正向电流乘以正向电压。

注：

① 不同厂家的 LED 在额定的正向电流条件下，有着各自不同的正向压降值。黄光为 1.8 ~ 2.5V，绿光和蓝光为 2.7V ~ 4.0V，白光一般在 2.7V ~ 3.5V。

② LED 的额定功率各不相同，普通的 LED 电流一般为 20mA，中功率的 LED 电流为 150mA 大功率的 LED 电流为 350mA。

③ LED 功率的大少也各不相同，有 0.06W、0.1W、0.2W、0.5W、1W、2W、3W、5W 等。

★**3. LED 的极限参数**

➢ 最大允许耗散功率 $P_{max} = I_{FH} U_{FH}$：一般按环境温度为 25℃时的额定功率。当环境温度升高时，P_{max} 会下降。

➢ 最大允许工作电流 I_{FM}：由最大允许耗散功率来确定。最好在使用时不要用到最大工作电流，要根据散热条件来确认，一般只用到最大电流 I_{FM} 的 60% 为好。

➢ 最大允许正向脉冲电流 I_{FP}：一般是由占空比与脉冲重复频率来确定。LED 工作于脉冲状态时，可通过调节脉宽来实现亮度调节，例如 LED 显示屏就是利用此方法调节亮度的。

➢ 反向击穿电压 U_R：一般要求反向电流为指定值的情况下可测试反向电压 U_R，反向电流一般为 5 ~ 100uA 之间。反向击穿电压通常不能超过 20V，在设计电路时，一定要确定加到 LED 的反向电压不要超过 20V。

★**4. 光辐射强度指标**

➢ 光通量 φ：是指人眼的光感觉来度量光的辐射功率，即辐射光功率能够被人眼视觉系统所感受到的那部分有效当量。表征的符号为 ϕ，单位为流明（lm）。大功率 LED 通常用此指标。

➤ 发光强度 I：光源在指定方向上的立体角内所发出的光通量或所得到光源传输的光通量，这两者的商即为发光强度。表征的符号为 I，单位为坎德拉（cd）。小功率 LED 通常采用此指标。

➤ 亮度 L：等于垂直于给定方向的平面上所得到的发光强度与该正投影面积的商。符号为 L，单位为 cd/m^2，面光源采用此指标，用在背光、显示屏等产品。

➤ 照度 E：即光源照到某一物体表面上的光通量与该表面积的商。符号为 E，单位为勒克斯（lx）。

➤ 半强角度：光源中心法线方向向四周张开，中心光强 I 到周围的 $I/2$ 之间的夹角，即为半强角度 $1/2\theta$。

☆☆　1.6　LED 应用注意事项　☆☆

★1. LED 焊接的原理

大功率 LED 焊接主要包括引脚焊接和铜基座底部的焊接。大功率 LED 引脚的焊接解决的是 LED 导电问题，大功率 LED 铜基座底部焊接解决的是 LED 散热问题。LED 是将电能转换成光能和热能的电子元器件，工作时必须施加正常的电流和电压才能工作，而芯片的正负极是通过金线连接到支架引脚，所以必须将引脚正确焊接到铝基板上。LED 焊接示意图如图 1-8 所示。

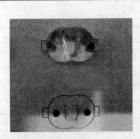

图 1-8　LED 焊接示意图

注：大功率 LED 在点亮后，会产生大量的热量，若热量没有及时传导到外界，LED 内部 PN 结温度就会不断升高，光通量输出就会减少，导致 LED 光衰过快，最后死灯。而大功率 LED 芯片产生的热量，是通过铜基座（90%左右）进行传导的，一定要将 LED 的铜基座焊接好。

★2. LED 焊接的方式及注意事项

大功率 LED 焊接主要有手工焊接和回流焊接两种。手工焊接适用于所有类型的 LED，而回流焊接只适用于硅胶透镜封装的 LED，其透镜的耐温极限只有 200℃左右。PC 透镜封装的 LED 不可过回流焊，其透镜的耐温极限只有 120℃左右。

（1）手工焊接（电烙铁）

➤ 手工焊接是通过电烙铁高温熔锡，将引脚同铝基板焊盘焊接到一起，在 LED 铜基座底部及铝基板之间涂覆导热硅脂。

注：LED 是静电敏感器件，具有一定的抗静电能力，但每经历一次静电释放产生的冲击，都会对 LED 造成一定程度的损坏。在使用 LED 产品过程中需要做好静电防护措施，如佩戴防静电手套及防静电手环。

➢ 手工焊接不论是有铅锡线还是无铅锡线，焊接温度都不要超过 350℃，焊接时间要控制在 3～5s，否则电烙铁的产生的高温会对芯片的 PN 结造成损伤。每次焊接时电烙铁在支架引脚上停留时间不超过 3s，如需要反复焊接时，间隔停留时间不少于 2s，避免长时间高温对 LED 造成损伤。

注：手工焊接时使用电烙铁的功率不超过 30W，控制电烙铁温度不高于 350℃。锡线最好采用无铅低温锡线。

➢ 手工焊接过程中，一定要避免电烙铁头将模顶胶体或支架烫伤，影响 LED 的正常使用，为了避免带电焊接 LED，电烙铁一定要接地。

➢ 为了取得良好的导热效果，使用导热率不低于 2W/m·K 的导热硅脂，导热硅脂涂覆时要薄而且均匀。

➢ 焊接完成后，要对焊接 LED 进行全检，将虚焊、翘焊、偏焊等焊接不良的 LED 及时挑出并返修。

注：焊接过程中，请勿用手触摸或镊子挤压 LED 的透镜表面，避免对 LED 内部造成损伤，同时请注意避免电烙铁对 LED 表面胶体的烫伤及其他损伤。

（2）回流焊接

➢ 回流焊接是通过回流焊机施加高温让锡膏熔化，将 LED 铜基座和铝基板焊接在一起，实现良好的导热效果的一种焊接方式。

➢ 回流焊接时要使用温度稳定且控制准确的回流焊机，对于大功率 LED，用 8 温区和温区的回流焊机均可，5 温区温度变化相对较快。

➢ 回流焊接时要使用熔点低于 180℃的低温无铅锡膏，回流最高温度不要超过 210℃，因为温度过高，对芯片 PN 结有破坏作用，而且可导致 LED 封装硅胶出现异常。

➢ 在回流作业之前，先要根据回流焊机的特点和锡膏的熔点进行回流温度曲线设定。

注：

① 一般回流焊过程分为升温区、保温区、回流区、冷却区四个部分。

② 为了取得好的焊接效果，将锡膏厚度设定在 0.15～0.2mm。

③ 回流焊接时推荐使用千住、阿尔法、汉高乐泰等品牌焊锡膏，要根据所采用的焊锡材料供应商提供的材料特性基础上，对回流焊机的参数进行必要的调整。

★3. 倒模胶体 LED 的使用注意事项

倒模胶体 LED 没有 PC 透镜固定保护，而固化后的硅胶胶体本身较软，一旦受到外力作用，胶体就容易产生移动或损伤，容易将 LED 的金线拉断，造成开路死灯。倒模 LED 应用的原则是一定要避免有外力作用在硅胶胶体上，要求如下：

➢ 自动贴片，一定要避免吸嘴撞击硅胶胶体。

➢ 手动贴片，将 LED 从包装盒取出时，不能让手或其他物体碰到胶体，可用防静电镊子夹住引脚取出；另外，建议依据胶体尺寸设计截面中空夹具，以实现在下压倒模 LED 时，只是压住支架的外圈胶体，而不会压到倒模胶体。

➢ 在存放和周转的过程中，一定要避免包装盒受到挤压，比如，要轻拿轻放，不能让重物放在 LED 的包装盒上。

注：焊接 LED 时一定要了解锡膏的熔点以及 LED 在焊接时的耐温条件，来调整回流焊机的参数。

★4. LED 焊接的其他注意事项

焊接完成后，若铝基板或焊点表面的助焊剂过多，在清除处理时，要求如下：

➢ 用无尘防静电碎布蘸湿无水乙醇，对铝基板上的脏污小心擦洗。

➢ 不可用丙酮、天那水等强腐蚀性溶剂进行清洗。

➢ 当 LED 的倒模胶体粘有异物时，可用无尘防静电碎布蘸湿无水乙醇后，用手心擦洗；作业人员需戴橡胶手套，避免无水乙醇对皮肤的影响。

产品储存及期限，适用所有 LED 产品，要求如下：

➢ 产品拆包开封后，建议 72h 内使用完成，（环境条件温度 <30℃，湿度 <60%）。

➢ 室温密封存储：20 ~ 30℃，40% ~ 60% RH，产品有效期为半年。

➢ 防潮密封存储：20 ~ 30℃，25% ~ 60% RH，产品有效期为一年。

★5. LED 应用线路设计注意事项

设计线路应根据 LED 特性合理选择排列方式，如图 1-9 所示。TOP LED 器件，如应用于软性 PCB，由于软性灯条在作业或使用过程中无法避免弯折、卷曲、拉伸的情形，采用横向排列方式时，因 LED 内部线路走向与软性 PCB 延展方向一致，其过程产生的应力释放将直接作用至 LED，增大死灯几率，故 LED 应用在软性 PCB 产品的线路设计中应考虑此因素带来的影响，应选择竖向排列的方式。TOP LED 器件焊盘散热设计如图 1-10 所示。

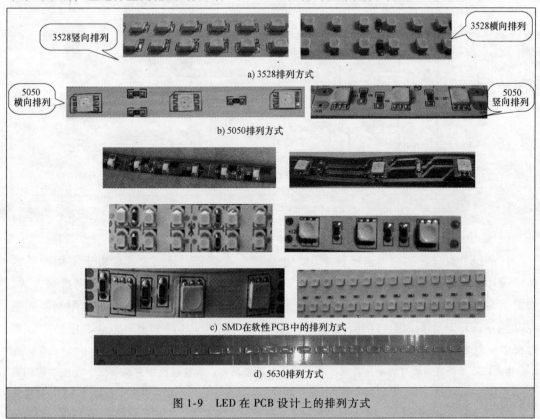

图 1-9　LED 在 PCB 设计上的排列方式

注：特别针对类似 4008、5730 等引脚式的 TOP LED，用于软性 PCB 场合时，应避免采用横向排列方式。

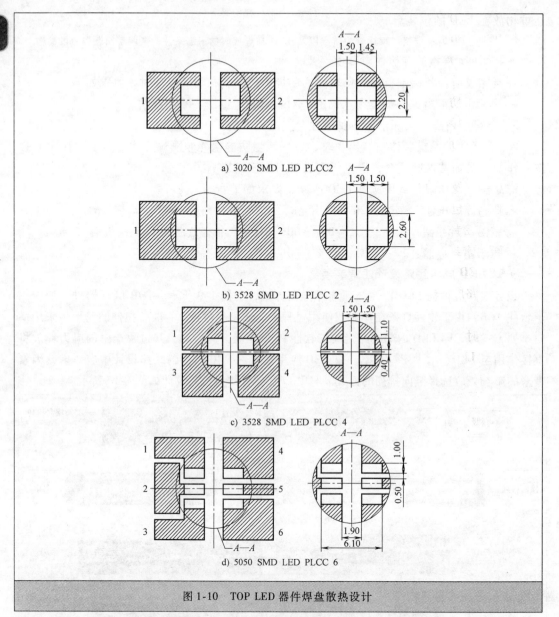

a) 3020 SMD LED PLCC2

b) 3528 SMD LED PLCC 2

c) 3528 SMD LED PLCC 4

d) 5050 SMD LED PLCC 6

图 1-10 TOP LED 器件焊盘散热设计

注：每个区域的金属面积不能小于 16mm，以便于散热。

　　TOP LED 器件，如应用于硬性 PCB，也应优先选择竖向排列方式。由于应用产品的实际设计中需要考虑美观、发光曲线等需要，故某些应用场合也会采用到横向排列方式，如图 1-11 所示。在生产组装、成品安装过程必须对硬性 PCB 翘曲程度作一定限制。如图 1-12 所示。LED 作类似上述横向排列应用情形，在硬性 PCB 的分板、组装、成品安装等过程中，PCB 以水平为基准，其翘曲程度不得超过 ±10°角。

　　注：LED 产品在运输过程中，需保持正面朝上，防潮防水，运输过程中避免挤压、碰撞和剧烈震动。LED 产品在使用过程中，请保证必要的散热设计，如散热不足，LED 内部结温超过 125℃，将降低光效及影响 LED 的使用寿命。LED 产品超出以上规定期限，或者由于其他原因受潮，建议客户做除湿处理后再使用。

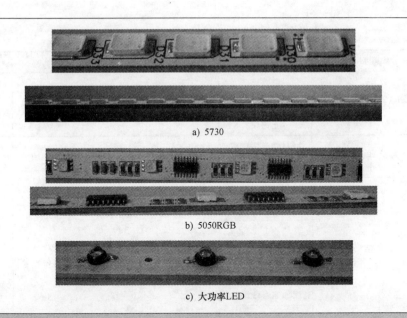

a) 5730

b) 5050RGB

c) 大功率LED

图 1-11　横向排列方式示意图

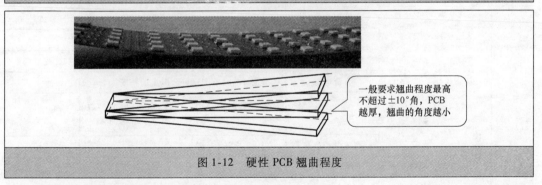

一般要求翘曲程度最高不超过±10°角，PCB越厚，翘曲的角度越小

图 1-12　硬性 PCB 翘曲程度

★6. LED 灯具常用测试仪器、仪表一览表

LED 灯具常用测试仪器、仪表一览表见表 1-3。

表 1-3　LED 常用测试仪器、仪表一览表

序号	项目	仪器名称	测试参数	备注
1	电学性能仪器、智能电量测试仪	功率计	测量产品的电压、电流、功率、功率因数、频率等参数	电参数测量仪
2	安全性能测试	耐压测试仪	耐压,接地,泄漏,绝缘测试	安规仪器
		接地电阻测试仪		
		泄漏电流测试仪		
3	光特性仪器	积分球	光特性仪器,光强分布,光效,光通量显色指数、照度(lx)、色坐标(1931xy,1976u′v′)、相关色温、三刺激值 X、Y、Z、特征波长 λ、色纯度 Pe、色差值	
		照度计		
		光度计		
		分光辐射照度计		
		光谱仪		

（续）

序号	项目	仪器名称	测试参数	备注
4	颜色特性测试仪器	色差仪	色品坐标、主波长、色纯度、色温及显色性	
		分光光度计		
		光谱仪		
5	热学特性	LED 结温测试仪	热阻和结温	
		多路温度测试仪		
6	可靠性试验设备	恒温恒湿箱	静电敏感度特性、寿命、环境特性等 测量检测产品本身的适应能力与特性是否改变，是否发生龟裂、破损	
		盐雾试验箱		
		冷热冲击试验箱		
		淋雨试验箱		
		温湿度环境试验机		
		高度加速寿命试验箱		
		振动试验台		
		跌落试验机		
7	基础仪器	变频电源		
		数字示波器		
		数字万用表		
		直流电源	电压、电流范围，电压、电流的精度	
		高精度电源	提供和测量精确的电压、电流，电源参数测量	
		直流电子负载	功率，电压，电流范围	
8	配套仪器设备	干燥箱（烘箱）		
		电子天平		
		焊台		
		静电测试仪		
		静电手腕带测试仪		
9	量具类	卡尺		
		千分尺		
10	力学仪器	扭力计		

☆☆ 1.7 LED 芯片简介 ☆☆

LED 芯片又称为 LED 发光芯片，是 LED 灯的核心组件，即 PN 结。其功能是将电能转化为光，芯片的主要材料为单晶硅。LED 芯片是半导体发光器件 LED 的核心部件，它主要由砷（As）、铝（Al）、镓（Ga）、铟（In）、磷（P）、氮（N）、锶（Si）这几种元素中的若干种组成。

★1. 芯片按发光亮度分类

➤ 一般亮度：R（红色 GaAsP 655nm）、HR（高红 GaP 697nm）、G（绿色 GaP 565nm）、Y（黄色 GaAsP/GaP 585nm）、E（桔色 GaAsP/ GaP 635nm）等。

➤ 高亮度：VG（较亮绿色 GaP 565nm）、VY（较亮黄色 GaAsP/ GaP 585nm）、SR（较亮红色 GaA/AS 660nm）。

➤ 超高亮度：UG、UY、UR、UYS、URF、UE 等。

★2. 芯片按组成元素分类

➤ 二元芯片（磷、镓）：H、G 等。

➤ 三元芯片（磷、镓、砷）：SR（较亮红色 GaA/As 660nm）、HR（超亮红色 GaAlAs 660nm）、UR（最亮红色 GaAlAs 660nm）等。

➤ 四元芯片（磷、铝、镓、铟）：SRF（较亮红色 AlGaInP）、HRF（超亮红色 Al-GaInP）、URF（最亮红色 AlGaInP 630nm）、VY（较亮黄色 GaAsP/GaP 585nm）、HY（超亮黄色 AlGaInP 595nm）、UY（最亮黄色 AlGaInP 595nm）、UYS（最亮黄色 AlGaInP 587nm）、UE（最亮桔色 AlGaInP 620nm）、HE（超亮桔色 AlGaInP 620nm）、UG（最亮绿色 AIGaInP 574nm）LED 等。

★3. 按照制作工艺分类

➤ MB 芯片：（Metal Bonding）（金属粘着）芯片，该芯片属于 UEC 的专利产品。

特点：

1）采用高散热系数的材料——Si 作为衬底，散热容易。

2）通过金属层来接合（wafer bonding）磊芯层和衬底，同时反射光子，避免衬底的吸收。

3）导电的 Si 衬底取代 GaAs 衬底，具备良好的热传导能力（导热系数相差 3～4 倍），更适应于高驱动电流领域。

4）底部金属反射层，有利于光度的提升及散热。

5）尺寸可加大，应用于 High power 领域。

➤ GB 芯片：（Glue Bonding）（粘着结合）芯片，该芯片属于 UEC 的 专利产品。

特点：

1）透明的蓝宝石衬底取代吸光的 GaAs 衬底，其出光功率是传统 AS（Absorbable structure）芯片的 2 倍以上，蓝宝石衬底类似 TS 芯片的 GaP 衬底。

2）芯片四面发光，具有出色的花样图。

3）亮度方面，其整体亮度已超过 TS 芯片的水平（8.6mil$^{\ominus}$）。

4）双电极结构，其耐高电流方面要稍差于 TS 单电极芯片。

➤ TS 芯片（Transparent Structure）：（透明衬底）芯片，该芯片属于 HP 的专利产品。

特点：

1）芯片工艺制作复杂，远高于 AS LED。

$\ominus$ mil,密尔，长度单位，1mil = 1/1000in = 0.0254mm

2）信赖性卓越。

3）透明的 GaP 衬底，不吸收光，亮度高。

4）应用广泛。

➢ AS 芯片（Absorbable Structure）：（吸收衬底）芯片，这里特指 UEC 的 AS 芯片。

特点：

1）四元芯片，采用 MOVPE 工艺制备，亮度相对于常规芯片要亮。

2）信赖性优良。

3）应用广泛。

★4. LED 芯片构成材料及制造方法

LED 芯片构成材料及制造方法见表 1-4。

表 1-4　LED 芯片构成材料及制造方法

序号	复合材料	基座	制作方法	备注
1	GaP	GaP	液相磊晶（LPE）	磷化镓
2	GaAsP	GaP	气相磊晶（VPE）	磷化砷镓
3	AlGaAs	GaAs	液相磊晶（LPE）	砷化镓
		AlGaAs		砷化铝镓
4	AlGaInP 磷化铝镓铟	GaAs	有机金属气相磊晶（MOVPE）	吸收基座
		GaP		透明基座
5	InGaN 氮化铟镓	Sapphire	有机金属气相磊晶（MOVPE）	透明基座
		SiC（碳化硅）		吸收基座

注：所谓"外延生长"就是在高真空条件下，采用分子束外延（MBE）、液相外延（LPE）、金属有机化学气相沉积（MOCVD）等方法，在晶体衬底上，按照某一特定晶面生长的单晶薄膜的制备过程。半导体外延生长主要采用 MBE 和 MOCVD 工艺。MOCVD 是金属有机化合物化学气相淀积（Metal-organic Chemical Vapor DePosition）的英文缩写，是在 LED 外延生长（VPE）的基础上发展起来的一种新型气相外延生长技术。

★5. 芯片生产技术

芯片生产技术见表 1-5 所示。

表 1-5　芯片生产技术

序号	技术路线	示意图	代表公司
1	传统正装 LED	P电极　透明接触层　P-GaN　MQW　N-GaN　蓝宝石或SiC衬底　N电极	日本日亚化学、中国台湾晶元
2	垂直结构 LED	N电极　N-GaN　MQW　P-GaN　金属基座	科锐（Cree）、中国台湾旭明

（续）

序号	技术路线	示意图	代表公司
3	倒装 LED	N-GaN　蓝宝石　N电极 MQW P-GaN P电极　基座　凸点	Philips Lumileds

注：目前市面上一般有三种材料可作为衬底有蓝宝石（Al_2O_3）、硅（Si）、碳化硅（SiC），除了以上三种常用的衬底材料之外，还有 GaAs、AlN、ZnO 等材料。美国的 CREE 公司专门采用 SiC 材料作为衬底。

衬底材料对比见表 1-6。

表 1-6　衬底材料对比

序号	衬底材料	导热系数 /(W/m·K)	膨胀系数 （×10^{-6}）	导热性	抗静电能力 （ESD）	稳定性	成本
1	蓝宝石	46	1.9	差	一般	一般	中
2	硅	159	5~20	好	好	良好	底
3	碳化硅	490	-1.4	好	好	良好	高

目前，全球 LED 产业已形成以美国、亚洲、欧洲三大区域为主导的三足鼎立的产业分布与竞争格局。美国科锐（Cree）、Philips Lumileds，日本日亚化工（Nichia）、日本丰田合成（Toyoda Gosei），德国欧司朗（Osram）等垄断高端产品市场。国际和国内 MOVCD 设备基本是全进口的，主要厂商为美国 VEECO 公司和德国 AIXTRON 公司。

☆☆　1.8　常用 LED 封装参数简介　☆☆

常用 LED 封装所介绍的 LED 都是白光，其工作要求如下：白光 LED 光源反向测试电压不能大于 5V，否则有损坏 LED 光源的风险；白光 LED 光源为正向驱动器件，正常工作时不能接反向电压。本节主要介绍常用 LED 的封装规格及相关的知识。本节所介绍的 LED 规格书内容都在后续章节中会用到。

★1. 3528 封装的 LED 规格书

本产品主要作为信号指示及照明的电子元件，广泛应用于各类使用表面贴装结构的电子产品及各类室内外的装饰照明。

1）极限参数（温度为 25℃时，见表 1-7）

表 1-7　极限参数

参数名称（Parameter）	符号 （Symbol）	数值 （Rating）	单位 （Unit）
正向电流（Forward Current）	I_F	20	mA

（续）

参数名称（Parameter）	符号 （Symbol）	数值 （Rating）	单位 （Unit）
正向脉冲电流（Pulse Forward Current）	I_{FP}	100	mA
反向电压（Reverse Voltage）	U_R	5	V
工作温度（Operating Temperature）	T_{OPR}	−30 ~ +85	℃
贮存温度（Storage Temperature）	T_{stg}	−40 ~ +100	℃
功耗（Power Dissipation）	P_D	60	mW

2）光电参数（温度为25℃时，见表1-8）

表1-8　光电参数

参数名称 （Parameter）	符号 （Symbol）		条件 （Condition）	最小值 （Min）	典型值 （Typ）	最大值 （Max）	单位 （Unit）
反向电流（Reverse Current）	I_R		$U_R = 5V$			50	μA
正向电压（Forward Voltage）	U_F			2.8	3.2	3.6	V
色度坐标 （Chromaticity Coordinates）	X				0.28		
	Y				0.28		
色温（Color Temperature）	T_c		$I_F = 20mA$		10000		K
光强（LuminousIntensity）	I_V				3000		mcd
视角度（View Angle）	$2\theta_{1/2}$				110		deg

3）3528 封装的外形与封装尺寸，如图1-13 所示。

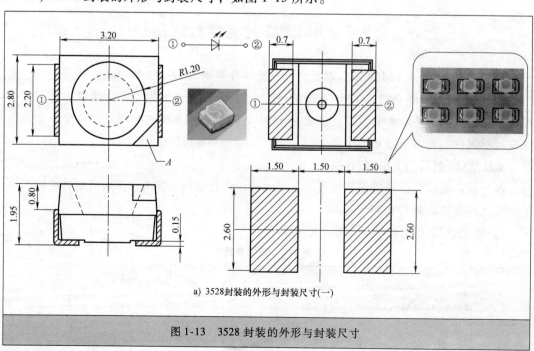

a）3528封装的外形与封装尺寸（一）

图1-13　3528 封装的外形与封装尺寸

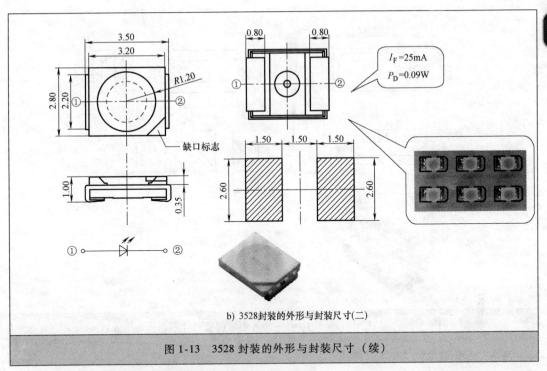

b) 3528封装的外形与封装尺寸（二）

图 1-13　3528 封装的外形与封装尺寸（续）

★2. 3014 封装的 LED 规格书

1）极限参数（温度为 25℃时，见表 1-9）

表 1-9　极限参数

参数名称（Parameter）	符号（Symbol）	数值（Rating）	单位（Unit）
正向电流（Forward Current）	I_F	30	mA
正向脉冲电流（Pulse Forward Current）	I_{FP}	100	mA
反向电压（Reverse Voltage）	U_R	5	V
工作温度（Operating Temperature）	T_{OPR}	$-40 \sim +100$	℃
贮存温度（Storage Temperature）	T_{stg}	$-40 \sim +100$	℃
功耗（Power Dissipation）	P_D	120	mW

2）光电参数（温度为 25℃时，见表 1-10）

表 1-10　光电参数

参数名称（Parameter）	符号（Symbol）	条件（Condition）	最小值（Min）	典型值（Typ）	最大（Max）	单位（Unit）
反向电流（Reverse Current）	I_R	$U_R = 5V$			10	μA
正向电压（Forward Voltage）	U_F		3.2	3.3	3.4	V
色温（Color Temperature）	CCT		5500		6100	K
光强（Luminous Intensity）	I_V	$I_F = 30mA$	2800	3450		mcd
视角度（View Angle）	$2\theta_{1/2}$			120		deg

3）3014 封装的外形与封装尺寸，如图 1-14 所示。

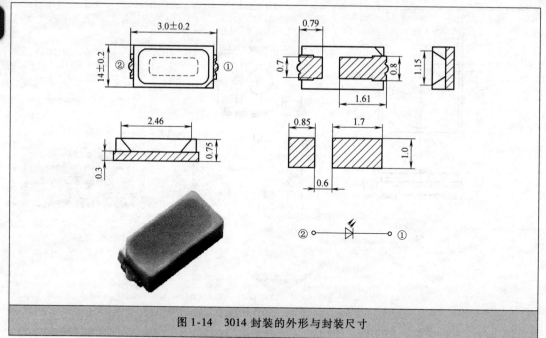

图 1-14　3014 封装的外形与封装尺寸

★3. 5730 封装的 LED 规格书

1）极限参数（温度为 25℃ 时，见表 1-11）

表 1-11　极限参数

参数名称（Parameter）	符号（Symbol）	数值（Rating）	单位（Unit）
正向电流（Forward Current）	I_F	200	mA
正向脉冲电流（Pulse Forward Current）	I_{FP}	300	mA
反向电压（Reverse Voltage）	U_R	5	V
工作温度（Operating Temperature）	T_{OPR}	$-40 \sim +85$	℃
贮存温度（Storage Temperature）	T_{stg}	$-40 \sim +85$	℃
功耗（Power Dissipation）	P_D	600	mW

2）光电参数（温度为 25℃ 时，见表 1-12）

表 1-12　光电参数

参数名称（Parameter）	符号（Symbol）	条件（Condition）	最小值（Min）	典型值（Typ）	最大值（Max）	单位（Unit）
反向电流（Reverse Current）	I_R	$U_R = 5V$			120	μA
正向电压（Forward Voltage）	U_F		3.0		3.4	V
色温（Color Temperature）	CCT		5500		6500	K
光通量（Luminous Flux）	Φ_v	$I_F = 150mA$	45		60	lm
视角度（View Angle）	$2\theta_{1/2}$			120		deg
显色指数（Color Rendering Index）	Ra		70		85	

3）5730 封装的外形与封装尺寸，如图 1-15 所示。

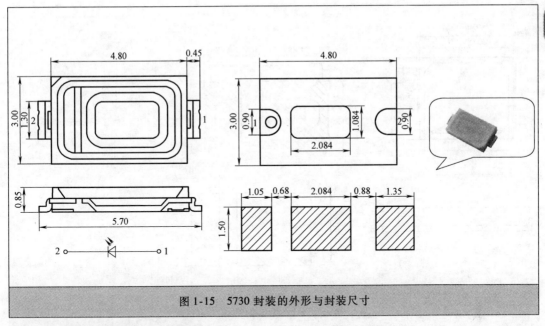

图 1-15　5730 封装的外形与封装尺寸

★4. 2835 封装的 LED 规格书

1）极限参数（温度为 25℃ 时，见表 1-13）

表 1-13　极限参数

参数名称（Parameter）	符号（Symbol）	数值（Rating）	单位（Unit）
正向电流（Forward Current）	I_F	90	mA
正向脉冲电流（Pulse Forward Current）	I_{FP}	150	mA
反向电压（Reverse Voltage）	U_R	5	V
工作温度（Operating Temperature）	T_{OPR}	-40 ~ +85	℃
贮存温度（Storage Temperature）	T_{stg}	-40 ~ +85	℃
功耗（Power Dissipation）	P_D	300	mW

2）光电参数（温度为 25℃ 时，见表 1-14）

表 1-14　光电参数

参数名称（Parameter）	符号（Symbol）	条件（Condition）	最小值（Min）	典型值（Typ）	最大（Max）	单位（Unit）
反向电流（Reverse Current）	I_R	$U_R=5V$			120	μA
正向电压（Forward Voltage）	U_F		3.0		3.4	V
色温（Color Temperature）	CCT		5500		6500	K
光通量（Luminous Flux）	Φ_v	$I_F=60mA$	22		26	lm
视角度（View Angle）	$2\theta_{1/2}$			120		°
显色指数（Color Rendering Index）	Ra		70		85	

3）2835 封装的外形与封装尺寸，如图 1-16 所示。

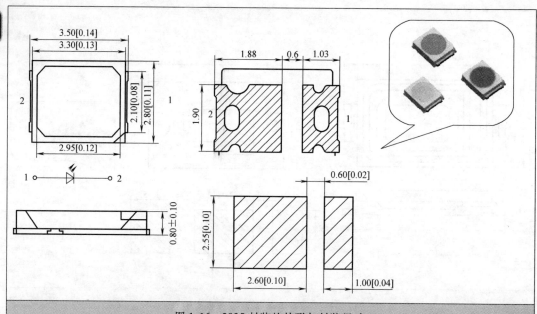

图1-16 2835封装的外形与封装尺寸

★5. 3535 封装的 LED 规格书

1W 或以上的功率等级，采用 HTCC 高导热陶瓷基板，硅胶透镜封装。集成了高光效、低热阻、体积小、易配光的特点，适用于电视背光、各种室内照明、汽车信号灯等通用照明及大功率信号灯领域。

1）极限参数（温度为 25℃ 时，见表 1-15）

表 1-15 极限参数

参数名称（Parameter）	符号（Symbol）	数值（Rating）	单位（Unit）
正向电流（Forward Current）	I_F	350	mA
正向脉冲电流（Pulse Forward Current）	I_{FP}	1000	mA
反向电压（Reverse Voltage）	U_R	5	V
工作温度（Operating Temperature）	T_{OPR}	− 20 ~ + 65	℃
贮存温度（Storage Temperature）	T_{stg}	0 ~ + 40	℃
功耗（Power Dissipation）	P_D	1000	mW

2）光电参数（温度为 25℃ 时，见表 1-16）

表 1-16 光电参数

参数名称（Parameter）	符号（Symbol）	条件（Condition）	最小值（Min）	典型值（Typ）	最大值（Max）	单位（Unit）
反向电流（Reverse Current）	I_R	$U_R = 5V$			2	μA
正向电压（Forward Voltage）	U_F			3.4	3.6	V
色温（Color Temperature）	CCT		6070		7035	K
光通量（Luminous Flux）	Φ_v	$I_F = 350mA$	90	100		lm
视角度（View Angle）	$2\theta_{1/2}$		120		140	deg

3) 3535 封装的外形与封装尺寸，如图 1-17 所示。

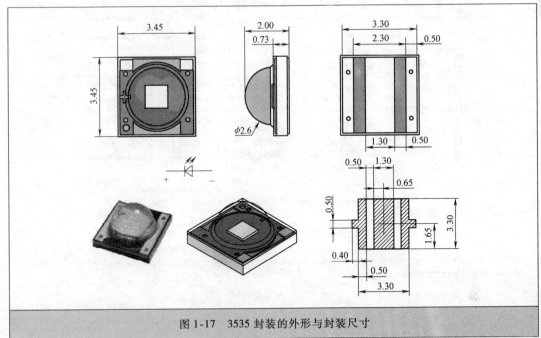

图 1-17　3535 封装的外形与封装尺寸

★6. 5050 封装的 LED 规格书

本产品主要作为信号指示及照明的电子元件，广泛应用于各类使用表面贴装结构的电子产品或各类室内外的装饰照明。

1) 极限参数（温度为 25℃ 时，见表 1-17）

表 1-17　极限参数

参数名称（Parameter）	符号（Symbol）	数值（Rating）	单位（Unit）
正向电流（Forward Current）	I_F	75	mA
正向脉冲电流（Pulse Forward Current）	I_{FP}	200	mA
反向电压（Reverse Voltage）	U_R	5	V
工作温度（Operating Temperature）	T_{OPR}	−30 ~ +85	℃
贮存温度（Storage Temperature）	T_{stg}	−40 ~ +100	℃
功耗（Power Dissipation）	P_D	90	mW

2) 光电参数（温度为 25℃ 时，见表 1-18）

表 1-18　光电参数

参数名称（Parameter）	符号（Symbol）	条件（Condition）	最小值（Min）	典型值（Typ）	最大值（Max）	单位（Unit）
反向电流（Reverse Current）	I_R	$U_R = 5V$			10	μA
正向电压（Forward Voltage）	U_F		1.6	2.0	2.6	V
峰值波长（Peak Wavelength）	λ_P			635		nm
主波长（Dominant Wavelength）	λ_D	$I_F = 60mA$	615	624	640	nm
半波宽度（Spectrum Radiation Bandwidth）	$\Delta\lambda$			20		nm
光强（Luminous Intensity）	I_V		1800	2300	2700	mcd
视角度（View Angle）	$2\theta_{1/2}$			110		°

3）5050 封装的外形与封装尺寸，如图 1-18 所示。

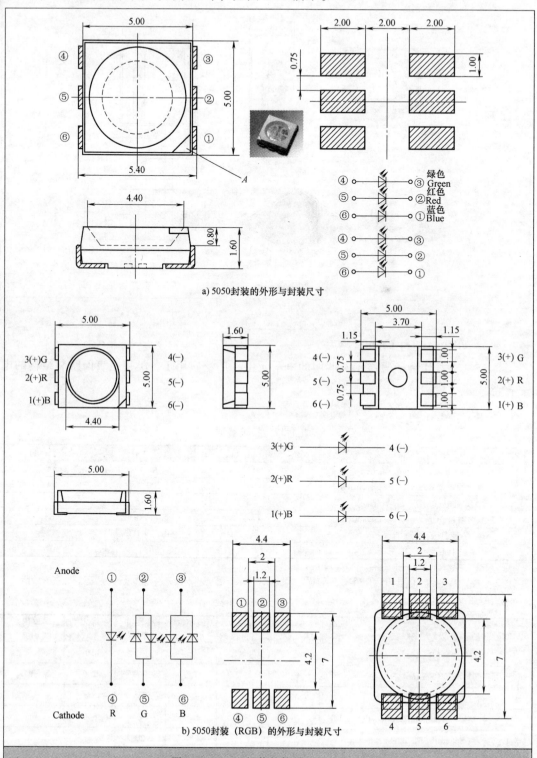

a）5050封装的外形与封装尺寸

b）5050封装（RGB）的外形与封装尺寸

图 1-18　5050 封装的外形与封装尺寸

★7. 大功率 LED 封装的规格书

1）极限参数（温度为 25℃时，见表 1-19）

表 1-19 极限参数

参数名称（Parameter）	符号（Symbol）	数值（Rating）	单位（Unit）
正向电流（Forward Current）	I_F	350	mA
正向脉冲电流（Pulse Forward Current）	I_{FP}	1000	mA
反向电压（Reverse Voltage）	U_R	5	V
工作温度（Operating Temperature）	T_{OPR}	− 20 ~ +75	℃
贮存温度（Storage Temperature）	T_{stg}	− 30 ~ +80	℃
功耗（Power Dissipation）	P_D	1120	mW

2）光电参数（温度为 25℃时，见表 1-20）

表 1-20 光电参数

参数名称（Parameter）		符号（Symbol）	条件（Condition）	最小值（Min）	典型值（Typ）	最大（Max）	单位（Unit）
反向电流（Reverse Current）		I_R	$U_R = 5V$			10	μA
正向电压（Forward Voltage）		U_F			3.2		V
色温（Color Temperature）		CCT			6500		K
色度坐标（Chromaticity Coordinates）	X				0.3130		
	Y		$I_F = 350mA$		0.3290		
光通量（Luminous Flux）		Φ_V			100		lm
热阻（Thermal Resistance）		R_{J-B}			8		℃/W
视角度（View Angle）		$2\theta_{1/2}$			135		deg

3）大功率 LED 封装的外形与封装尺寸，如图 1-19 所示。

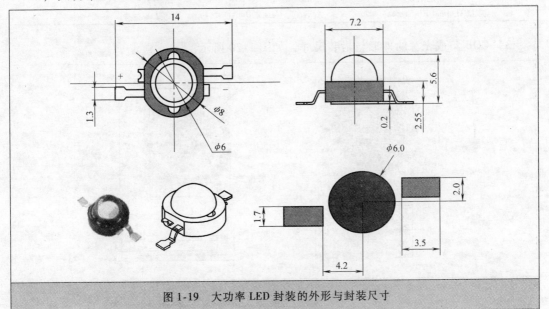

图 1-19 大功率 LED 封装的外形与封装尺寸

★8. COB 集成光源的规格书

COB 集成光源是指将裸芯片用导电或非导电胶粘附在互连基板上，然后进行引线键合实现其电连接。COB 集成光源又叫 COB 面光源。

1）极限参数（温度为 25℃ 时，见表 1-21）

表 1-21　极限参数

参数名称（Parameter）	符号（Symbol）	数值（Rating）	单位（Unit）
输入功率（Input power）	P_i	13	W
最大工作电流（Maximum operating current）	I_{Fmax}	360	mA
结温（Junction Temperature）	T_j	115	℃
工作温度（Operating Temperature Range）	T_{OP}	$-35 \sim +100$	℃
贮存温度（Storage Temperature）	T_{stg}	$-40 \sim +100$	℃
引线焊接温度（Lead Soldering Temperature）	T_{SOL}	Max. 350℃ for 5sec Max.	

2）光电参数（温度为 25℃ 时，见表 1-22）

表 1-22　光电参数

参数名称（Parameter）	符号（Symbol）	条件（Condition）	最小值（Min）	典型值（Typ）	最大（Max）	单位（Unit）
正向电压（Forward Voltage）	U_F	$I_F = 250\text{mA}$	34	34	40	V
光通量（Luminous Flux）	Φ_v	$T_C = 2700\text{K}$	900	970	1110	lm
		$T_C = 3000\text{K}$	950	1020	1160	lm
		$T_C = 4000\text{K}$	970	1040	1180	lm
		$T_C = 5000\text{K}$	970	1040	1180	lm
		$T_C = 5700 \sim 6500\text{K}$	980	1050	1190	lm
CRI 显色指数	Ra	$I_F = 250\text{mA}$	80	—	—	
热阻（Thermal Resistance）	$R(\text{j-c})$	$I_F = 250\text{mA}$	—	2.8	—	℃/W

3）COB 集成光源的外形与封装尺寸，如图 1-20 所示。

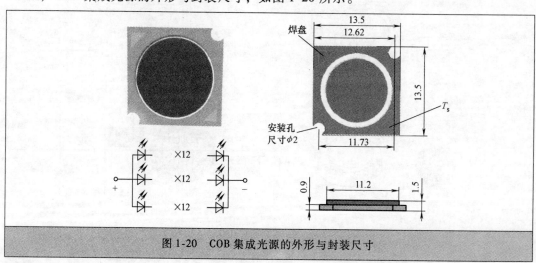

图 1-20　COB 集成光源的外形与封装尺寸

注：

① 基板负极引线温度不能超过85℃，如果输入功率达到最大输入功率的80%以上，基板负极引线温度应控制在75℃以内。

② 当手工焊接时，烙铁的温度必须小于350℃，时间不能超过5s。

③ 焊接时请注意不可有外力作用于胶体表面（如压力，摩擦或锋利金属钉等），以免造成金线变形或断线等异常。

④ COB光源需使用恒流源进行驱动，且输出电流符合规格书上的功率使用范围。

⑤ 保证散热前提条件为：T_S点（负极焊盘）为85℃以下，胶体表面温度小于160℃。在此温度以下，散热符合产品寿命要求；为确保在组装时降低接触热阻，请注意导热膏涂布均匀且分布面积合理，不可出现导热膏太少或涂抹高低不平等现象。如使用导热胶垫时，请确保证螺钉安装后基板与导热胶垫的完全接触，不可存在中空现象。以上散热介质耐压测试至少通过500V。

★9. 集成光源的规格书

1）极限参数（温度为25℃时，见表1-23）

表1-23 极限参数

参数名称（Parameter）	符号（Symbol）	数值（Rating）	单位（Unit）
输入功率（Input power）	P_i	182	W
最大工作电流（Maximum operating current）	I_{Fmax}	4800	mA
结温（Junction Temperature）	T_j	115	℃
工作温度（Operating Temperature Range）	T_{OP}	−25 ~ +85	℃
贮存温度（Storage Temperature）	T_{stg}	−40 ~ +100	℃
引线焊接温度（Lead Soldering Temperature）	T_{SOL}	最高350℃（最多持续5s）	

2）光电参数（温度为25℃时，见表1-24）

表1-24 光电参数

参数名称（Parameter）	符号（Symbol）	条件（Condition）	最小值（Min）	典型值（Typ）	最大（Max）	单位（Unit）
正向电压（Forward Voltage）	U_F	$I_F = 250mA$	36	37.5	41	V
光通量（Luminous Flux）	Φ_v	$T_C = 2700K$	—	—	—	lm
		$T_C = 3000K$	13500	14500	17400	lm
		$T_C = 4000K$	13700	14700	17600	lm
		$T_C = 5000K$	13900	14900	17900	lm
		$T_C = 5700 ~ 6500K$	14700	150700	1800	lm
CRI 显色指数	Ra	$I_F = 4200mA$	70	—	—	—
热阻（Thermal Resistance）	$R(j\text{-}c)$	$I_F = 4200mA$	—	0.13	—	℃/W

3）集成光源的外形与封装尺寸，如图1-21所示。

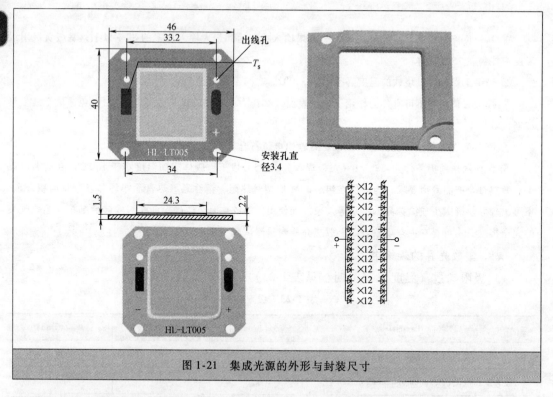

图1-21 集成光源的外形与封装尺寸

☆☆ 1.9 LED照明灯具的基础知识 ☆☆

　　根据国际照明委员会（CIE）的建议，灯具按光通量在上下空间分布的比例分为五类：直接型、半直接型、全漫射型（包括水平方向光线很少的直接-间接型）、半间接型和间接型。

　　➢ 直接型灯具

　　此类灯具绝大部分光通量（90%~100%）直接投照下方，所以灯具的光通量的利用率最高。

　　➢ 半直接型灯具

　　这类灯具大部分光通量（60%~90%）射向下半球空间，少部分射向上方，射向上方的分量将减少照明环境所产生的阴影的硬度并改善其各表面的亮度比。

　　➢ 漫射型或直接-间接型灯具

　　灯具向上向下的光通量几乎相同（各占40%~60%）。最常见的是乳白玻璃球形灯罩，其他各种形状漫射透光的封闭灯罩也有类似的配光。这种灯具将光线均匀地投向四面八方，因此光通利用率较低。

　　➢ 半间接灯具

　　灯具向下光通占10%~40%，它的向下分量往往只用来产生与天棚相称的亮度，此分量过多或分配不适当也会产生直接或间接眩光等一些缺陷。上面敞口的半透明罩属于这一类。它们主要作为建筑装饰照明，由于大部分光线投向顶棚和上部墙面，增加了室内的间接光，光线更为柔和宜人。

➢ 间接灯具

灯具的小部分光通（10%以下）向下。设计得好时，全部天棚成为一个照明光源，达到柔和无阴影的照明效果，由于灯具向下光通很少，只要布置合理，直接眩光与反射眩光都很小。此类灯具的光通利用率比前面四种都低。

灯具分类见表1-25。

表1-25　灯具分类

灯具类别	直接	半直接	漫射（直接间接）	半间接	间接
光强分布					
光通量分配（%） 上	0~10	10~40	40~60	60~90	90~100
下	100~90	90~60	60~40	40~10	10~90

注：LED灯具是由光源、灯具标准接口、散热器、光学系统、驱动电源组成。

灯具按安装方法，模块可分为内装式、独立式、整体式。按灯具结构分类有：

➢ Ⅰ类灯具

灯具的防触电保护不仅依靠基本绝缘，而且还包括附加的安全措施，即易触及的导电部件连接到设施的固定布线中的保护接地导体上，使易触及的导电部件在万一基本绝缘失效时不致带点。

➢ Ⅱ类灯具

灯具的防触电保护不仅依靠基本绝缘，而且具有附加安全措施，例如双重绝缘或加强绝缘，没有保护接地或依赖安装条件的措施。

➢ Ⅲ类灯具

防触电保护依靠电源电压为安全特低电压（SELV），并且不会产生高于SELV电压的灯具。

注：等效安全特低电压控制装置是指输出电压时安全特低电压，其输出端与电源及其连接导体之间具有隔离和强化绝缘或双重绝缘的LED模块用电子控制装置。

★1. 照明术语

➢ 光通量（ϕ）

点光源或非点光源在单位时间内所发出的能量，即人能感觉出来的辐射通量，称为光通量。光通量的单位为流明（简写lm），1流明是指定义为一国际标准烛光的光源在单位立体弧角内所通过的光通量。根据定义，1lm为发光强度为1cd的均匀点光源在1球面度立体角内发出的光通量。

➢ 照度（E）

可用照度计直接测量。照度的单位是勒克斯（lx）。被光均匀照射的物体，在 $1m^2$ 面积上得到的光通量是 1lm 时，它的照度是 1lx。

➢ 发光强度（I）

简称光强，国际单位是 candela（坎德拉）简写 cd。1cd 是指光源在指定方向的单位立体角内发出的光通量。光源辐射是均匀时，则光强为 $I = \phi / \Omega$，Ω 为立体角，单位为球面度（sr），ϕ 为光通量，单位是 lm，对于点光源由 $I = \phi / 4$ 左右。

➢ 亮度

表示发光面明亮程度的，指发光表面在指定方向的发光强度与垂直且指定方向的发光面的面积之比，单位是 cd/m^2。对于一个漫散射面，尽管各个方向的光强和光通量不同，但各个方向的亮度都是相等的。

注：亮度是光特性，瓦数是电特性。瓦数是描述 LED 发出的所有电磁波的功率的单位，流明专指可见光的功率单位。

➢ 光效

光源发出的光通量除以光源的功率。它是衡量光源节能的重要指标。单位：每瓦流明（lm/W）。

➢ 显色指数（Ra）

光源对物体呈现的程度，即颜色的逼真程度。

➢ 色温（K）

以绝对温度开尔文来表示，即将一标准黑体加热，温度升高到一定程度 时颜色开始由深红→浅红→橙黄→白→蓝，逐渐改变，某光源与黑体的颜色相同时，将黑体当时的绝对温度称为该光源之色温。

注：光源色温不同，光色也不同。色温在 3000K 以下有温暖的感觉，达到稳重的气氛；色温在 3000～5000K 为中间色温，有爽快的感觉；色温在 5000K 以上有冷的感觉

➢ 光束角

通常称角度，指于垂直光束中心线之一平面上，发光强度等于 50% 最大发光强度的二个方向之间的夹角 。

★2. LED 照明灯具电性能参数

➢ 输入电压

LED 照明灯具工作时所需要的电压值，不同的国家有着不同的输入电压值。

注：

通常所指全电压的是指 AC 85～265V。

➢ 输入功率

指用电器件的输入电压和输入电流的乘积，即电源或电网给用电器件提供电能的功率。单位：瓦特（W）。

注：$P_{i(输入功率)} = U_{in(输入电压)} \times I_{i(输入电流)}$

➢ 功率因数（PF）

指有功功率与视在功率的比值。

注：功率因数在一定程度上反映了电能得以利用的比例，是合理用电的重要指标。

　　➢ 恒流精度

　　指当驱动电源的输入电压在一定范围内变化时，输出电流波动值与额定输出电流之比，通常用百分数来表示。

　　➢ 电磁兼容（EMC）

　　指设备或系统在所处的电磁环境中能正常工作，并且不对该环境中其他事物构成不能承受的电磁干扰的能力。

第 2 章

LED 射灯设计

目前市场上所销售的 LED 射灯大部分都是自镇流式的，换句话说是将 LED 驱动电源安装在灯体内部，工作时直接接通交流电 AC 220V 即可工作。只有 MR16 LED 射灯，不能工作于 AC 220V，其工作电压要经过转换，工作电压为 AC/DC 12V 。LED 射灯主要由透镜或反光杯、LED 灯珠、散热器、LED 驱动电源、灯头组成。由于国内生产厂家众多，且各个厂家采用的材料、工艺、LED 封装方式不同，使得市场上的 LED 射灯在设计和加工上有很大差别。LED 射灯是指发出的光线具有方向性的 LED 灯具，MR16 通常采用 GU5.3 灯头，PAR16 主要采用 GU10、E26（美洲）、E27（欧洲及中国）、E14 灯头，PAR16、PAR20、PA30、PAR38 主要采用 E26、E27 灯头。

注：目前 LED 射灯主要以替代传统卤钨灯为主，其外形尺寸是参照 IEC 60630 标准，灯头参照 IEC 60061-1 标准。

LED 射灯的分类如下：

➤ 下照射灯。可装于顶棚、床头上方、橱柜内，还可以吊挂、落地、悬空，分为全藏式和半藏式两种类型。下照射灯的特点是光源自上而下做局部照射和自由散射，可分别装于门廊、客厅、卧室。选择下照射灯，功率不宜过大，仅为照亮相关的物品或工艺品而已，不能有刺眼的强光。

➤ 路轨射灯。大都用金属喷涂或陶瓷材料制作，有多种外观颜色；外形多样，规格尺寸大小不一。射灯所投射的光束，可集中于照射物体，也可以作为背景，创造出丰富多彩、神韵奇异的光影效果。也可以用于客厅、门廊或卧室、书房。

☆☆ 2.1 MR16 射灯设计 ☆☆

MR16 LED 射灯采用与传统 MR16 卤素灯同尺寸设计，用以替换传统的 25W 或 50W 卤素灯，其工作电压为 AC/DC 12V，也有将输入电压设计为安全电压 DC12～24V，采用开关电源供电。减小了电源器件及灯具本身散热量，确保 MR16 射灯在装入灯具之后，仍然能够保持良好的散热。同时可以保证 LED 发光有效控制在更小角度内，产品除白光、暖白光、冷白光外，客户还可以选择红、黄、绿、蓝颜色。MR16 LED 射灯外形，如图 2-1 所示。传统 MR16 灯杯的角度有 10°、24°、38°，功率有 20W、35W、50W（MR16），20W、35W（MR11）。

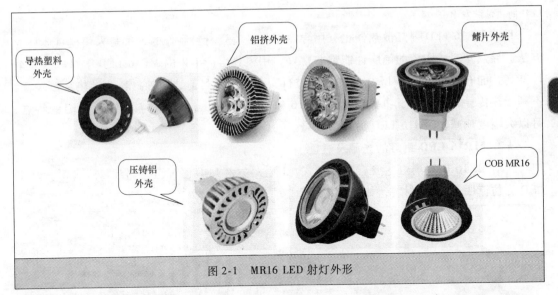

图 2-1　MR16 LED 射灯外形

注：

①我国对 LED 射灯是采用自愿性认证（CQC），执行标准为 GB 24906—2010（安全）和 GB 17743—2007（电磁兼容）。也可以进行节能认证要求，执行标准为 CQC 3129—2013。

②节能认证中对 LED 射灯的色温、显色指数、初始光通量、光效、光通维持率、寿命、中心光强、标称功率、功率因数、产品标识等进行了规定。具体参照标准 CQC 3129—2013 执行。

★1. MR16 LED 射灯散热器

MR16 LED 射灯散热器有采用铝挤、压铸铝、鳍片散热等，下面对三种散热体进行介绍。

➢ 铝挤就是将铝锭高温加热至 520～540℃，在高压下让铝液流经具有沟槽的挤型模具，作出散热片初胚，然再对散热片初胚进行裁剪、剖沟等处理后，可以做成散热片。散热片一般采用铝合金（6063-T5），其热传导率约 180～190W/m·K，主要应用于功率较大 LED 灯具，铝挤可以做到比较精美，厚薄很容易控制，会增加散热表面面积，增强了散热效果。

➢ 压铸铝一般采用锌铝合金（ADC12），其传导率约 80～90W/m·K，大多数的小功率射灯（1～3W）的散热器采用此工艺。压铸铝可制作各种立体复杂形状散热器，但热传导率较差。目前多以 AA1070 铝料来做为压铸材料，其热传导率高达 200W/m·K 左右。

注：铝压铸技术是通过将铝锭熔解成液态后，填充入金属模型内，利用压铸机直接压铸成型，制成散热片。采用压注法可以将鳍片做成多种立体形状，散热片可依需求做成复杂形状，亦可配合风扇及气流方向做出具有导流效果的散热片，且能做出薄且密的鳍片来增加散热面积。

➢ 鳍片散热是采用鳍片的形状，主要是为了加大散热面积，以利于辐射散热和对流散热。FIN 片材质一般是 AA1050（Al 约 200W/m·K）。鳍片散热优点是良好的散热效果，重量轻。鳍片散热缺点是扣 FIN 模具费用高，受冲击易变形。

注：①散热器不同部位的散热效果是不同的，散热效果最差的位置在根部，散热效果最好的位置在顶部。

②散热器的有效散热面积是实际面积的 70% 左右，50～60cm² 的有效散热面积可以将 1W 大功率

LED 的热量散发出去。

目前 MR16 LED 射灯散热器也有用导热塑料或陶瓷材料制作的，都是采用模具成型的方法。导热塑料或陶瓷的绝缘性能都非常好，用模具生产出来的 MR16 LED 射灯电气安全性能高，能有效地对内部 LED 驱动电源进行安全隔离。目前这两种材料的导热系数较低，不利于热传导，主要用于功率不大的 MR16 LED 射灯。由于塑胶材料具有重量轻的特点，可以大幅度地减轻 MR16 LED 射灯的重量。

★2. MR16 LED 射灯的光源及透镜

目前 MR16 LED 射灯主要有两种方式，1W 大功率 LED 及 COB 封装两种。1W 大功率 LED 为仿流明及 3535 封装，如图 2-2 所示。

图 2-2　1W 大功率 LED 封装

采用大功率 LED 光源的 MR16 LED 射灯，通常需要一个电路板将 LED 做电气连接。目前大多使用铝基板制作（MCPCB）；必须专门设计散热焊盘。一般用螺钉的方式将铝基板固定在灯壳散热器上，在散热器与铝基板之间必须专门均匀涂上导热硅脂。用 1W 大功率 LED 制作的 MR16 LED 射灯，灯珠数量最少为 3 颗，以前的工艺是通过透镜对每颗 LED 进行独立配光的，通过一个面板或面罩组合在一起，形成一个光斑透镜。现在都是将透镜集成为一体，这样可以减少因装配问题引起的光斑问题。集成透镜如图 2-3 所示。目前，大功率 LED 光源的 MR16 LED 射灯角度可以达到 10°左右。

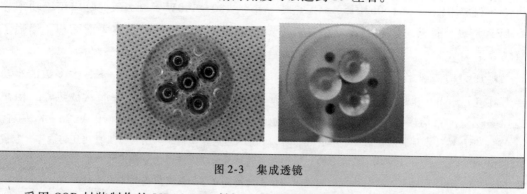

图 2-3　集成透镜

采用 COB 封装制作的 MR16 LED 射灯，不再需要铝基板，可以直接将 LED 驱动电源输出端（DC 端）线正负极连接到 COB 封装 LED 的正负极上。采用螺钉或胶粘的方式将 COB 光源固定在 MR16 LED 射灯散热器上。COB 光源制作的 MR16 LED 射灯的二次光学配光通常采用一个透镜或反光杯的方式进行。因透镜和反光杯的高度都较高，对于小角度 MR16 LED 射灯的配光有难度，达不到设计要求。目前 COB MR16 LED 射灯的配光，其角度都大于 15°。COB 封装光源如图 2-4 所示。

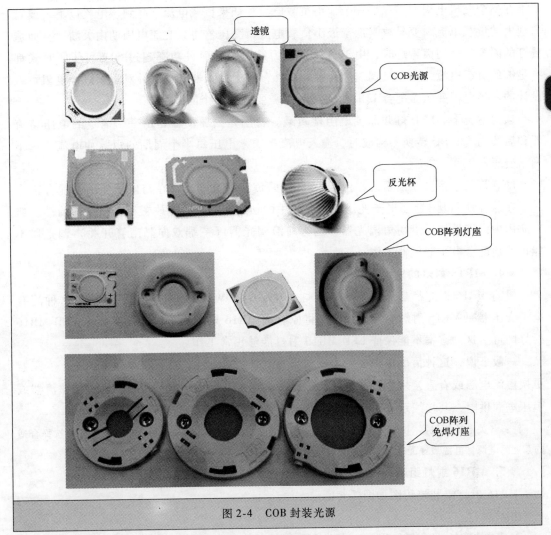

图 2-4　COB 封装光源

注：COB 阵列灯座大部分都是采用压接触点进行连接，省去了手工焊接操作。总装前把 LED 阵列光源固定在灯座上，安装时间大幅度缩短。

★3. MR16 LED 射灯的电源

MR16 LED 射灯的角度一般在 65°以下，主要用于局部照明、重点照明等场合。目前各个 MR16 LED 射灯生产厂家的角度大多集中在 15°、25°、35°等范围。MR16 射灯的灯头为 GU5.3，是采用 AC 12V 供电的，其前端必须有一个电子变压器或工频变压器将市电 AC 220V 转换为 AC 12V。

电子变压器是传统磁变压器的替代产品，具有更低的成本、更小的尺寸，而且更加轻便，能够将 AC120V/220V 电源电压转换成 AC 12V，用于 MR16 灯供电。由于采用了高频调制技术，允许使用尺寸小而且轻便的高频变压器，成本也降低了许多。利用自激电路实现 35～40kHz 调制，驱动双极型晶体管的基极，晶体管功能如同半桥开关。

电子变压器是针对卤素灯（不是 LED 灯）负载设计的，为了配合变压器正常工作，

38

要求在整个交流电周期内保持一个最小负载电流。如果负载电流下降到该电流以下，或者出现大的负载电流瞬变导致其低于最小负载电流，变压器将在交流电周期内关断，从而造成灯的闪烁。使用卤素灯时，由于负载表现为纯电阻，而且功率超过50W，任何时候都有足够的负载电流，不会出现闪烁问题。此外，电子变压器是专门针对卤素灯等电阻负载设计的。当电子变压器配合LED灯工作时，需要解决两个问题。

通常情况下，LED灯并非纯电阻性负载。特别是当驱动器是由一个简单的电压整流器和后续的DC-DC转换器构成时，输入电流是输入电压每半个周期的短脉冲电流，这不利于变压器工作。

LED灯的效率高于卤素灯，由于LED灯的负载电流很小，在与电子变压器配合工作时存在兼容性问题。除了电子变压器，系统中的切角调光器可能放置在变压器的前端。典型应用中大多采用后沿切角调光器，因为前沿调光器（三端双向晶闸管开关）调光器不能正确地配合电子变压器工作。

★4. MR16射灯的安装方法

目前MR16射灯都是卤素灯或石英灯，功率为50W，工作电压为AC12V。这种配有电子变压器原MR16射灯安装时，只要将原有的MR16射灯换下，直接安装上LED MR16射灯即可。这种方案不能保证LED MR16射灯能够正常工作。

一般来说，这种情况很少会发生。如果有这种情况发生，建议在将原来的电子变压器更换恒流电源或者直接采用开关电源及恒压源供电。目前大部分采用可兼容电子镇流器或恒压电源供电，其接线示意图如图2-5所示。

注：开关电源要根据MR16射灯的功率来定，不能超过开关电源80%，可以根据设计要求选择合适的系列的电源，电源最好配电源安装盒，根据电源定位固定。

★5. MR16射灯组装流程图

MR16射灯组装流程图如图2-6所示。

注：

① 集成透镜MR16射灯只需装配一体化透镜，分立透镜的MR16射灯除了装配透镜外，还要装配面板或面罩固定分立透镜。

② 分立透镜一定要装平，否则会影响配光。

★6. MR16射灯组装流程图（集成光源）

（1）固定光源

➢ 安装人员戴好指套、防静电手环，穿好静电服。

➢ 用手指取集成光源，但手指不能接触光源的发光面，检查光源型号是否正确，集成光源表面是否有脏污、划痕、异物。

➢ 安装时左手拿光源（两侧光源部分朝下），右手拿导热硅脂，从装导热硅脂容器底部挤压硅脂，并将硅脂均匀的涂抹在集成光源背面。

➢ 将集成光源平整的放到散热器上，用手轻轻按压非光源部分，并移动光源。将COB阵列灯座安装在COB光源上，位置一定与COB光源一一对应，一定要确保COB阵列灯座上的2个或4个螺钉孔，一一对应散热器上的2个或4个螺钉孔上。

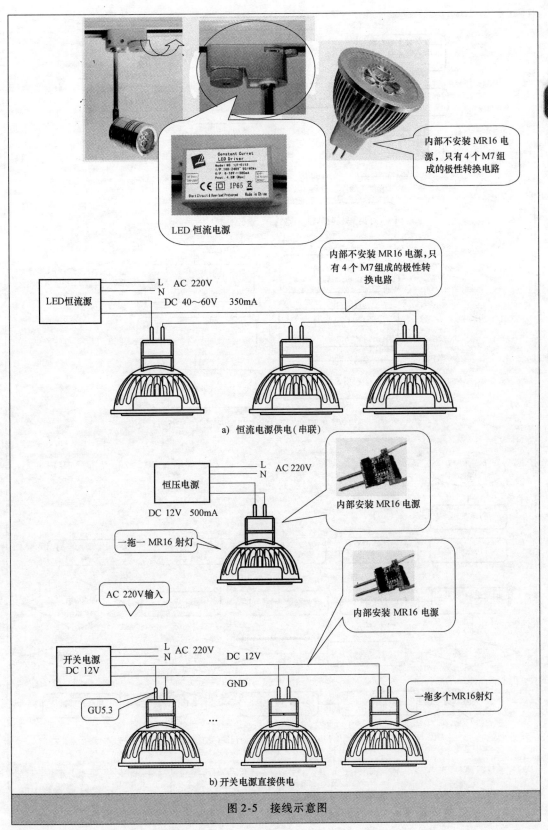

图2-5 接线示意图

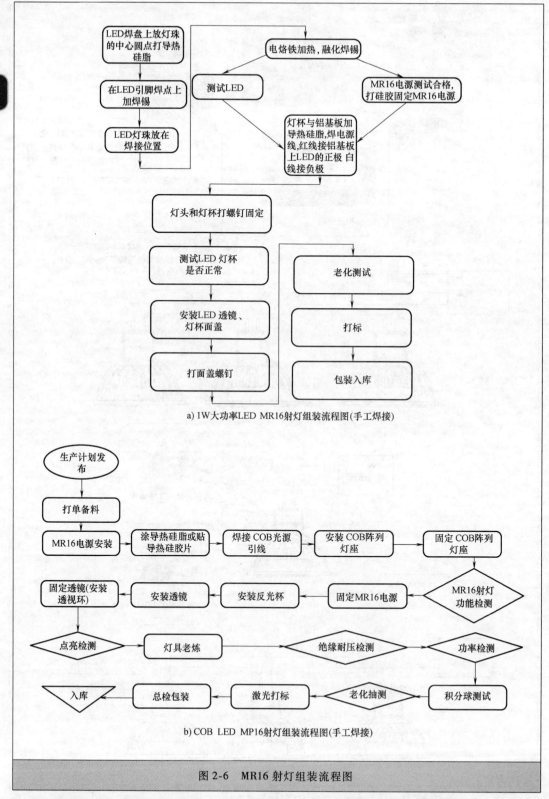

a) 1W大功率LED MR16射灯组装流程图(手工焊接)

b) COB LED MP16射灯组装流程图(手工焊接)

图2-6 MR16 射灯组装流程图

➤ 用螺钉旋具将螺钉上到螺钉孔上，拧螺钉时螺钉旋具应垂直于散热器。

（2）焊接光源引线

➤ 将电源出线对应正负极穿过散热器上的过线孔洞。

➤ 用电烙铁将电源线对应正负极焊接到集成光源上，焊接时要将焊点压低且焊点应光滑、无虚焊、无拉尖，电烙铁不能碰触到光源和电源的输出线。

➤ 检查电源输出线是否有划痕，是否有破损。

（3）焊接电源输出线

➤ 检查电源及并区分电源输出端与正负极。

➤ 将电源线将两根线的铜线露出段平行紧靠在一起，上锡处理。

➤ 用烙铁将两根线焊接在电源输出端的正负极，一定要确保焊点光滑、无虚焊、无拉尖。

（4）固定电源

➤ 取 MR16 射灯灯头，检查是否有划痕。

➤ 将 704 硅胶均匀的涂抹在 MR16 射灯灯头外沿上。

➤ 电源位置处也要打上 704 硅胶以固定电源。

➤ 用电动镙钉旋具将 MR16 射灯灯头固定到散热器上。

（5）装透镜

➤ 检查透镜是否有异物、划痕、脏污。

➤ 将透镜固定到 LED 光源上部。

➤ 检查外罩是否有异物、划痕、脏污。

➤ 用电动螺钉旋具将外罩固定到装有透镜光源上部，固定时螺钉旋具与外罩垂直并对角固定。

（6）贴标签包装入库

☆☆　2.2　PAR 灯设计　☆☆

PAR 灯的全称是碗碟状铝反射灯，英文名称是 "Parabolic Aluminum Reflector"，又称 "帕灯"，是指将金卤灯安装到反光杯中，现在逐渐被 LED PAR 射灯取代。LED PAR 射灯一般有 PAR16、PAR20、PAR30、PAR38 等，PAR 灯是将集中光线直接照射物品上，突出主观审美，达到重点突出的作用。LED PAR 射灯光线柔和，既可对整体照明起主导作用，又可局部采光。同时 LED PAR 射灯透镜有强力折射功能，可以产生较强的光线，做出不同的投射效果。PAR 灯的外形如图 2-7 所示。

目前反射型自镇流 LED 灯可用于替换 PAR 系列卤钨灯，必须达到如下要求：

➤ 额定电压 AC 220V，50Hz。

➤ 符合国家标准 GB/T 1406.1—2008、GB/T 1406.2—2008 或 GB/T 1406.5—2008 要求的灯头。

➤ 符合 GU10、B22、E14 或 E27/ E26 灯头要求。

图 2-7　PAR 灯的外形

注：反射型自镇流 LED 灯国家标准有 GB/T 29295—2012《反射型自镇流 LED 灯性能 测试方法》、GB/T 29296—2012《反射型自镇流 LED 灯 性能要求》、GB/T 31111—2014《反射型自镇流 LED 灯 规格分类》。

反射型自镇流 LED 灯性能要求：

➤ 测试过程中应保持灯头在上的垂直燃点方向。

➤ 安全应符合国家标准 GB 24906—2010《普通照明用 50V 以上自镇流 LED 灯安全要求》的要求。

➤ 无线电骚扰特性应符合国家标准 GB 17743—2007《电气照明和类似设备的无线电骚扰特性的限值和测量方法》的要求。

➤ 谐波电流应符合国家标准 GB 17625.1—2012《电磁兼容限值谐波电流发射限值（设备每相输入电流≤16A)》的要求。

➤ 电磁兼容抗扰度应符合国家标准 GB/T 18595—2014《一般照明用设备电磁兼容抗扰度要求》的要求。

➤ 光生物危害应符合国家标准 GB/T 20145—2006《灯和灯系统的光生物安全性》的要求。

➤ 灯在额定电压和额定频率下工作时，其实际消耗的功率与额定功率之差应不大于 15% 或 0.5W。

➤ 功率因数要求：①灯的标称功率因数应不低于 0.7（B 类），若灯标称功率因数为 A 类，则应不低于 0.9；②实测功率因数应不低于标称值 0.05。

➤ GB/T 29295—2012《反射型自镇流 LED 灯性能测试方法》。

➤ GB/T 29296—2012《反射型自镇流 LED 灯性能要求》。

注：

① 色品性能包括颜色坐标、相关色温和显色指数。

② 电气间隙：两相邻导体或一个导体与相邻电机壳表面的沿空气测量的最短距离。根据测量电压及绝缘等级即可决定距离一次侧线路的电气间隙尺寸要求。

③ 爬电距离：两相邻导体或一个导体与相邻电机壳表面的沿绝缘表面测量的最短距离。沿绝缘材料的外表面测量。

④ 文中所提到的国家标准如果有新版的，按新的执行。

根据 IEC61347-1 耐电强度的实验电压应满足表 2-1 要求：

表 2-1 耐电强度的实验电压

工作电压	试验电压
42V 以下（包括 42V)	500V
42V 以上至 1kV（包括 1kV)	$2U+1000V$

注：① 试验期间不得产生飞弧或击穿现象。

② 当输出电流低于 100mA 时，过电流继电器不应跳闸。

③ 所施加的试验电压的均方根值应在 ±3% 的范围内测量。

LED 电源安全距离的位置及要求见表 2-2。

表 2-2 LED 电源安全距离的位置及要求

位置要求	爬电距离/mm	电气间隙/mm
一次侧交流部分:保险丝前	L,N,PE（大地）≥2.5	L—N≥2.5
大地对一次侧直流部分	≥4.0	≥2.5
大地对二次侧地	≥2.0	≥1.0
二次侧部分对二次侧部分	≥0.5	≥0.5
二次侧部分对一次侧部分	≥6.4	≥4.0
变压器两极间	≥8.0	

注：电气间隙在最恶劣的测试条件下，也应符合要求上述要求。

目前 LED PAR 射灯散热器主要采用扣 FIN 方式，在散热器鳍片结合处采用压铆方式，以便形成一个碗碟状铝反射平面，其中平面用来安装 LED 铝基板。散热器与螺口塑件相结合处采用卡勾（卡扣）方式，用卡勾方式对装配来说相对容易，但要注意导向柱与卡勾的方向，同时也要防止装配后松动，其装配公差要进行较好管控。螺口塑件与灯头结合处采用螺纹方式，其灯头类型为 E27。LED 铝基板用螺钉方式固定在散热器上。通常是用 2 ~ 4 个螺钉将 LED 铝基板锁在散热器上，同时将电源安装在螺口塑件上。安装在 LED 上透镜与散热器的固定，用螺钉将一体化透镜架或单个透镜加透镜面板直接锁在散热器上，从 LED PAR 射灯正面可以看到螺钉帽或螺钉头。

　　LED PAR 射灯目前主要用仿流明的大功率 LED 灯或 3535，其灯板尺寸要根据一体化透镜或 LED 面板透镜的位置中心及相关的尺寸来定，在设计时一定要配合一体化透镜或分立透镜的配光要求，这样才能有好的配光，才能达到设计要求。PAR16 的设计功率为 3W、PAR20 的设计功率为 5W、PAR30 的设计功率为 7W、PAR38 的设计功率为 12W。

　　国家标准中反射型自镇流 LED 灯的色品性能见表 2-3。

表 2-3　反射型自镇流 LED 灯的色品性能

色调	代表符号	色品参数			色容差 SDCM
		一般显色指数	色坐标目标值		
			x	y	
F6500（日光色）	RR	A 类：>85（RB>0） B 类：>80（RB>0）	0.313	0.337	≤5
F5000（中性白色）	RZ		0.346	0.359	
F4000（冷白色）	RL		0.380	0.380	
F3500（白色）	RB		0.409	0.394	
F5000（暖白色）	RN	A 类：>90（RB>0） B 类：>85（RB>0）	0.440	0.403	
F2700（白炽灯色）	RD		0.463	0.420	

　　国家标准中反射型自镇流 LED 灯光束角和中心光强见表 2-4。

表 2-4　光束角和中心光强

PAR16							
		额定光通量/lm					
		200	220	240	260	280	300	320
光束角(°)	10	1211	1295	1384	1478	1527	1630	1739
	18	663	708	757	809	836	892	951
	24	454	485	518	554	572	611	652
	36	257	275	294	314	324	346	369
	45	199	212	227	242	250	267	285
	60	177	189	202	216	223	238	254

（续）

PAR20							
	额定光通量/lm						
	300	340	380	420	460	500	540
光束角(°)	10	2172	2450	2679	2926	3192	3478	3786
	18	1161	1310	1432	1564	1706	1860	2024
	24	782	882	964	1053	1149	1252	1363
	36	428	483	528	577	629	686	746
	45	322	363	397	434	473	515	561
	60	274	310	339	370	403	440	478

PAR20							
光束角(°)	额定光通量/lm						
	300	340	380	420	460	500	540
10	2172	2450	2679	2926	3192	3478	3786
18	1161	1310	1432	1564	1706	1860	2024
24	782	882	964	1053	1149	1252	1363
36	428	483	528	577	629	686	746
45	322	363	397	434	473	515	561
60	274	310	339	370	403	440	478

PAR30							
光束角(°)	额定光通量/lm						
	480	520	560	600	640	680	720
10	5421	5812	6084	6511	6960	7272	7760
18	2736	2933	3071	3286	3513	3671	3917
24	1764	1891	1980	2119	2265	2367	2525
36	886	950	995	1065	1138	1189	1269
45	625	670	701	750	802	838	894
60	478	513	537	574	614	641	685

PAR38							
光束角(°)	额定光通量/lm						
	640	700	760	820	880	940	1000
10	8170	8768	9234	9876	10544	11059	11588
18	3939	4227	4451	4761	5082	5331	5586
24	2453	2633	2772	2965	3166	3320	3479
36	1150	1235	1300	1391	1485	1557	1632
45	770	826	870	930	993	1042	1092
60	541	580	611	653	698	732	767

★1. PAR 灯电源

目前的 PAR 灯大多为内置电源的自镇流式射灯。内置 LED 驱动主要采用开关电源实现，有隔离式和非隔离式电源两种。隔离电源的一次侧和二次侧形成了电气隔离，在对 PAR 灯设计时，只需要将电源一次侧与外壳或其他人体可接触部分做好充分的防触电即可，而二次侧通常为安全电压，可做简单防护即可，此类电源可以通过相关的认证。其特点是电源相对安全可靠，放置空间大，转换效率也较低。非隔离电源由于一次、二次侧之间未做电气隔离，需在结构上做更严格的防护隔离，通过认证比较难，实际可能根本通不过。其特点是电源效率高，体积小。

除开关电源外，还有多种其他 LED 驱动方式，如恒流二极管、恒流电阻或 AC LED 等。其安全性和可靠性都较低，在结构设计上多做努力，才能满足相关安全要求。由于大部分 PAR 灯电源都是内置电源，通常内部电源上的元器件温度都很高，将直接影响 PAR 灯的使用寿命和稳定性。因此有一些生产厂家都采用灌胶的方式改善电源的散热能力，并提高电源与散热外壳的绝缘性。

★2. PAR 灯组装流程

PAR 灯组装流程图如图 2-8 所示。

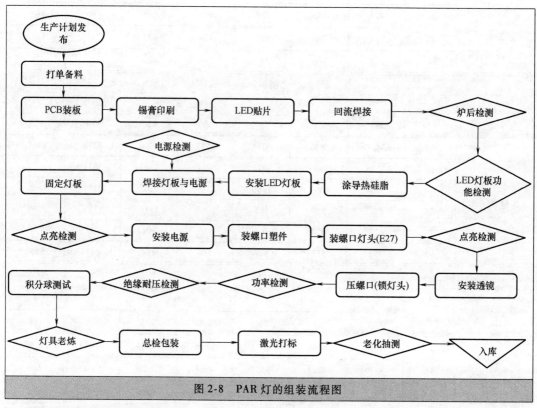

图 2-8　PAR 灯的组装流程图

PAR 灯组装流程见表 2-5。

表 2-5　PAR 灯组装流程

序号	工序名称	工具或材料	工艺要求
1	贴灯珠	铝基板、LED 灯珠、导热硅脂	➤ 导热硅脂适量，以能覆盖灯珠散热面为准 ➤ 贴灯珠时注意极性，切勿贴反 ➤ 贴灯珠时应按压灯珠，使灯珠散热面与铝基板接触良好 ➤ 操作人员必须配戴防静电手环
2	焊灯珠	电烙铁、焊锡丝、LED 灯板	➤ 焊点光滑无虚焊现象 ➤ 电烙铁必须接地良好
3	固定灯板	导热硅脂、LED 灯板、固定螺钉、散热器	➤ 螺钉一定拧到位 ➤ 导热硅脂适量，以能覆盖 LED 灯板散热面为准 ➤ 固定铝基板要到位并无螺钉打滑现象

（续）

序号	工序名称	工具或材料	工艺要求
4	焊接恒流源（电源）	电烙铁、焊锡丝、恒流源（电源）	➢ 极性正确、焊点光滑无虚焊现象 ➢ 电烙铁必须接地良好 ➢ 操作人员必须配戴防静电手环 ➢ 电源的 DC 端（正负极）一定接到 LED 灯板的正负极
5	测试	智能电量测量仪	➢ 工作电流（A） ➢ 工作电压（V） ➢ 功率（W） ➢ 功率因数（PF）
6	装螺口塑件	螺口塑件、散热器、恒流源（电源）、LED 灯板	➢ 当恒流源（电源）无法置入螺口塑件内时，可将恒流源置入灯壳 ➢ 恒流源（电源）与壳体间要用青壳纸隔离以防短路
7	装螺口灯头	剪钳、电烙铁、焊锡丝、E27 螺钉	➢ 与螺牙接触部分引线长度与螺牙等长并镀锡三分之一后上紧螺口 ➢ 与螺钉接触部分与螺钉等长并镀锡后压紧
8	装透镜或面板	电批、螺钉、透视	➢ 将透镜与 LED 灯位置要一一对应（集成透镜） ➢ 面板要与 LED 灯位置要一一对应（单颗透镜） ➢ 固定透镜要到位并无螺钉打滑现象
9	老化	老化架	➢ 按输入电压要求通电 4h 无异常的流入下一工序 ➢ 按输入电压要求通电 4h 有异常的维修处理
10	压螺口	压螺口机（锁螺口机）	➢ 灯头冲孔错位、冲孔数量要求 8 孔或 12 孔
11	包装	不干胶、纸盒	➢ 螺口压紧后要用酒精清洗干净才可以贴标签打包装
12	出厂检验	智能电量测量仪、积分球、耐压测试仪、漏电测试仪	➢ 测量电参数（额定电压、电流、功率、功率因数） ➢ 测量光参数（光通量、光效、色温、显指） ➢ 耐压测试 ➢ 漏电测试 ➢ 电气性能合格率100%，外观合格率100% ➢ 判定合格的打上"合格"印章入仓

★3. PAR 灯检验判定标准

PAR 灯检验判定标准见表 2-6。

表 2-6　PAR 灯检验判定标准

序号	检验项目	内容叙述	检验方法	判定标准
1	透镜	➢ 无明显光斑 ➢ 无划痕，气泡，针眼，凹坑，异物 ➢ 透镜表面颜色、光泽度均匀一致，无色差 ➢ 透镜与固定盖之间无缝隙 ➢ 固定透镜要到位并无螺钉打花现象	目视	➢ 透镜表面光泽度异常区域＜整灯面积的 1/10 为允收且其他情况拒收 ➢ 划痕、气泡、针眼、凹坑直径＜1mm 为允收，其他情况拒收 ➢ 出现色差、光泽度不一致的一律拒收 ➢ 出现明显光斑

48

（续）

序号	检验项目	内容叙述	检验方法	判定标准
2	散热器	➤ 散热器与固定盖表面无划痕 ➤ 表面无黑点：数目小于2个，直径小于1mm ➤ 表面无脏污、异物，内部无金属屑、胶体残留 ➤ 散热器与塑料件的连接处无缝隙，无松动 ➤ 散热器与固定盖的连接处无胶残留 ➤ 散热器本体散热片无变形，歪斜 ➤ 散热片之间的螺钉孔区域无破损	目视	➤ 划痕长度<3mm，数量<3个 ➤ 黑点数目<2个，直径<1mm ➤ 除黑点、划痕、脏污外，其他不良一律拒收 ➤ 散热片变形拒收
3	螺口塑件	➤ 塑料件表面无脏污、异物、黑点、划痕、助焊剂残留 ➤ 边缘部分无明显缺口、无破损 ➤ 散热器与塑料件连接处无胶体残留	目视	➤ 划痕长度<1mm，数量小于2个 ➤ 黑点数目<2个，直径<1mm ➤ 脏污、异物无法清除者拒收
4	灯头	➤ 灯头无破损、无异色、抛光不良 ➤ 灯头底部无明显变形、凹坑、划痕 ➤ 白色塑料体无破损，表面无脏污 ➤ 灯头钉与白色塑料件之间无缝隙，连接好	目视	➤ 破损一律拒收，抛光不良，异色在灯头螺旋区内允收，其他情况拒收 ➤ 底部凹坑数量<2个，划痕长度<3mm
5	功率	➤ 测试功率符合设订要求及技术要求	功率测试仪	➤ 功率不能超过设计功率的±10%
6	功能测试	➤ 点亮测试	变频电源	➤ 死灯，死组，灯不亮 ➤ 低电流测试灯暗或者不良
7	接地电阻测试	➤ 接地电阻应小于0.5Ω或0.1Ω或者按国家地区具体安规要求执行	接地电阻测试仪	
8	泄露电流测试	➤ 泄漏电流交流应小于0.5mA，直流应小于1mA或者按国家地区具体安规要求执行	泄漏电流测试仪	
9	耐压测试	➤ 按技术要求相应频率、电压、电流，测试时间测试无击穿现象4kV AC /5mA/60s	耐压测试仪	
10	光学测试	➤ LED光通量，色温，显示指数，光效率，符合订单及技术参数 ➤ 光束角分为10°、24°、36°、60° ➤ 测光束角与宣称光束角的偏差不应超过10%或3°	积分球/分布光度计	➤ 达到设计要求 ➤ 符合国家标准GB/T 29295—2012、 GB/T 29296—2012、 GB/T 31111—2014要求或节能标准要求
11	照度分布测试	➤ 在暗室中，输入相应额定电压与频率之电源使灯具正常工作，将灯具发出的光投射到距灯具物体平面2.0m的墙上，应能很明显观察到蝙蝠形的照度分布	照度分布测试仪	

（续）

序号	检验项目	内容叙述	检验方法	判定标准
12	震动测试	➢ 加速度 2G，X、Y、Z 各震动 10min，角度 10°，不允许有暗灯、死灯出现，不允许螺钉松脱、破裂	震动测试仪	➢ 出现暗灯、死灯 ➢ 螺钉松脱、破裂
13	开关次数	➢ 以 15s 点灯，15s 关灯次数不低于 500 次	开关寿命机	
14	温升测试	➢ 测试 LED 温度常规 50℃ 以下	测温仪	
15	平均寿命	➢ 寿命应不低于 25000h		节能测试（COE 节能认证）
16	内包装	➢ 型号、额定功率、光通量、光效、相关色温、显色指数 ➢ 适用电压、频率、功率因数 ➢ 灯头类型 ➢ 节能描述、平均使用寿命 ➢ 生产商认为有用的信息（公司名称、地址、电话等）	目视	➢ 额定电压（以"V"或"伏特"表示） ➢ 工作电压范围（如适用，以"V"或"伏特"表示） ➢ 额定功率（以"W"或"瓦特"表示） ➢ 额定频率（以"Hz"表示） ➢ 额定光通量（以"lm"或"流明"表示）
17	外包装	➢ 装箱单与实物符合 ➢ 产品合格证 ➢ 产品说明书安装要求，接线要求，字体书写，产品规格正确 ➢ 制造厂名称或注册商标及厂家地址 ➢ 产品名称和型号、额定电压和频率 ➢ 包装箱内灯的数量 ➢ 产品标准号 ➢ 包装要求，材质，层数符合包装图纸 ➢ 外箱不允许有破损，变形，潮湿 ➢ 外箱标识清新，书写工整，外箱内容包括但不局限于：规格型号品名，日期，数量重量，环保标识，小心轻放，易碎，防水，防压标志	目视	➢ 装箱要求与客户要求一致 ➢ 按公司包装要求执行

☆☆ 2.3 LED 面板灯设计 ☆☆

LED 面板灯的外框用铝合金经阳极氧化而成，可以配置智能遥控系统，实现调光、调色的变化。LED 面板灯有正面发光和侧面发光两种。侧面发光是由铝框、扩散板、导光板、铝背板、固定螺钉组成，主要将光通过导光板传递至扩散板发出。正面发光是由铝框、扩散板、铝背板、固定螺钉组成。其电源为外置。LED 面板灯在各方面均优于格栅灯，主要适用于酒店、高级写字楼、办公场所、室内公共场所等。LED 面板灯尺寸规格有 300mm × 300mm、600mm × 600mm、300mm × 600mm、300mm × 1200mm、600mm × 1200mm 等等，主要替换格栅灯灯盘。LED 面板灯的光通量范围是 600～5000lm。LED 面板灯的外形如图 2-9 所示。

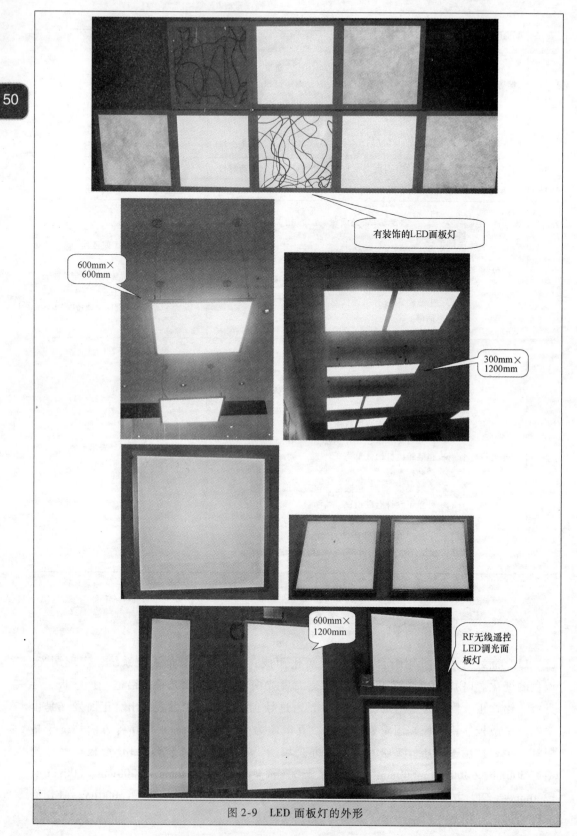

图 2-9　LED 面板灯的外形

注：

① 本节 LED 面板灯都是指侧发光的。

② LED 面板灯的单位是 mm。

目前也有 RF 无线遥控 LED 调光面板灯。由无线遥控器、控制器及 LED 面板灯组成，产品调亮度集触摸与按键调节两种方式于一身，软件采用平波处理技术，调节平滑稳定，亮度变化过程，无跳变、无抖动、无闪烁，按键调节与触摸调控感觉一样，如同无级调节一般。具有睡眠功能与小夜灯功能，让人感觉舒适、方便，产品更加节能。其外形与 LED 面板灯一样，只是在 LED 面板灯的基础上增加了调光系统。

注：

① LED 面板灯是通过侧 LED 发光，其原理是通过在导光板底部添加突起或凹坑，甚至是印刷白色反光点或丝印，改变光线的传播方向实现正面出射光线的效果。

② 漫反射光的强弱与该位置的入射光强度成正比，与散射点的面积成正比。

LED 面板灯的结构是由光源、驱动、外框结构、导光板、扩散板组合而成。光源从导光材料的两边或四边往里照射，光经过干涉图案加工后的导光板让光前进的方向改变，被干涉的光大部分往扩散板方向射出，小部分反射到反射材料再作第二次反射，使光尽量照射出来，以达到照明的目的。

注：

① LED 面板灯全部部件有铝型材、扩散板、铝基板组件（连接件）、铝基板、LED、散热铝胶带、L 形连接件、内六角螺钉、盘头螺钉、固线扣、导光板、DC 母头插、护线粒、铝背板、DC 公头插、电源。

② 目前也将铝型材焊接起来形成一个平面，这种可以减少铝框的装配工序，能达到较好的平整度的要求。

★1. LED 面板灯主要部件介绍

➢ 铝框

LED 面板灯散热主体，一般用铝挤方式，材料为 AL6063。其优点是成本低，表面处理美观，散热效果好。压铸的铝框 IP 等级比铝挤高，且封光性好，表面质感好，整体美观，但是前期投入高。外框所采用的材料为金属材料，其要求如下：

1）导热性能好。相对于其他固体材料，金属材料的热传导能力更强。

2）易于加工。金属材料延展性好，高温稳定性好，加工工艺多样。

3）机械强度。金属材料供货量大，不需特殊工序，价格也相对低廉。可以根据散热要求确定散热片所用材料类型。

➢ 发光光源（LED）

LED 面板灯通常发光光源（LED 灯珠）为 SMD3528，也使用 SMD3014 的。SMD3014 封装的 LED 成本低，光效略差些。由于导光网点设计困难，笔者建议使用 SMD3528 封装的 LED，可以达到光效高，网点通用性好的特点。

注：

市场上大部分的灯具采用 3014 或者 3528 灯珠，芯片尺寸普遍均为 10mil × 16mil 甚至更小，短期内发光效果不错，但是长时间工作后都有较大的光衰。目前也有 5730 作为光源。

52

> 导光板

LED 面板灯是通过导光板将侧面 LED 光源发出的光，通过网点折射使光线从正面均匀导出。导光板的网点设计不好，其整体发光的光效就很不好。提高导光板的光效主要靠网点的设计，其次是板材的质量，如果板材合格，不同厂家之间的透光率相差无几。导光板网点分布与 LED 的实际配光曲线及导光板的具体尺寸有关，设计时要找到一种合理的网点分布，才能获得均匀的亮度。改变光提取效率的方法可以通过改变导光板上网点的密度、网点大小以及网点的排布间距等方式。导光板底面的具体网点分布与 LED 的实际配光曲线有关。印刷式导光板导光网点的材料的配方不但对光有折射作用，还有高反射作用。由于导光油墨具有对光的折射和高反射的双重作用，网点对光的折射效果已经和雕刻板没有什么差别了，而雕刻板的线槽或凹孔点阵只有单一的折射作用。

注：

① 导光板的网点设计如果有问题，会出现中间亮两边暗或进光处有亮光带、可见局部暗区或不同角度亮度不一致。改变光提取效率的方法可以通过改变导光板上网点的密度、网点大小以及网点的排布间距等方式。

② 导光板的尺寸厚度，一般是 4mm、6mm。目前多数用得是 6mm，导光效率都可以做到 85% 以上。现在有一些超薄的 LED 面板灯，导光板的尺寸厚度为 4mm。

③ 导光板完成外形加工后，以印刷方式将网点印在反射面，又分为 IR 和 UV 两种。

> 扩散板

将导光板的光均匀地导出，还能起到模糊网点作用。扩散板一般使用亚克力 2.0 的板材或 PC 料，其次是 PS 材料，亚克力的透光率为 92%，PC 的透光率为 88%，PS 的透光率大概为 80%，目前多数厂家都是采用亚克力的材料作为扩散板。

注：亚克力的成本较低、透光率比 PC 高稍高，抗老化性能弱。PC 的成本较高，抗老化性能强。LED 面板灯扩散板在装上后，看不到网点，透光率要达到 90%。PC 的扩散板的防火等级可以做到 94V0 或 94V2。

光扩散板的特点：

1）传统的扩散板是在材料表面进行磨砂处理等手段，雾度低且光线吸收率高，透光率低，仅能达到 50% 左右。新型扩散板，根据市场上灯具特点，尤其是 LED 平板灯及筒灯特点，以光学级 PMMA/PC 等塑料板材为基材，采用先进的光学设计及扩散材料，经过科学配方加工，使光线在化学颗粒和树脂之间不断折射、反射和散射，从而科学的调整光的传播方向，从而使扩散板产品具有高透光率和良好的光扩散效果。

2）质感柔滑的表面磨砂处理，视觉效果高档美观、耐磨、抗划伤性能稳定、耐紫外线、耐候性好，其中 PMMA 扩散板在 80℃ 以下可长期使用。

注：目前业界所认同的 PMMA 制造商有：日本三菱丽阳（Mitsubishi Rayon）、住友化学（Sumitomo）、旭化成（Asahicasei）、库拉雷（Kuraray）、中国台湾奇美化学、韩国世和（Sehwa）。

3）扩散板加工方便，可热弯、热塑，对材料性能无影响。

注：扩散板适用于直下式光源的 LED 筒灯、侧光源 LED 面板灯。

> 反光纸

将导光板背面余光反射出去以提高光效，材料一般为 RW250。

➤ 后盖板

后盖板密封 LED 面板灯，材质可以选用铁板或者是铝板。铁板重，便宜，但可以在背面点焊凸台以方便电源固定在上面。铝板轻，易加工，不会氧化生锈。可以在表面贴层膜而省去表面处理，同时也可以起到一点的散热作用。

➤ 驱动电源

目前的 LED 面板灯的驱动电源，是恒流电源，效率高，PF 值高，性价比好。采购时要求有 CQC 认证或 CE 认证的电源，使用安规的电源。使用恒流电源是很安全的，因为灯体本身使用的电压是安全电压。

➤ 安装挂件

悬吊钢丝、安装支架等用于安装固定的配件。

★2. LED 面板灯的特点

LED 面板灯采用超高亮度 LED 作为光源，适用于酒店、酒吧、西餐厅、咖啡厅、室内装饰等室内照明。LED 面板灯的特点如下：

➤ 设计灵活。LED 是一种点状光源，可以通过点、线、面的灵活组合，设计各种不同形状、不同封装的光源，设计非常灵活。

➤ 光效高。采用了发光均匀的反光面板及密封式设计，配合高效导光板及铝合金材料制成。发光效果均匀，照度好，光效更高。

➤ 发热少。LED 面板灯外型轻薄，散热功能完备，功率低，发热少。

➤ 寿命长。LED 理论寿命长达 10 万小时，工作寿命也在 3 万小时以上。

➤ 变化方式多样。根据不同的需要或环境变化调节光色，不会产生辐射、炫光，光色更加柔和。可通过外接控制器进行色温的调控及明暗程度的调节。

➤ 耗电低。

注：室内一般照明灯具的配光形式有两面对称和旋转对称。两面对称的灯具，C0-C180 平面和 C90-C270 平面的距高比往往不同。

★3. LED 面板灯组装流程图

LED 面板灯组装流程图如图 2-10 所示。

注：

① 注意电源与面板接线头公母的配对。

② 注意正负极、输入输出。

③ 装配时注意保护扩散板、导光板，避免刮花、粘尘。

④ 国家标准 GB/T 30413—2013《嵌入式 LED 灯具性能要求》，对嵌在墙里面或者安装天花板上的 LED 灯具提出标准要求，明确要求各灯饰生产厂家严格按照相关质量标准和技术规定从事灯具的研发和生产。

⑤ CE 中的电磁兼容测试，包涵 EMI（无线电骚扰），EMS（无线电抗干扰）两个测试项。

★4. LED 面板灯来料检验标准

LED 面板灯来料检验标准见表 2-7。

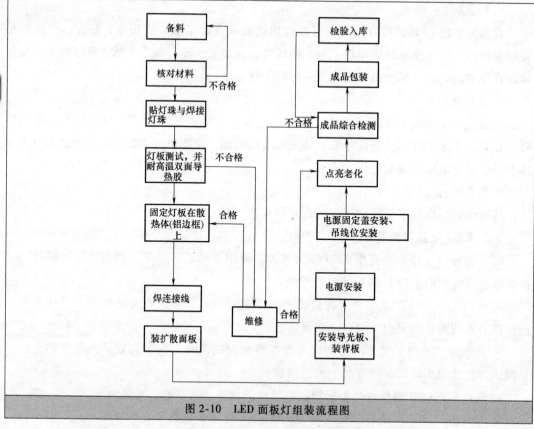

图 2-10　LED 面板灯组装流程图

表 2-7　LED 面板灯来料检验标

序号	材料名称	来料不良	检验标准
1	铝型材（铝框）	变形、氧化不良、外框尺寸、内框尺寸	➢ 不能出现凹凸不平、破损、发黑、氧化不均匀等。未超出标准（±1mm）
2	铝基板	变形、氧化不良、开路或短路、丝印不良	➢ 不能出现刮伤、焊盘翘起、线路露铜、变形,镀层破损、掉漆 ➢ 不能出现丝印不良、脏污、发黄、明显色差
3	螺钉	变形、氧化不良	➢ 与对应底板、面框试装,没有螺钉断、拧不紧的现象

导光板、扩散板来料检验标准见表 2-8。

表 2-8　导光板、扩散板来料检验标准

序号	不良现象	检验标准	工具或方法
1	表面脏污	➢ 来料胶片有脏污、手印、油印、网点区内有模痕影响点亮测试者为不合格拒收	目视
2	破损、崩裂	➢ 注塑不良以致导光板、扩散板破损、崩裂者为不合格	目视
3	毛刺、披峰	➢ 利角、缺损、划伤、毛刺、披峰、顶针凸物、水口裂口等各种注塑不良 ➢ 造成导光板无法装配或尺寸超出图样要求的尺寸范围即为不合格	目视
4	黑、白点	➢ 黑、白点不良现象拒收	光源、目视
5	黑、白线	➢ 黑、白线不良现象拒收	光源、目视
6	暗斑、块、模痕	➢ 暗斑、块、模痕影响点亮测试者为不合格,拒收	光源、目视

（续）

序号	不良现象	检验标准	工具或方法
7	变形	➢ 放置玻璃平台上,变形现象拒收	玻璃台、目视
8	配套性不符	➢ 明显活动且易错位,配套太紧引起产品变形 ➢ 产品超出图样的公差范围	目视、卡尺
9	亮度不符	➢ 点亮后亮度与样品同条件对比不符不合格,拒收	光源、目视
10	亮暗不均	点亮后发光亮暗趋势明显不一致者为不合格,拒收	光源、目视

★5. LED面板灯成品检验标准

LED面板灯成品检验标准见表2-9。

表2-9　LED面板灯成品检验标准

序号	项目	项目描述	检测标准	判定
1	性能	电压	➢ 在规定电压范围内,即LED串联的个数×U_F值	合格
		电流	➢ 在规定恒定电流范围内,即LED并联的个数×I_F值	合格
2	结构	功率	➢ 功率未超出设计功率的±10%范围内	合格
		功率因素	➢ PF≥0.85以上	合格
		积分球测试	➢ 色温、流明、显色指数符合生产指导单或设计要求 ➢ 测试时不能有明显色差、光通量、显色指数达到设计要求	合格
		尺寸	➢ 产品的长度、直径符合合产品标准要求,误差为±2mm的范围内	合格
3	外观	亮边	➢ LED面板灯边框附近的亮度比其他地方明显亮很多,有亮边出现	不良
		亮点	➢ LED面板灯的扩散板或导光板中呈现出很细小的亮点	不良
		光斑	➢ LED面板灯的扩散板或导光板中出现一坨坨黑色的斑块	不良
		暗点	➢ LED面板灯的扩散板或导光板中出现暗点	不良
		水波纹	➢ 对LED面板灯内的扩散板或导光板按一下,发现里面有黑色的水波纹一样的东西扩散开来	不良
		灯体	➢ LED面板灯的底座出现松动、背板与外框的缝隙超过1mm ➢ LED面板灯表面出现脏污、碰伤、变形等	

➢ 安全要求

嵌入式LED面板灯应符合国家标准GB 7000.202—2008的要求。表面安装式或吊式LED面板灯应符合国家标准GB 7000.201—2008的要求。

➢ 电磁兼容要求

LED面板灯应符合国家标准GB 17743—2007、GB 17625.1—2012、GB 17625.2—2007和国家标准GB/T 18595—2014的要求。出口北美市场的LED面板灯主要认证有UL、ETL、FCC和ENERGYSTAR（能源之星）等几种。

★6. LED面板灯安装

LED面板灯安装方式有嵌入式、表面安装式和悬吊式三种,现分别介绍如下。

1）方形 LED 面板灯的安装

➢ 按照产品包装盒上的开口尺寸开好孔，将电源的 AC 接头与市电的相线与零线相接并作好绝处理。

注：安装时，将电源放置在不会渗水的位置。

➢ 双手向上压住弹簧达到可进入开孔的位置，弹簧入孔后再装灯具推入孔内。检查四周有无缝隙，再拉出 5mm 的距离看是否能自动弹回去。

方形 LED 面板灯的安装示意图如图 2-11 所示。

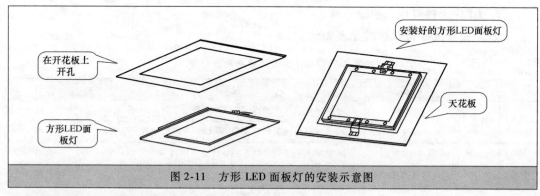

图 2-11　方形 LED 面板灯的安装示意图

2）圆形 LED 面板灯安装

圆形 LED 面板灯的安装示意图如图 2-12 所示。类似 LED 筒灯的安装方式，需要在天花板上开孔（小于面板灯尺寸），然后依靠弹簧的弹力将圆形 LED 面板灯吸附在天花板上。

3）LED 面板灯吸顶安装

LED 面板灯的吸顶安装示意图如图 2-13 所示。吊顶为实体墙结构，先将吸顶框架安装于墙面，再将 LED 面板灯锁入吸顶框架内。

4）LED 面板灯吊装

LED 面板灯的吊装示意图如图 2-14 所示。

➢ 将钢丝绳安装在固定件上。

➢ 将固定件安装在铝背板上。

➢ 将天花固定件固定在天花上，四根钢丝绳同理安装件上。

➢ 调节好四根钢丝绳的高度，安装完成。

注：天花板具有标准尺寸吊顶与龙骨，安装时只需将相应的天花板取走，然后换上相应的 LED 面板灯，不需要额外的安装辅件。

LED 面板灯安装注意事项：

➢ LED 面板灯与易燃材料要保证至少 0.2m 距离，要保证被安装的天顶或天花板有 2cm 高的间隙。

➢ LED 面板灯不能全部安装在天顶或天花板的里面或有热源的墙边，要注意直流电与交流电连线分开走线。

➢ LED 面板灯上的连线可以从钻孔中通过，灯具后面的连线可以用电线夹固定，要确保固定牢固。

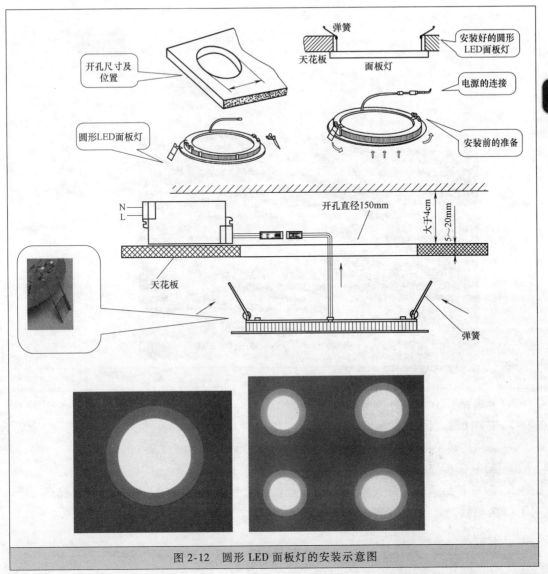

图 2-12   圆形 LED 面板灯的安装示意图

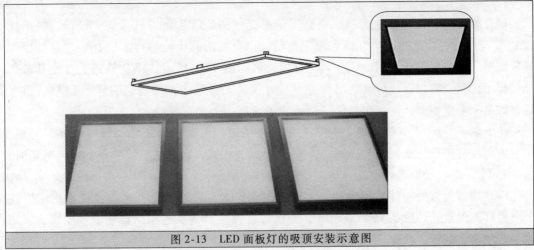

图 2-13   LED 面板灯的吸顶安装示意图

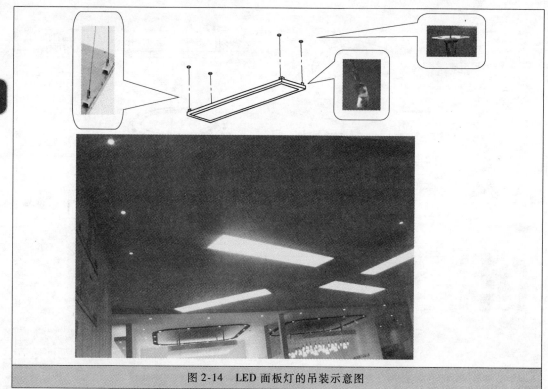

图 2-14　LED 面板灯的吊装示意图

➤ 要确保 LED 面板灯的电源线有足够的长度，不要受到张力或切向力。

➤ 安装 LED 面板灯的连线时避免过大的拉力，不要使连线打结。

➤ 输出连线要注意区分正负极，不要和其他灯具混淆。

➤ LED 面板灯安装好后，将灯具直流端插头与开关电源直流端插头进行连接。

➤ 将 LED 面板灯的开关电源（恒流电源）交流端与市电进行连接，通常棕色（黑色）线为相线，蓝色线为零线。

────────── ☆☆　**2.4　LED 轨道灯设计**　☆☆──────────

　　LED 轨道灯是针对商业照明，商品展示而设计的，LED 轨道灯可调式设计，采用优质 LED 光源，铝合金外壳与灯具电源完美结合，更突出其优雅特性。LED 轨道射灯用做局部照明，也称为重点照明。LED 轨道灯的外形如图 2-15 所示。LED 轨道射灯也具备射灯的作用，其光源会通过灯具的二次光学设计使其光线聚集，那就说明其中 LED 轨道射灯参数的一个重要点，其二次光学（透镜）的角度。

　　COB 轨道灯采用 COB 光源，光效高，出光均匀，无眩光。流线型设计，外形美观，安装方便。适用于博物展馆、专卖店、各大卖场、医院、家具城、酒店等室内照明场所。角度有 12°、24°、38°等可供选择。

　　LED 轨道射灯是一种采用导轨式，与普通轨道金卤射灯一致，现在被普遍用来取代金卤射灯。卤素灯一般是 35W 或 50W，金卤灯一般是 70W。适用于商场、精品店、家私城、服装店、展厅、画廊等各种高级商业照明场所。

图 2-15　LED 轨道灯的外形

★1. LED 轨道灯的特点

➢ 采用高亮度、高显色性的 LED 光源,寿命长达 3 万 h 以上。

➢ 采用透光率良好的,造型美观的 PC 光学面罩,光色分布均匀。

➢ 采用优质挤型铝合金散热材料,散热系数高独特,科学的散热设计,有效的将热量传导扩散,确保灯珠合理的光衰。

➢ 表面氧化后喷涂处理,多种颜色可供选择,外形美观,导轨盒采用高阻燃系数材料,安全可靠。

➢ 采用恒流宽压控制,使用电压宽,克服了因镇流器产生的电磁和噪声污染。

➢ LED 冷光源,舒适性好。无频闪,无紫外线及红外线,无热量辐射,主流的绿色光源。

➢ 外观精致高档,适用于室内商业展示照明,驱动电源符合 CE、ROHS、FCC 等国际认证标准。

★2. LED 轨道射灯组装流程

LED 轨道射灯组装流程见表 2-10。

表 2-10　LED 轨道射灯组装流程

序号	工序名称	工具材料	工艺或技术要求	备　注
1	贴灯珠	铝基板、LED 灯珠、导热硅脂	➢ 导热硅脂适量,以能覆盖灯珠散热面为准 ➢ 贴 LED 灯珠时注意极性,切勿贴反 LED 灯珠 ➢ 贴灯珠时应按压灯珠,使灯珠散热面与铝基板接触良好 ➢ 操作人员必须配戴防静电手环	

（续）

序号	工序名称	工具材料	工艺或技术要求	备注
2	焊灯珠	电烙铁、焊锡丝、上一工序工件	➤ 焊点光滑无虚焊现象 ➤ 电烙铁必须接地良好	
3	焊接电源	电烙铁、焊锡丝、电源、灯壳	➤ 极性正确、焊点光滑、无虚焊现象 ➤ 电烙铁必须接地良好	➤ 恒流源（电源）与壳体间要用青壳纸隔离以防短路
4	测试	智能电量测量仪、上一工序工件	➤ 工作电流（A） ➤ 工作电压（V） ➤ 功率（W） ➤ 功率因数（PF）	➤ 输入电压必须符合设计要求
5	固定铝基板	电批、螺钉、导热硅脂、上一工序工件	➤ 打导热硅脂要适量均匀 ➤ 固定铝基板要到位并无螺钉打滑现象	
6	装透镜	透镜、面罩、上一工序工件	➤ 透镜要安装到位 ➤ 面罩一定要将透镜压到位，没有滑丝现象 ➤ 一体化透镜不能有响声	
7	老化	老化架、上一工序工件	➤ 按输入电压要求通电 2h 无异常的流入下一工序 ➤ 按输入电压要求通电 2h 有异常的维修处理	

★3. LED 轨道灯与卤素灯的对比

LED 轨道灯与卤素轨道灯的对比见表 2-11。

表 2-11　LED 轨道灯与卤素轨道灯的对比

参数种类	实际功率/W	光通量（lm）	光效（lm/W）	寿命（h）
卤素灯 70W	70	980	14	2000
70W 卤素轨道灯		630	9	
LED 轨道灯 12W	12.5	1000	80～90	50000

★4. LED 轨道射灯分类

LED 轨道射灯根据 LED 灯珠不同，分类如下：

➤ 灯珠由1W 大功率 LED 组成，采用简单的天花灯加外壳的加工方式，其功率一般为 3～18W 不等，光效分散，不集中，亮度不够，显色性差。也有用 CREE XP-E 光源，带散热支架，热电分离的结构设计，保证产品的品质。

➤ 集成轨道射灯，采用集成芯片或 COB 光源，COB 光源 LED 轨道射灯加上光学反光罩，聚光型良好，达到设计效果，同时也能提高亮度。

★5. LED 轨道射灯安装

LED 轨道射灯安装注意事项：

➤ 安装前一定要切断电源，防止触电。

> 安装位置的地方要避免用手触摸 LED 轨道射灯的表面。
> 避免安装在热源处及热蒸汽，腐蚀性气体的场所。
> 安装前确保安装位置可以承受 10 倍于该产品的重量。
> 安装于无震动、无摇摆、无火灾隐患的地方。

LED 轨道射灯安装示意图如图 2-16 所示。

LED 轨道灯，包括轨道、安装在轨道上的灯座、固定在灯座上的灯头、安装在灯头内的 LED，在所述轨道内的顶部设置有两条导电片，在轨道的底部设有一长条状的沟型槽；灯座的顶部为一顶板，顶板的顶部设有突起状的两个弹性端子；灯座的顶板穿置在所述轨道内，顶板的两弹性端子分别与所述轨道内的两导电片接触。

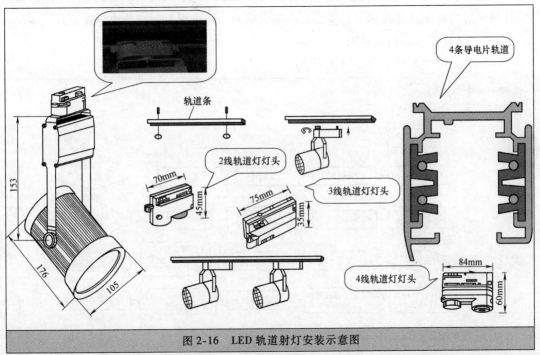

图 2-16　LED 轨道射灯安装示意图

注：世界标准规格 LED 轨道灯轨道有 2 线、3 线、4 线，由轨道、前端和尾端组成。LED 轨道灯轨道接头有 I 型、L 型、T 型、X 型，有黑色和白色两种颜色。

☆☆ 2.5 LED 玉米灯设计 ☆☆

★1. LED 玉米灯简介

LED 玉米灯是 LED 照明灯具的一种，LED 最大发光角度为120°，为了考虑到发光均匀，将 LED 灯具设计成360°发光，其形状如同玉米棒，称为 LED 玉米灯。LED 玉米灯适用于所有家居、宾馆、学校、医院、工厂、高顶棚等的室内照明。一般 LED 玉米灯会采用铝材灯体和塑胶灯座。铝不但外观漂亮光滑，无粗糙感，而且散热性能好。LED 玉米灯的外形如图 2-17 所示。LED 玉米灯适合于更换老式 3U 节能灯及安装于庭院灯、景观灯光源发光体。安装于庭院灯、景观灯的 LED 玉米灯电源必须灌胶（灌封 LED 电源防水胶）处理。

图 2-17 LED 玉米灯的外形

LED 玉米灯灯头规格有 E27、E39 或 E40 螺口、G24/23 灯头，LED 玉米灯采用 PBT 阻燃耐高温塑料灯座、全铝散热器、底部散热器，正面、底部光源部分采用 PC 透明或乳白罩，高导热铝基板。LED 玉米灯光源有 SMD2835、SMD5050、SMD5630、SMD5730、SMD3528，LED 玉米灯的功率从几瓦到一百多瓦。内置式电源，即电源置于灯体内自镇流式电源。

★2. LED 玉米灯的组装流程

LED 玉米灯组装流程图如图 2-18 所示。

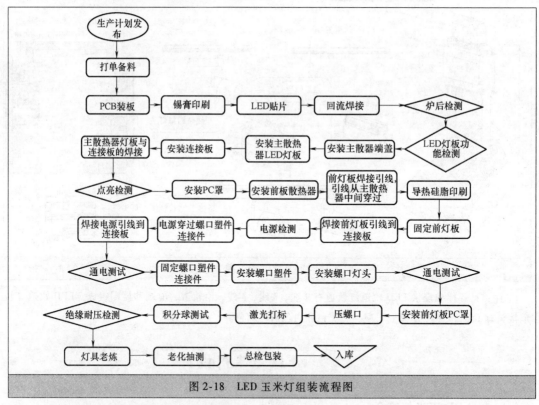

图 2-18 LED 玉米灯组装流程图

LED 玉米灯组装流程中主要步骤介绍见表 2-12。

表 2-12 LED 玉米灯组装流程中主要步骤介绍

序号	步骤名称	材料	工具	工艺要求	备注
1	刮锡膏	钢网、铝基板、低温锡膏	刮刀	➤ 将铝基板放平放在刮锡膏台面上 ➤ 把钢网放在铝基板上边，且钢网的每一个孔要与铝基板上的焊盘一一对应 ➤ 用刮刀把锡膏均匀的刮进钢网的孔里，刮刀与钢网成 45°	➤ 作业过程中铝基板不能折弯，要保持平整、干净 ➤ 不能擦掉刮好锡膏的铝基板

（续）

序号	步骤名称	材料	工具	工艺要求	备注
2	贴灯珠	铝基板、LED 灯珠、	镊子	➤ 贴灯珠时注意极性,切勿贴反 ➤ 贴灯珠时应按压灯珠,使灯珠散热面与铝基板接触良好 ➤ 检验灯珠是否完整 ➤ 操作人员必须配戴防静电手环	➤ 检查外观和尺寸是否符合图纸要求 ➤ 贴灯珠时注意正负极 ➤ 灯珠贴上不能用手指或尖锐的物体去压
3	焊灯珠	LED 灯板	加热台	➤ 焊点光滑无虚焊现象 ➤ 将贴好灯珠的铝基板放在加热平台上面加热	➤ 加热平台的温度一般为 180°
4	焊接前灯板并测试	LED 灯板、电子线	电烙铁、直流电源	➤ 将焊好 LED 灯板珠焊上连接线 ➤ 焊线时注意焊好锡点不能跟其他焊点短路 ➤ 调节直流电源的输出电压,检查 LED 灯有没有不亮、色温不正常等	➤ 要确保烙铁接地及烙铁温度在（350℃ ± 10℃）
5	安装主散热器灯板及 PC 罩	LED 灯板、连接板、主散热器、端盖	电烙铁、直流电源、螺钉旋具	➤ 固定端盖要到位并无螺钉打滑现象,与主散热器接触良好 ➤ 从主散热器的卡槽位置穿好灯板 ➤ 将灯板输出端与连接板焊接 ➤ 所有灯板与连接板焊接完成后,通电检测 ➤ 通电检测完成后,安装 PC 罩	➤ 要确保烙铁接地及烙铁温度在（350℃ ± 10℃） ➤ 不能出现短路现象
6	固定前散热器及灯板	LED 灯板、前散热器、固定螺钉、导热硅脂	螺钉旋具	➤ 螺钉一定拧到位 ➤ 导热硅脂适量,以能覆盖 LED 灯板散热面为准 ➤ 固定铝基板要到位并无螺钉打滑现象 ➤ 灯板的正极焊在连接板上的"LED +",灯板的负极焊连接板上的"LED –" ➤ 焊好灯珠的 LED 灯板按顺序先放进散热器外壳内	➤ 检查外壳外观是否正常有没有划伤、脱油漆、沙眼、变形等现象 ➤ 固定灯板要到位并无螺钉打花现象
7	穿螺口塑件连接件、焊接恒流源(电源)	恒流源(电源)、螺口塑件连接件	电烙铁、焊锡丝	➤ 电源输出线从螺口塑件连接件穿过 ➤ 极性正确、焊点光滑、无虚焊现象 ➤ 电烙铁必须接地良好 ➤ 操作人员必须配戴防静电手环 ➤ 电源的 DC 端(正负极)一定接到连接板的正负极"V +"、"V –"位置 ➤ 螺口塑件连接件固定,并无螺钉打滑现象,与主散热器端盖接触良好	➤ 保持台面的干净整洁 ➤ 要确保烙铁接地及烙铁温度在（350℃ ±10℃） ➤ 不能出现短路现象
8	测试		智能电量测量仪	➤ 工作电流(A) ➤ 工作电压(V) ➤ 功率(W) ➤ 功率因数(PF)	➤ 是否有死灯、漏电、灯闪、短路、功率不对等现象,并作好不良品记录放在不良区待修理

63

序号	步骤名称	材料	工具	工艺要求	备注
9	装螺口塑件	螺口塑件、散热器、恒流源（电源）、LED灯板	电烙铁、焊锡丝	➢ 当恒流源（电源）无法置入螺口塑件内时，可将恒流源置入灯壳 ➢ 恒流源（电源）与壳体间要用青壳纸隔离以防短路	
10	装螺口灯头	E27螺钉	剪钳、电烙铁、焊锡丝	➢ 与螺牙接触部分引线长度与螺牙等长并镀锡三分之一后上紧螺口 ➢ 与螺钉接触部分与螺钉等长并镀锡后压紧	➢ 检查灯头的外观，看是否有划伤、变形、有无高低不平等现象 ➢ 把电源线连接在灯头上固定
11	装PC罩	PC罩		➢ 将PC罩与前灯板位置要一一对应	➢ 装PC罩时要注意清洁干净，小心注意碰花
12	压螺口		压螺口机	➢ 灯头冲孔错位、冲孔数量要求8孔或12孔	
13	老化		老化架	➢ 按输入电压要求通电12h无异常的流入下一工序 ➢ 按输入电压要求通电12h有异常的维修处理	➢ 不良品做好标示放到一边，待处理 ➢ 检查所有灯珠是否全亮，工作性能是否在要求的范围内
14	出厂检验		智能电量测量仪、积分球、耐压测试仪、漏电测试仪	➢ 测量电参数 ➢ 测量光参数 ➢ 耐压测试 ➢ 漏电测试	

★3. LED玉米灯检测

LED玉米灯检测见表2-13。

表2-13　LED玉米灯检测

序号	检验项目	标准内容或标准	检验设备或工具	缺陷类型	抽样方案
1	外观	➢ 组装状态良好，各配件衔接可靠、牢固，无漏装或错装，部件间隙处≤1mm ➢ 各零件孔、端面无批锋、利边、利角，毛刺不划手；所有金属件无锈蚀	目测	MAJ	Ⅱ级
		➢ 不允许LOGO缺字，断画。丝印，刻字以清晰识读为准 ➢ PC罩表面光亮、无污染、无变形、破损 ➢ 乳白色塑料外壳表面光洁、亮白缕 ➢ 表面划痕、刮花 $L \leqslant 3mm, N \leqslant 2$ ➢ 表面黑点、杂点 $L \leqslant 0.8mm, N \leqslant 2$ ➢ 表面刻痕、凹痕 $L \leqslant 1, N \leqslant 2$ ➢ LED玉米灯外观颜色与样板一致，不允许有色差 ➢ 灯具内电源牢固无晃动 ➢ 灯头不能出现变形、破损、氧化等现象 ➢ 灯头冲孔错位、冲孔数量不符要求8孔或12孔	目测、点径规、游标卡尺	MAJ	Ⅱ级

（续）

序号	检验项目	标准内容或标准	检验设备或工具	缺陷类型	抽样方案
2	结构尺寸	➤ 依据产品承认书或样品规格	游标卡尺	MAJ	S-2
3	结构确认	➤ 电源、LED、PC罩、外壳等部品规格需与样品或订单BOM表一致 ➤ 漏打导热硅脂,缺少配件	订单、BOM	MAJ	S-2
4	一般检验	➤ 色温、光通量、显色指数、电压、功率,功率因数是否符合要求 ➤ 功率:在额定电压和额定频率下,其实消耗的功率 发光效率≥80lm/W ➤ 初始光通量应不低于标称值的90% ➤ 与实际功率之差不得大于10%或±1W ➤ 功率因数:实测功率≤5W,最低功率因素≥0.4;实测功率>5W,最低功率因素≥0.7;实测功率≥15W,最低功率因素≥0.9 ➤ 实测功率≤5W,电源效率≥70%。实测功率>5W,电源效率≥80% ➤ 灯头抗扭力为3N·m,试验后不发生灯头松动等问题	积分球、功率计、扭力仪	MAJ	S-2
5	功能测试	➤ 灯体漏电、电源爆炸 ➤ LED无闪烁、暗光、不亮、暗斑,亮度一致无色差 ➤ 点亮工作时,不得出现启辉时间不同步现象(批量测试),点亮后电源无异响、噪声等现象 ➤ 常温常压下,启动时间需≤1s ➤ 断电后有明显放电现象不接受 ➤ 依据客户产品规格书要求,但不小于:1500AC,5mA,60s ➤ 输入对外壳:3750V/10mA保持60s(国家标准) ➤ 加电老化24h;正常亮灯时表面温度不应超过75℃;异常状态下表面温度不应超过85℃ ➤ 不存在超漏,闪烁,击穿,短路等异常情况	调压器、耐压测试仪、漏电测试仪、多路温度巡检仪		
6	高温测试	➤ LED玉米灯在高温70℃条件下贮存16h,贮存试验过程中样品不通电,然后降温到55℃,保持30min后通电工作30min,高温试验结束后降到常温进行试验后检测,测试其电性能,参数应与实验前保持一致 ➤ LED玉米灯在低温-40℃条件下贮存16h,贮存试验过程中样品不通电,然后升温到-25℃,保持30min后通电工作30min,低温试验结束后升到常温进行试验后检测;测试其电性能,参数应与实验前保持一致	高低温箱		
7	老化测试	➤ LED玉米灯在常温下点亮至少老化测试24h,其性能不能出现任何故障、烧毁、不亮、闪烁、局部亮暗明显等不良现象	老化测试台		

（续）

序号	检验项目	标准内容或标准	检验设备或工具	缺陷类型	抽样方案
8	电磁兼容	➢ 无线电骚扰特性应符合国家标准 GB 17743—2007 的要求 ➢ 谐波电流应符合国家标准 GB 17625.1—2012 的要求 ➢ 电磁兼容抗扰度应符合国家标准 GB/T 18595—2014 的要求			
9	光生物危害	➢ 光生物危害应符合国家标准 GB/T 20145 的要求			
10	标签	➢ 灯上应清晰、耐久地标有下列强制性标识:来源标记(可采取商标、制造商名称的形式);规格型号;额定电压或电压范围(以"V"表示);额定功率(以"W"表示);额定频率(以"Hz"表示);额定相关色温(以"K"表示);额定相关光通量(以"lm"表示)	目测	MIN	Ⅱ级
11	包装盒	➢ 包装盒棱边不能有毛刺,批锋,锐角 ➢ 纸盒无褶皱、开裂、变形、脏污、受潮等现象 ➢ 包装盒上要有本科的物料标签,标签上应标注名称、品名、规格(包括电压、显色指数、功率、光通量、色温)型号、日期、数量的六项基本要求 ➢ 包装盒内应附有产品合格证。合格证上应标明:制造厂名称或注册商标、检验日期、检验员签章	目测	MIN	Ⅱ级
12	标志耐久性	➢ 用一蘸有水的布反复擦拭标志 15s,待其干后,再用一块蘸有乙烷的布擦拭标志 15s,试验之后,标志仍然清晰	酒精	MAJ	
13	内包装	➢ 如下补充标记可标注在产品、生产商的说明书或产品包装上:额定平均寿命、功率因素、显色指数、非标准灯的外形尺寸以及适用的灯具要求、配光类型			
14	外包装	➢ 包装箱上应注明: ①制造厂名称或注册商标及厂家地址 ②产品名称和型号 ③包装箱内灯的数量 ④产品标准号 ➢ 包材用错:成品入库未依 BOM 表、生产制令单用包材品出货;未依《出货通知单》要求使用包材 ➢ 包装无破损、褶皱、开裂、变形、脏污、受潮等现象 ➢ 包装箱内无漏装,错装 ➢ 丝印标识错误、不清晰、重印、露印、少字等	目测	MAJ	Ⅱ级

☆☆ 2.6 LED 斗胆灯设计 ☆☆

★1. LED 斗胆灯简介

LED 斗胆灯（COB 格栅灯）采用万向伸缩结构，包括灯头和灯座体。灯头通过一灯架与灯座体连接，灯头通过灯头螺栓装置在两伸缩脚的末端，灯头可绕灯头螺栓轴向180°旋转。斗胆灯面板采用优质铝合金型材，经喷涂处理，呈闪光银色，防锈、防腐蚀。适用于商场、服装店、精品店、舞厅、KTV房、酒店、宾馆、西餐厅、博物馆、文物馆、展示厅等其他室内照明。LED斗胆灯（COB格栅灯）的外形，如图2-19所示。LED斗胆灯（COB格栅灯）有单头、双头、三头3种，单头功率有3W、5W、7W、9W、12W、15W等。

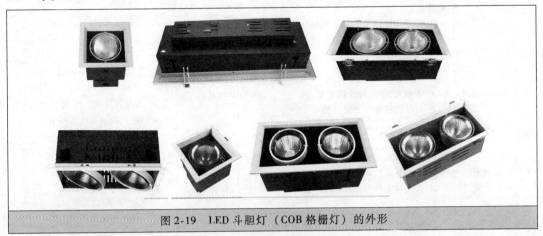

图2-19 LED斗胆灯（COB格栅灯）的外形

★2. LED斗胆灯（COB格栅灯）组装流程图

LED斗胆灯（COB格栅灯）组装流程图如图2-20所示。

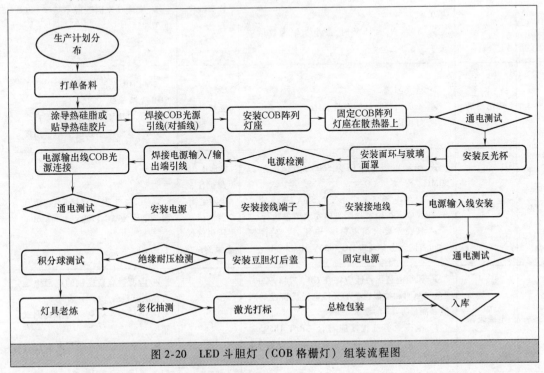

图2-20 LED斗胆灯（COB格栅灯）组装流程图

★3. LED斗胆灯（COB格栅灯）检测

LED斗胆灯（COB）检验标准见表2-14。

68

表 2-14　LED 斗胆灯（COB）检验标准

序号	检验项目	内 容 叙 述	检验方法	判定标准或要求
1	散热器	➤ 散热器与外环表面无划痕 ➤ 不得有刮花、变形，如有刮花，其长不得超过 3mm，宽不得超过 0.25mm，散热器表面需做抛光处理，用手摸不会划伤手 ➤ 散热器与反光杯的连接处无缝隙，无松动 ➤ 散热器本体散热片无变形，歪斜 ➤ 散热片之间的螺丝孔区域无破损	目视	➤ 划痕长度 <3mm，数量 <3 个 ➤ 黑点数目 <2 个，直径 <1mm ➤ 除黑点、划痕、脏污外，其他不良一律拒收 ➤ 散热片变形拒收
2	面环或灯体	➤ 不得有刮花、脏污现象，否则视为不合格 ➤ 不得有变形、掉漆的现象 ➤ 灯体的烤漆颜色要一致	目视	➤ 划痕长度 <1mm，数量小于 2 个 ➤ 黑点数目 <2 个，直径 <1mm ➤ 脏污、异物无法清除者拒收
3	反光杯	➤ 反光杯无破损、无异色、抛光不良 ➤ 反光杯底部无明显变形、凹坑、划痕 ➤ 反光杯无破损，表面无脏污	目视	➤ 破损一律拒收，抛光不良，在反光背面区内允收，其他拒收 ➤ 底部凹坑数量 <2 个，划痕长度 <3mm
4	功率	➤ 测试功率符合设计要求及技术要求 ➤ 实际消耗的功率与标称值相比应不大于的 110% ➤ $P_m > 15W$ 时，最小功率因数值应大于是 0.9 ➤ $3W < P_m \leq 15W$ 时，最小功率因数值应大于是 0.7	智能电量测试仪	➤ 功率不能超过设计功率的 ±10% ➤ 实测功率因数应不低于标称值 0.05
5	功能测试	➤ 点亮测试 ➤ 不能出现明显的亮暗变化 ➤ 灯可以 180°调节角度	变频电源	➤ COB 光源出现死灯，死组，COB 光源不良 ➤ 低电流测试灯暗或者不良 ➤ 调节角度小或调节不了角度
6	安规测试	➤ 绝缘电阻在电压为 500V，绝缘电阻 ≥ 50MΩ ➤ 泄漏电流交流应小于 0.5mA，直流应小于 1mA 或者按国家地区具体安规要求执行 ➤ 按技术要求相应频率、电压、电流，测试时间测试无击穿现象 AC 4000V 10mA 60s	接地电阻测试仪、泄漏电流测试仪、耐压测试仪、绝缘测试仪	➤ LED 斗胆灯有接地线，耐压测试电压为 AC 1500V，10mA 60s
7	电磁兼容	➤ 无线电骚扰特性应符合 GB 17743—2007《电气照明和类似设备的无线电骚扰特性的限值和测量方法》的要求 ➤ 电磁兼容抗扰度应符合 GB/T 18595—2014《一般照明用设备电磁兼容抗扰度要求》的要求		➤ 电源供应商提供的电源电磁兼容测试报告 ➤ 委托专业检测机构出具测试报告 ➤ 灯具电磁兼容要与电源配合一起测试
8	光生物安全	➤ 光生物危害应符合 GB/T 20145—2006《灯和灯系统的光生物安全性》的要求		➤ 光生物危害为无危险类

（续）

序号	检验项目	内 容 叙 述	检验方法	判定标准或要求
9	光学测试	➤ LED 光通量,色温,显示指数,光效率,符合订单及技术参数 ➤ 初始光通量应不低于额定光通量的90%,不高于额定光通量的120% ➤ 光束角≤30°时,实测光束角与宣称光束角的偏差应不超过3° ➤ 光束角 >30°时,实测光束角与宣称光束角的偏差应不超过宣称值的10%	积分球/分布光度计	➤ 光束角不应大于60° ➤ 初始显色指数应不低于80 ➤ 光效要求≥60lm/W ➤ 至少点燃 30min 后,对灯进行测量 ➤ 配光不均匀,出现严重的暗区 ➤ 光晕边界多重阴影,光斑死板杂影、虚影明显 ➤ 色容差≤5
10	震动测试	➤ 加速度 2g,X、Y、Z 各震动 10min,角度10°,不允许有暗灯、死灯出现,不允许螺钉松脱、破裂	震动测试仪	➤ 出现暗灯、死灯 ➤ 螺钉松脱、破裂
11	开关次数	➤ 以 15s 点灯,15s 关灯次数不低于 40000次(开发) ➤ 以 15s 点灯,15s 关灯次数不低于 500 次(生产)	开关寿命测试仪	➤ 不能出现死灯或电源损坏
12	高低温测试	➤ 将 LED 斗胆灯置于高温箱内,供电工作,温度升高至 45℃,持续 8h ➤ 将 LED 斗胆灯放入低温箱中,供电工作,温度降低至 -25℃,持续 8h	高低温箱	➤ 测试其电性能,应与实验前保持一致 ➤ 测试其光学性能,应与实验前保持一致
13	包装	➤ 装箱单与实物符合 ➤ 产品合格证 ➤ 产品说明书 ➤ 包装要求,材质,层数符合包装图纸 ➤ 外箱不允许有破损,变形,潮湿 ➤ 外箱标识清新,书写工整,外箱内容包括但不局限于:规格型号品名,日期,数量重量,环保标识,小心轻放,易碎,防水,防压标志	目视	➤ 装箱要求与客户要求一致 ➤ 按公司包装要求执行 ➤ 在内包装盒上标明额定电压、工作电压范围、额定功率、额定频率、产品生产日期 ➤ 如果有特殊要求还要内装盒上显色指数,光效中心光强、功率因数等信息 ➤ 能效标签信息

注：LED 斗胆灯的可调节装置使用时，内部线不能受到拉力作用。

第3章

LED 球泡灯设计

☆☆ 3.1 LED 球泡灯散热器选择 ☆☆

★1. LED 球泡灯简介

LED 球泡灯又称为 LED 球泡，其接口方式即螺口（E26、E27、E14）、插口方式（B22）等，为了符合人们的使用习惯，设计者模仿了白炽灯泡的外形。由于 LED 发光原理的不同，设计者在灯具结构上做了很大更改，使得 LED 球泡灯的配光曲线基本与白炽灯相同。目前市场上 LED 球泡灯的外形都与白炽灯类似，白炽灯灯头卡口式（B22），LED 球泡灯都是采用螺口式（E27）。LED 球泡灯是由灯头、恒流驱动电源、散热器、LED 光源组件（LED、铝基板）、灯罩、连接件、螺口组成。LED 技术正日新月异的在进步，它的发光效率正在取得惊人的突破，价格也在不断的降低。LED 球泡灯进入家庭的时代正在迅速到来。LED 球泡灯（灯丝灯）的外形及灯板如图 3-1 所示。

图 3-1　LED 球泡灯（灯丝灯）的外形及灯板

图 3-1 LED 球泡灯（灯丝灯）的外形及灯板（续）

注：

① LED 球泡灯，也有人称为 G45、G50、G60、G70 等，G 指的是球形最大的尺寸。也就是 LED 球泡灯的直径。G45 表示 LED 球泡灯最大的直径为 45mm，是指 LED 球泡灯的灯罩部分。

② AC100V：日本、韩国两国。AC110~130V：中国台湾、美国、加拿大、墨西哥、巴拿马、古巴、黎巴嫩等。AC220~230V：中国、中国香港（200V）、英国、德国、法国、意大利、澳大利亚、印度、新加坡、泰国、荷兰、西班牙、希腊、奥地利、菲律宾、挪威等。

③ 对 LED 球泡灯的节能认证要求，执行标准为 CQC31-465192—2014《普通照明用非定向自镇流 LED 灯节能认证规则》、GB 30255—2013《普通照明用非定向自镇流 LED 灯能效限定值及能效等级》、GB/T 24908—2014《普通照明用非定向自镇流 LED 灯　性能要求》、GB/T 31275—2014《照明设备对人体电磁辐射评价》、GB/T 31831—2015《LED 室内照明应用技术要求》。

目前有一种调光调色温的 LED 球泡灯，采用 2.4G 高频无线遥控控制，具有调光、调色温、自由分组同步控制。目前调光调色的 LED 球泡灯，可以采用深圳市晶彩翼科技有限公司生产的 2.4G 遥控 LED 调光调色温恒流驱动控制模块，如图 3-2 所示。

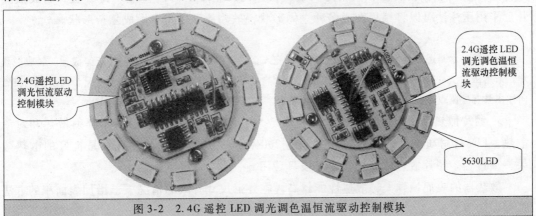

2.4G遥控LED调光恒流驱动控制模块

2.4G遥控 LED 调光调色温恒流驱动控制模块

5630LED

图 3-2 2.4G 遥控 LED 调光调色温恒流驱动控制模块

注：

① 调光只要一种色温的 LED 灯，而调色温要两种色温的 LED 灯配合。

② 图 3-2 中的调光调色温系统对 LED U_F 值要求比较严格，要求 LED 总的正向电压最多只能比电源的输出电压低 1V，最好是在 0.5V 以内，电流则根据 LED 的额定负载电流。

③ 图 3-2 中的调光调色温系统需要恒流兼恒压的电源，并且具有快速的响应速度，控制模块的 PWM 几乎是 4M，最好采用次级晶体管检测反馈的电源，反应速度快。

★2. LED 球泡灯散热器的选择

目前 LED 球泡灯散热器的类型有车铝外壳、压铸铝外壳、旋压外壳、陶瓷外壳、导热塑料、扣 FIN、陶瓷辐射、旋锻、强制空冷。LED 球泡灯要有散热器，就是要是降低 LED 结温，减少灯具温升，其方法有：

➢ 提高 LED 芯片的电光转换效率，使尽可能多的输入功率转变成光能。

➢ 减少 LED 芯片与外围灯具散热体的执阻，从而提高 LED 芯片及外围灯具的热散失能力。

➢ 灯具合理的空间设计、外壳材料、基板材料的选用，其目的是降低 LED 的热阻。

LED 灯泡（LED 球泡灯）大多采用 LED 封装通过铝基板与底座（散热器）紧密贴合的构造，通过涂布散热膏提高了密着性。LED 球泡灯散热体有采用铝挤、压铸铝、鳍片散热等，下面对散热体进行一一介绍。

➢ 铝挤就是将铝锭高温加热至约 520 ~ 540℃，在高压下让铝液流经具有沟槽的挤型模具，做出散热片初胚，然后再对散热片初胚进行裁剪、剖沟等处理后，可以做成散热片。一般采用铝合金（6063-T5），其热传导率约 180 ~ 190W/m·K，主要应用于功率较大 LED 灯具，铝挤可以做到比较精美，厚薄很容易控制，会增加散热表面面积，增强了散热效果。

注：

铝挤压技术较易实现，且设备成本相对较低，一般常用的铝挤型材料为 AA6063，由于受到本身材质的限制散热鳍片的厚度和长度之比不能超过 1:18，提高散热面积很难，其散热效果比较差。

➢ 压铸铝一般采用锌铝合金（ADC12），其传导率约 80 ~ 90W/m·K，热传导率较差。目前多以 AA1070 铝料来做为压铸材料，其热传导率高达 200W/m·K 左右。铝压铸是通过将铝锭熔解成液态后，填充入金属模型内，利用压铸机直接压铸成型，制成散热片，采用压注法可以将鳍片做成多种立体形状，散热片可依需求做成复杂形状。

注：

铝压铸技术是通过将铝锭熔解成液态后，填充入金属模型内，利用压铸机直接压铸成型，制成散热片。采用压注法可以将鳍片做成多种立体形状，散热片可依需求做成复杂形状，亦可配合风扇及气流方向做出具有导流效果的散热片，且能做出薄且密的鳍片来增加散热面积。

➢ 鳍片散热是采用鳍片的形状，主要是为了加大散热面积，以利于辐射散热和对流散热。FIN 片材质一般是 AA1050（AL 约 200W/m·K）。鳍片散热优点是良好的散热效果，重量轻。鳍片散热缺点是扣 FIN 模具费用高，受冲击易变形。

散热器的表面积越大，散热性能越高。在外形尺寸有限的情况下，增加表面积的方法是加大沟道深度。

注：

① 散热器的不同部位的散热效果是不同的，散热效果最差的位置是在根部，散热效果最好的位置是在顶部。

② 散热器的有效散热面积是实际面积的 70% 左右，$50 \sim 60 \text{cm}^2$ 的有效散热器面积可以将 1W 大功率 LED 的热量散出去。

③ 散热器的表面积越大，散热性能越高。在外形尺寸有限的情况下，加大沟道深度是增加表面积的方法之一。

④ LED 底板就可以直接固定铝散热板上去，如果二者之间有气隙，需要涂覆硅导热胶以改善导热。

➤ "塑包铝"散热材料

塑包铝散热材料，外层采用高导热塑料，内层使用铝材，充分考虑并结合了塑料与铝材的优点。"塑包铝"具有塑料绝缘性能，通过安规认证比较容易，安全性能高。目前，塑包铝的 LED 球泡灯，最大功率只能做到 $15 \sim 20$W。

目前还有铝散热器作为 LED 球泡灯的散热器，为增加其鳍片的散热面积，纯铝散热器最常用的加工手段是铝挤压技术，纯铝散热器的评价指标是散热器底座的厚度和 Pin-Fin 比。

注：Pin 是指散热片的鳍片的高度，Fin 是指相邻的两枚鳍片之间的距离。Pin-Fin 比是用 Pin 的高度（不含底座厚度）除以 Fin，Pin-Fin 比越大意味着散热器的有效散热面积越大，表示铝挤压技术越先进。

散热器的材料目前大多数采用铝合金，因为成本低廉，加工容易，而且导热性好。但是最近出现的塑料散热器和陶瓷散热器，其散热效果也不差。因为最后的散热主要靠对流和辐射。而对流完全由其形状和面积决定。辐射则和材料的辐射性有关。各种材料的热辐射系数见表 3-1 所示。

表 3-1　各种材料的热辐射系数

材料	钢	铸铁	不锈钢	铝	铜	导热塑料
抛光未氧化	0.05	0.2	$0.1 \sim 0.25$	$0.02 \sim 0.1$	$0.04 \sim 0.05$	
粗加工轻微氧化	0.5	0.5	—	$0.2 \sim 0.4$	0.4	$0.8 \sim 0.9$
严重氧化	$0.7 \sim 0.95$	$0.8 \sim 0.95$	0.85	$0.3 \sim 0.4$	0.8	

从上表可知，氧化处理是改进金属材料的辐射散热的重要途径。而导热塑料直接可以达到极高的辐射系数。只要导热塑料的外形和金属散热器一样，其对流和辐射的效果是和金属散热器的效果是相同的。但是其热传导性能肯定不如金属，所以整体散热效果会差一些。

注：提高散热器表面粗糙度，可以提高热辐射。表面积热传输只会发生在散热片的表面。所以散热片在设计时应当拥有相对比较大的表面积。使用许多优质翼片或增加散热片尺寸规格，都能够达到这个目的。

━━━━ ☆☆　3.2　LED 球泡灯光源选择　☆☆━━━━

目前 LED 球泡灯的光源的封装有 3528（0.06W）、3014（0.1W）、2835（0.2W 或

0.5W)，5050（1W）、5630（0.5W）、5730（0.5W）和仿流明大功率LED，也有采用面光源COB封装。在设计过程中，可以根据不同的要求来选择不同的LED，按照所需的光通量及光效来进行设计。LED球泡灯发光的光效与电源转换效率及灯罩透光率有关。LED球泡灯的光源选择与对比见表3-2所示。LED在其电流极限参数范围内流过LED的电流越大，它的发光亮度就越高。即LED的亮度与它的工作电流成正比。但如果流过LED的电流超出极限参数范围，LED就会出现饱和，不仅使发光效率大幅降低，而且使用寿命也会缩短。目前LED球泡灯常用的灯珠有SMD2835、SMD5630和SMD5730。

表3-2　LED球泡灯的光源选择与对比

序号	LED型号	封装图片	优　　点	缺　　点	发光角度
1	仿流明1W大功率		采购方便,性价比较高,产品成熟,可靠性高,发光角度大	透过灯罩容易看见LED灯珠,体积大,PCB布线不易	140°
2	5630贴片或5730贴片（0.5W）		性价比高,PCB布线容易,热阻小,热电一体的产品较多	发光角度不够大	115°
3	2835贴片（0.5W）		热阻小,光效高,发光角度大,灯罩出光均匀,性能比高	PCB布线不易	120°
4	3535		热阻小,光效高,发光角度大,PCB布线容易	透过灯罩容易看见LED灯珠,价格高	125°
5	COB		热阻小,不用铝基板	灯罩易出暗边,热源集中,光效低	120°
6	AC LED		不用电源,热阻低,寿命长,环保	光效低,电压不稳时易频闪,交流高压过安规不易,价格高	134°
7	恒流二极管或恒流芯片		不用电源,热阻低,价格低	电压不稳时易频闪,交流高压过安规不易	120°

（续）

序号	LED 型号	封装图片	优 点	缺 点	发光角度
8	阻容降压电源		不用电源，热阻低，价格低	电压不稳时易频闪，交流高压过安规不易	120°

注：① COB 为 Chip on Board 的缩写，意思指芯片直接固定封装于底板上的构造，其工艺是先在基底表面用导热环氧树脂（掺银颗粒的环氧树脂）覆盖硅片安放点，再通过粘胶剂或焊料将 LED 芯片直接粘贴到 PCB 板上，最后通过引线（金线）键合实现芯片与 PCB 板间电互连的封装技术。

② AC LED 透过特殊电路设计可直接使用交流电驱动（AC LED 可直接用交流电导通），不需配合整流变压器也能正常运作。AC LED 采用交错的矩阵式排列工艺，加入桥式电路至芯片设计，使得 AC 电流可双向导通，实现发光。

COB 封装与传统 LED SMD 封装及大功率封装相比，COB 封装可将多颗芯片直接封装在金属基印刷电路板上，通过金属基板直接散热，不仅能减少支架的制造工艺及其成本，还具有减少热阻的优势。

注：MCOB 技术是芯片直接放在光学的杯子里面的，是根据光学做出来的。COB 技术就是将基板上把 N 个芯片继承集成在一起进行封装。MCOB 出光效率比 COB 光源要高。

COB 面光源有多颗芯片直接丝焊在铝基板上，芯片与铝基板的电气连接用引线缝合方法实现。COB 面光源基板的表面层结构有绝缘层、铜箔、超高亮耐高温绝缘油墨（表面呈光亮白色），铜箔是用来布局排列（LAYOUT）混联线路。COB 面光源是目前 LED 球泡灯常用的电源。COB 的结构图及 COB 面光源如图 3-3 所示。将 COB 固定于灯体时，如将 COB 直接固定，可能散热效果未如理想，可以在 COB 与灯体之间加入散热片或散热膏。为避免 COB 的陶瓷底板因过度受压而引起裂开等情况，请确认 COB 接触部份是否平坦，并建议使用专用的固定器来组装。烙铁焊接温度为 350℃ 以下，加热时间不超过 5s。焊接次数不超过一次。请勿对加热状态下的 LED 施加压力。COB 光源模块可以有效地避免分立光源器件组合存在的点光、眩光等弊端。

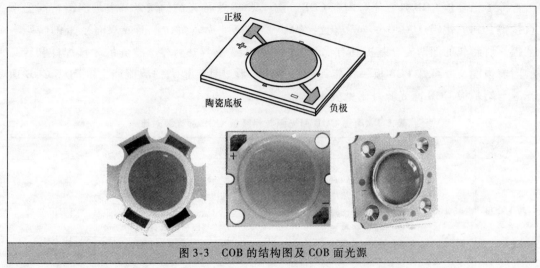

图 3-3 COB 的结构图及 COB 面光源

注：LED 球泡灯要求过 UL 安规认证，采用 COB 封装比较好，UL 安规认证一般要求耐高压 2200V 以上，出口日本市场要求耐高压 3800V。

目前 COB 面光源有发光面边框有如下三种材质，分别介绍如下：

➢ 发光面边框采用的铝圈，金属银色质地坚固美观，散热性好，对平面光的成形较好。但铝箔框与铝基板的粘接，工艺复杂，且边缘部分有一些吸光。其缺点是会损失光效。

➢ 发光面边框采用的硅胶圈，其硅胶圈是液体硅胶围坝工艺，其优点是可以根据需要围坝成不同形状的出光面，成本低，生产工艺方便快捷，与发光面浑成一体。其缺点是难以围成 2mm 以上的厚度，液体硅胶堆积度不够。

➢ 发光面边框采用的 PPA 塑胶圈，一般采用像大功率支架一样的瓷白 PPA 塑胶。有抗 UV 老化，耐温 300℃，热负荷好。与铝基板经过热硬化和无铅 SMT 焊接之后，反射率达 90% 以上。外观瓷白，美观大方，发光面轮廓清晰，吸光小，可以做到 5mm 的厚度。其缺点成本高，塑胶圈开模费用上万元，工艺相对复杂些。

注：

① COB 面光源死灯因素有 PCB 基板表面层铜箔布线过程中进入粉尘颗粒，引起开路、表面的金焊点被氧化、表层有铝屑，没被清理干净就直接焊接、引线被拉断、芯片本身质量有问题。目前 COB 面光源提高显色指数最常用的方法是加红粉，红粉的选择关系到 COB 面光源的光效及稳定性。COB 面光源加氮化物红粉后，显色指数提高，但颜色会跑偏，光效会随之降低。

② COB 面光源结温的高低与下面的因素有关：芯片结构、LED 芯片本身的封装热阻、二次散热体的热阻（尤指灯具热阻）、散热器导热率及散热面积的大小、平面光源模块与二次散热体介面的热阻、COB 平面光源的铝基板（或陶瓷基板）的热阻、灯具的结构、额定输入功率大小及使用环境温度。

③ COB 面光源通过加入适当的红色芯片组合，在不降低光源效率和寿命的前提下，有效地提高光源的显色指数。

④ COB 封装是在金属底板上安装了多个 LED 芯片，使用多个芯片不仅能够提高亮度，且有利于实现 LED 芯片的合理配置，降低单个 LED 芯片的输入电流量。不但扩大封装的散热面积，使热量更容易传导至灯具外壳。

除了铝基板 COB 外，还有陶瓷 COB。陶瓷 COB 平面光源的陶瓷基板是铜箔在高温下直接键合到氧化铝（Al_2O_3）或氮化铝（AlN）陶瓷基片表面（单面或双面）上的特殊工艺板。所制成的超薄复合基板具有优良电绝缘性能，高导热特性。优异的软钎焊性和较高的附着强度，并可像 PCB 板一样能刻蚀出各种图形，具有很大的载流能力。陶瓷 COB 面光源与铝基板 COB 面光源对比见表 3-3。

表 3-3　陶瓷 COB 面光源与铝基板 COB 面光源对比

项目	光衰	冷热冲击	耐压	电源匹配	光效
陶瓷 COB	<3%	陶瓷是 Al_2O_3，chips 衬底也是 Al_2O_3，热膨胀系数相近，不会因温度变化而晶粒开焊导致光衰和死灯	极高的耐压安全性，4000V 以上	5W 以上陶瓷 COB 均设计成 $U_F > 24V$，可以匹配低电流高电压非隔离电源，以降低电源成本、提高电源效率、提升电源可靠性	>120lm/W

（续）

项目	光衰	冷热冲击	耐压	电源匹配	光效
铝基COB	<5%	金属铝基板热膨胀系数至少比晶粒衬底大4倍，温度变化容易带来可靠性问题	600V以下	要过安规就只能使用隔离电源，牺牲电源转换效率和可靠性，主要用于室内照明灯具，如COB轨道灯、COB筒灯等	>100lm/W

COB面光源使用注意事项：

➢ 避免用手触摸COB面光源发光面，如图3-4a。如表面被弄污，会影响到其光学特性。甚至因为手用力使产品变形或内部断线而引致死灯。

➢ 避免用镊子对COB面光源造成过度的压力，如图3-4b。会造成树脂部份的损伤，刮花，剥落，产品变形或断线，均可能导致死灯。

➢ COB面光源跌落时，可能会导致COB面光源变形，如图3-4c。

➢ 不能将COB面光源重叠放置，如图3-4d。由重叠放置COB面光源会对COB面光源树脂部份所产生的冲击，均可能使树脂部份损伤、割花、剥落或使COB面光源变形或内部断线，引致死灯。

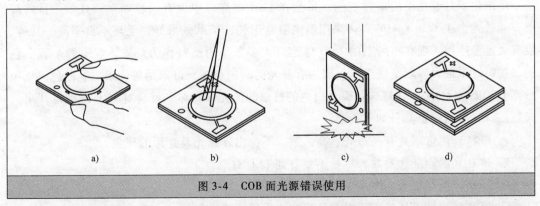

图3-4　COB面光源错误使用

注：COB面光源制造的灯具，能有效的避免由SMDLED灯制造的灯具而产生的弦光和斑马纹问题。

远程荧光粉技术是近年来兴起的一种新型LED灯具制作技术，相对目前技术而言是另一种可用来创建LED照明应用的方法。远程荧光粉光源技术通过将荧光粉涂敷在PC基板上，而不是将其集成在LED芯片晶圆封装内实现。将远程荧光粉板和蓝光LED及混光室相结合，就能实现无可见点状光源的白光。这种方法能够提供低眩光的系统，并且具有更高的系统效率、提高可靠性以及随时间变化的色偏移。远程荧光粉的出现，将荧光粉基底与蓝光LED芯片彻底脱离，从而可有效解决传统固态照明单向发光、散热难、设计受限等难题。远程荧光片为LED灯具生产商带来了更自由的设计空间、更璀璨的光品质、更简化的工艺流程、更长的使用寿命。Contour环形荧光罩尤其解决了用传统白光LED方法无法实现的大功率和大角度球泡灯，为LED球泡灯开拓了一条全新的技术途径。

远程荧光粉的使用注意事项：

➢ LED灯具生产完成后不能有蓝光漏出，要用高漫反射率的材料覆盖除芯片外的其他所有区域（铝基板，螺钉，焊线等）。

➢ 远程荧光粉不要求粘在铝基板上，贴住即可，表面无需很平整，反射率最好超过 97%。

➢ 要用狭缝、凹槽来固定远程荧光粉，避免一切可能的机械损伤。

➢ 可用耐 80℃ 高温的环氧材料固定远程荧光粉，但不能阻挡光路。

➢ 小心操作，尽量不要污染荧光粉表面，若有污染则采用无尘布、异丙醇（IPA）或温和的清洁剂轻轻擦拭，然后用压缩空气吹干。

注：

① 远程荧光粉器件通过将 LED 荧光粉精确地涂覆在基底中，与蓝光芯片配合，可以做成高显色性色温不同的白光。

② 远程荧光粉器件使荧光粉转换效率增高，且能直接获得均匀的白光，使 LED 灯具的光效得到在大大的提高。

③ 远程荧光粉器件使 LED 灯具组装简单，提高效率，降低成本。

☆☆　3.3　LED 球泡灯 PC 罩选择　☆☆

传统白炽灯都是由玻璃做成的，虽然在 LED 球泡灯中也有用玻璃来做灯罩。目前灯罩玻璃透光率在 82%～93%，多采用静电喷涂工艺，扩散效果好，毛坯不良率高，易碎，没有大批量使用。现在市场上的 LED 球泡灯大多数采用塑料作为灯罩，灯罩都是乳白色的。塑料灯罩最大问题是透光率，因为有眩光的问题存在，灯罩尽可能采用乳白色，以免看到 LED 球泡灯中 LED 灯珠。而乳白色的灯罩的透光率好坏，就会对 LED 球泡灯产生大问题。LED 球泡灯罩具备如下要求：

➢ LED 球泡灯罩具有高透光、高扩散、不会出现眩光及光影的现象。

➢ LED 光源隐蔽性要好，尽量不要看到 LED 灯珠。

➢ LED 球泡灯罩透光率最少达到 90% 以上。

➢ LED 球泡灯罩具备高阻燃性及高抗冲击强度的性能。

注：LED 球泡灯的热量都从散热器散出去了，所以通过灯罩的光大都是可见光，不会有红外线。

PC 罩多采用光扩散 PC 料注塑成型，也有使用透明 PC 加扩散剂调配，密度约 1.2g/cm³，透光率 80%～87%。产品一致性好，不良品低，不易碎，防火等级达到 94V0。可设计免粘机构，提高生产效率。

➢ 透明 PC 加磨砂灯罩的透光率低，透光率为 80%～89%，能看到 LED 球泡灯光源的点。

➢ 透明 PC 加棱筋的或亚克利加色粉的透光率低，透光率为 80%～89%，隐约能看到 LED 球泡灯光源的点。

➢ 智光 LED 光学灯罩的特点高透光、高扩散、无眩光、无光影，光源隐蔽性极佳。透光率达到 94%，实现将点光源发光转成球面发光。

玻璃罩采用高硼硅玻璃吹制毛坯（毛坯不良率高，易碎），经过清洗，静电喷涂，移印，高温烘多道工序。透光率在 82%～93%，多采用静电喷涂工艺，使内壁均匀布扩散料，腐蚀磨砂及涂白工艺。效率高，产品一致性一般，扩散效果好。组装需要粘接工艺，多采用脱醇型硅胶粘接，效率低。

注：PC罩的表面也会根据所需要的光线均匀度不同而不同，可以根据不同的使用场合选用不同的PC灯罩来达到相应的效果。

☆☆ 3.4 LED球泡灯电源选择 ☆☆

目前LED驱动电源基本分为两种，恒流和恒压，LED球泡灯驱动电源一般使用AC-DC恒流电源，LED球泡灯功率大多数为5~8W。LED球泡灯驱动电源主要分隔离式和非隔离式，按质量、性价比可以分为三类，高端驱动电源、中端驱动电源和低端驱动电源。隔离电源与非隔离电源性能对比见表3-4。

表3-4 隔离电源与非隔离电源性能对比

电源方案	性　能
隔离电源	➢ 线路上有变压器，内有校正电路 ➢ 低电压，高电流，一般小于42V ➢ 安全性高，效率低，大致能做到84%效率 ➢ 热量偏大，易过UL、TUV、CE、CLL等安规认证，体积大 ➢ 拓扑结构线路设计复杂 ➢ 应用范围广，可靠性差一些 ➢ 成本高于非隔离电源
非隔离电源	➢ 线路无变压器，RCC电路 ➢ 电压高，电流低 ➢ 拓扑结构线路设计简单 ➢ 转换效率高 ➢ 成本低，体积小 ➢ 应用范围窄 ➢ 可靠性高，热量偏小 ➢ 过安规认证难

★1. 高端驱动电源

➢ 单端反激（Flyback）拓扑结构，一次、二次侧由高频变压器隔离。

➢ 恒流控制方式为原边反馈（PSR）技术，恒流精度≤5%。

➢ 大多采用RM6磁心做变压器，对EMC控制大大有利。

➢ 变压器二次侧都以飞线方式作为电气连接，PCB初次级间距大于5mm，电源一次、二次侧可打高压AC3750V，5mA，60s。

➢ 电解电容一般采用高频低阻长寿命规格，可提高电源的稳定性和寿命。

➢ 电源转化效率在85%以上，功率因数在0.9以上。

➢ 功率余量较大，稳定性好，成本较高。

★2. 中端驱动电源

➢ 单端反激（Flyback）拓扑结构，一次、二次侧由高频变压器隔离。

➢ 恒流控制方式为原边反馈（PSR）技术，恒流精度≤5%。

➤ 大多采用 EE 型磁心做变压器，变压器制造成本低。

➤ 变压器工艺较为简单，PCB 元器件排布和布线紧密，过高压测试较难。

➤ 电解电容一般采用标准品规格，电源输出纹波稍大，寿命比高端驱动电源短。

➤ 电源转换效率约为 80%，功率因数为 0.7 左右。

➤ 功率余量较小，稳定性一般，成本相对偏低。

★3. 低端驱动电源

➤ Buck 拓扑结构，由电感作为能量转换器件，非隔离。

➤ 大多采用工型磁芯做电感，电感制造成本稍低，恒流精度≤8%。

➤ 设计妥当，EMC 测试可以通过，高压测试过不了。

➤ 电解电容一般采用标准品规格，寿命比高端驱动电源较短。

➤ 电源转换效率较高，约为 85%，功率因数为 0.5 左右。

☆☆ **3.5　LED 球泡灯组装流程及注意事项** ☆☆

LED 球泡灯的配件，如图 3-5 所示。

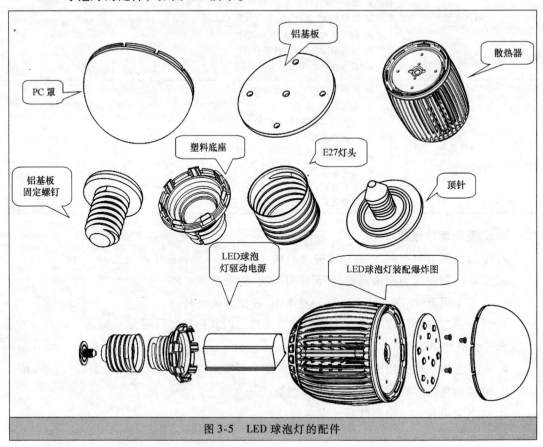

图 3-5　LED 球泡灯的配件

LED 球泡灯的组装流程，如图 3-6 所示。

LED 球泡灯 SMT 制程检验标准见表 3-5。

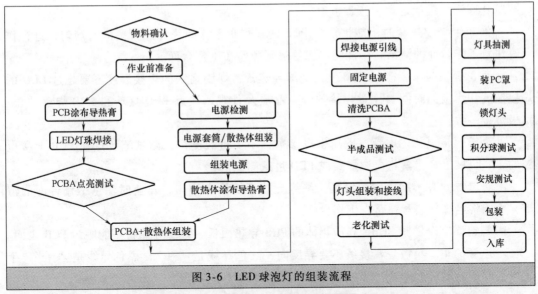

图 3-6　LED 球泡灯的组装流程

表 3-5　LED 球泡灯 SMT 制程检验标准

序号	项目	检 验 标 准	检验方法	检验工具
1	功能	➢ 电源正负极与 PCBA⊖正负极对应接通,从通电到灯亮时间 $T<3s$ ➢ PCBA 通电后灯珠无闪烁现象 ➢ PCBA 通电后灯珠不亮,亮度明显暗于正常的亮度的现象判定为不合格 ➢ PCBA 通电后,双晶灯珠只亮一颗芯现象判定为不合格	测试 目视	DC 电源,墨镜,防静电手环,防静电手套
2	焊接	➢ LED 偏移大于 PAD 宽度的 1/4 ➢ LED 一端翘起无法接触基板焊盘 ➢ 焊锡高度超出 LED 本体,存在 LED"立碑"现象 ➢ LEDPAD 与基板焊盘未完全接角焊接 ➢ LED 焊接面焊锡连接过少,虚焊(假焊) ➢ 锡珠直径小于 0.13mm,在 600mm² 以内不超过 3 个,固定不动,且不会造成短路影响安全距离等 ➢ 锡珠直径大于 0.13mm,在 600mm² 内超过 3 个,移动,且有可能会造成短路影响安全距离或造成隐患等 ➢ LED 反向,损伤,胶裂,变形,缺损 ➢ LED 光泽不均,杂质,水纹,污点,凸点 ➢ LED 灯不能出现明显色差,亮度不一致,死灯,不允许出现单芯亮或是两芯亮等 ➢ 铝基板划伤不能露底材 ➢ 空焊	测试 测量 目视	电烙铁、电烙铁温度测试仪、万用表
3	组装	➢ LED 球泡灯电源短路或 LED 过载测试后不良,判定为不合格 ➢ LED 球泡灯通电后灯不亮或通电老化中及老化后不亮 ➢ 灯板与电源连接线出现虚焊或短路/断路现象 ➢ 灯板与散热器中间没有涂绝缘导热膏 ➢ LED 球泡灯电源没有固定 ➢ LED 球泡灯灯头没有锁紧、错位。灯头冲孔错位、冲孔数量不符要求	测试 测量 目视	防静电手环,防静电手套、智能电量测试仪

⊖　PCBA 是指封装 LED 灯珠后的灯板。

LED 球泡灯装配过程中注意事项如下：

➢ 涂布绝缘导热膏时不能扩散到 PCB 的锡焊盘上，绝缘导热膏要涂的均匀，进行作业时注意工作台面的清洁，不能将绝缘导热膏掉落在工作台面。

➢ 手工焊接时不要碰到 PCB 上的绝缘导热膏，焊锡烙铁的焊接温度不要超过 LED 的焊接温度和焊接的时间。注意焊接的焊点品质及外观，注意 LED 灯珠和 PCB 焊盘的正、负极焊接一致，不要焊反。

➢ 调节恒流电源的电流、电压供电参数，不要过载测试，测试笔要点在 PCB 上接电源的正、负极上，严禁将电源短路或 LED 过载测试。

➢ 绝缘导热膏不能堵住螺钉孔，绝缘导热膏要涂布均匀，作业时注意工作台面的清洁，不能将绝缘导热膏掉落在工作台面。

➢ 螺钉要完全锁紧 PCBA 和散热体的 PCB 导热面板，绝缘导热膏不能赃污 PCB 表面。

➢ 电源的正、负极焊盘接线不要弄反向，红色导线是 "+"，黑色导线是 "-"，手工焊接时不能烫伤 LED 灯珠，不能有虚焊或短路、断路现象。

➢ 可以使用清洗毛刷蘸上酒精清洗 PCBA 表面的赃物和焊点松香痕迹。不能带市电直接作业，在每测试一组前必须关闭电源，插入灯具后在开启电源。

➢ 在作业过程中，不能将 PC 罩保护膜撕掉，不能划伤 PC 罩表面。

☆☆ 3.6 LED 球泡灯检验要求 ☆☆

★1. LED 球泡灯来料检验标准

LED 球泡灯来料检验标准见表 3-6。

表 3-6 LED 球泡灯来料检验标准

序号	项目	内容叙述	检验方法	判定标准
1	PC 罩	➢ 无明显黑点 ➢ 无划痕,气泡,针眼,凹坑,异物 ➢ 灯罩表面颜色、光泽度均匀一致,无色差 ➢ PC 罩与固定盖之间无缝隙	目视	➢ 灯罩在 30cm 处观察不得有黑点 ➢ 灯罩表面光泽度异常区域＜整灯面积的 1/10 为允收且其他拒收 ➢ 划痕、气泡、针眼,凹坑直径小于 1mm 为允收,其他拒收 ➢ 出现色差、光泽度不一致的一律拒收
2	散热器	➢ 散热器与固定盖表面无划痕 ➢ 表面无黑点:数目小于 2 个,直径小于 1mm ➢ 表面无脏污、异物,内部无金属屑、胶体残留 ➢ 散热器与塑料件的连接处无缝隙、无松动 ➢ 散热器与固定盖的连接处无胶残留 ➢ 散热器本体散热片无变形、歪斜 ➢ 散热片之间的螺钉孔区域无破损	目视	➢ 划痕长度小于 3mm,数量小于 3 个 ➢ 黑点数目小于 2 个,直径小于 1mm ➢ 脏污、残胶等异物无法清除者拒收 ➢ 缝隙不均匀,距离小于 2mm 的允收 ➢ 散热片上部变形拒收,下部变形均匀的允收

（续）

序号	项目	内容叙述	检验方法	判定标准
3	塑料件	➤ 塑料件表面无脏污、异物、黑点、划痕、助焊剂残留 ➤ 边缘部分无明显缺口、无破损	目视	➤ 划痕长度小于1mm，数量小于2个 ➤ 黑点数目小于2个，直径小于1mm ➤ 脏污、异物无法清除者拒收
4	E27灯头	➤ E27灯头无破损、无异色、抛光不良 ➤ E27灯头底部无明显变形、凹坑、划痕 ➤ 白色塑料体无破损，表面无脏污 ➤ E27灯头钉与白色塑料件之间无缝隙，连接好	目视	➤ 破损一律拒收，抛光不良，异色在灯头螺旋区内允收，其他拒收 ➤ 底部凹坑数量小于2个，划痕长度小于3mm
5	LED灯珠	➤ LED灯珠内有无杂物、黑点、有划痕，如有以上不良不接受。灯珠的胶体有无不平整；灯脚有无不规则的现象 ➤ LED灯珠的灯杯是否有倾斜、偏移、支深支浅的现象。灯珠有无破裂的现象 ➤ LED灯珠的电性：电压值、电流、色温、照度、光通亮、光强度、光效、显色指数是否符合要求 ➤ 单包不能有混色的现象 ➤ LED灯珠的包装的数量，是否有多数少数的现象	目视 积分球	➤ 根据产品规格书或样品检测报告或工程部及技术部提供的物料清单
6	PCB板	➤ 检查PCB表面白油有无不均匀、刮花、黑点，刮花长不得超过3mm，宽为0.25mm，允收一条以内；直径为0.5mm的黑点可接受3个以下 ➤ PCB厚度是否符合要求，是否有不均匀、变形等不良。PCB微刻，是否有微刻不良 ➤ PCB线路，是否有铜铂不良、开路、短路等不良 ➤ 测量PCB长度尺寸，PCB材质，是否符合要求	目视 游标卡尺 万用表	➤ 工程图样 ➤ PCB设计图样 ➤ PCB工艺要求

★2. LED球泡灯检验项目

LED球泡灯检验项目如下：

➤ 电性能参数，包括工作电压、工作电流、功率、功率因数、漏电电流、绝缘电阻。

➤ 光学参数，包括光通量、色温、色坐标。

➤ 结构与外观，包括外壳结构材料、重量、标签、防护等级。

➤ 可靠性试验，包括温升试验、开关电试验、振动试验、发光维持特性与老化试验、冲击测试、功能检验。

LED球泡灯成品检验标准见表3-7。国家标准有关LED球泡灯检验标准，将重要的内容摘录如下：

➤ 灯的结构设计应保证，在不装有任何灯具形态的辅助外壳情况下，当灯旋入符合

IEC 灯座数据活页的灯座时，不能触及灯头内的金属件，基本绝缘的外部金属部件和带电金属部件。

➢ 绝缘电阻：灯应在相对湿度为91%～95%的潮湿箱内放置48h，箱内空气温度要控制在20℃～30℃之间的任一值上，温差在1℃之内。绝缘电阻应在潮湿箱进行测量，先在灯上施加大约500V 在直流电压，1min 之后开始进行绝缘电阻测试。灯头上载流金属件与可触及到的灯部件（测试时在灯的可能触及到的绝缘件上包一层金属箔）之间的绝缘电阻应不小于4MΩ。

➢ 介电强度：耐电强度试验紧接着在绝缘电阻测试后进行。试验时，在上述规定的部位上施加下列交流电压试验1min。ES 灯头：螺口灯头的壳体与灯的其他可触及的部件之间（在可触及到的绝缘部件上包一层金属箔）：

灯头	电源电压/V	试验电压/V
HV 型灯头	220～250	4000
BV 型灯头	100～120	2U+1000

注：U = 额定电压。

试验期间，应将灯头外壳和眼片短路。开始时，所加电压不超过规定电压值的一半，然后逐渐将电压升至上述规定值（试验应在潮湿箱内进行，试验中不允许出现飞弧和击穿现象）。

➢ 抗扭矩力：使用适宜的智能扭力仪进行试验，进行扭力试验时，灯头应牢固地粘结在灯体上或灯上用来旋进或旋出部位：

灯头	扭矩/N·m
B22d	3
E14 和 B15d	1.15
E26 和 E27	3

注：扭矩不应突然施加，而应逐渐从零增加到规定值。对于采用粘结方式固定的灯头，可允许灯头与灯体之间有相对移动，但不应超过10°。

★**3. LED 球泡灯成品检验标准**

表 3-7　LED 球泡灯成品检验标准

序号	检验项目	标准内容	检验设备	缺陷类型	抽样方案
1	成品外观	➢ 组装状态良好，各配件衔接可靠、牢固，无漏装或错装，部件间隙处≤1mm ➢ 各零件孔、端面无批锋、利边、利角，毛刺不划手；所有金属件无锈蚀 ➢ LED 球泡灯边缘不得有出现溢胶或粘性物体 ➢ PC 罩内和表面不能有黑点、杂点、灰尘、手印或杂物 ➢ 铝灯体表面光洁，可视面不能有大于 φ0.3mm 的刮伤、凹坑 ➢ 塑胶灯座表面无大于 φ0.3mm 的杂点，料花 ➢ 灯头、塑胶座、铝灯体之间装配到位，用 0.2mm 塞规条不能有可塞入的间隙	目测、塞规	MAJ	II 级

84

（续）

序号	检验项目	标 准 内 容	检验设备	缺陷类型	抽样方案
2	来料外观	➢ 不允许 LOGO 缺字、断画。丝印,刻字以清晰识读为准 ➢ PC 罩表面光亮、无污染、无变形、破损 ➢ 乳白色塑料外壳表面光洁、亮白绫 ➢ 表面划痕、刮花 $L \leqslant 3mm$, $N \leqslant 2$ ➢ 表面黑点、杂点 $L \leqslant 0.8mm$, $N \leqslant 2$ ➢ 表面刻痕、凹痕 $L \leqslant 1$, $N \leqslant 2$ ➢ 火焰泡壳组装是否牢固平整,不得出现倾斜、松动等 ➢ LED 球泡灯外观颜色与样板一致,不允许有色差 ➢ 灯具内电源牢固无晃动 ➢ 灯头不能出现变形、破损、氧化等现象 ➢ 灯头冲孔错位、冲孔数量不符要求(8 孔或 12 孔) ➢ 塑料灯头座、铝灯座和 PC 罩等颜色符合签板要求,不能有明显色差 ➢ 焊接部位应平整、牢固、无焊穿、虚焊、飞溅等	目测、点径规	Ⅱ级	MAJ
3	结构尺寸	➢ 依据产品承认书或样品规格 ➢ 球泡灯符合外形尺寸图要求,不能有超出公差值	游标卡尺	MAJ	S-2
4	结构确认	➢ 电源、LED、泡壳、外壳、麦拉片等部品规格需与样品或订 BOM 表一致 ➢ 漏打胶,漏打导热硅脂,缺少配件	订单BOM	MAJ	S-2
5	一般检验	➢ 色温、光通量、显色指数、电压、功率是否符合要求 ➢ 在额定电压和额定频率下,其实消耗的功率与实际功率之差不得大于 10% 或 ±1W ➢ 显色指数 Ra 的初始值应不低于 85、R9 > 0 ➢ 实测功率 ≤5W,电源效率 ≥70% ➢ 实测功率 >5W,电源效率 ≥80% ➢ 球泡灯放入光谱分析仪内用额定电压点亮,稳定 5min 测试其光通量、色温、显色指数在设计要求范围内 ➢ 初始光效应不低于标称值的 95%,光效应不低于 80lm/W	积分球、功率计	MAJ	S-2
6	功能测试	➢ 灯体漏电、电源爆炸 ➢ LED 无闪烁、暗光、不亮、暗斑,亮度一致无色差 ➢ 用 90V、100V、120V、180V、220V、240V、265V 电压通电点亮测试,不能有射灯不亮或灯亮后有故障熄灭;点亮工作时,不得出现启辉时间不同步现象(批量测试) ➢ 点亮后电源无异响、噪声等现象。常温常压下,启动时间需 ≤1s。断电后有明显放电现象不接受 ➢ 在正常环境下工作时,铝基电路板温度不得超过 55℃ ➢ 球泡灯移印内容及 LOGO 符合图样要求,不能有遗漏或字体不完整导致不能识读	温度测试仪	MAJ	S-2

（续）

序号	检验项目	标 准 内 容	检验设备	缺陷类型	抽样方案
7	耐压测试	➢ 国内 LED 球泡灯耐压测试,可按 $4U + 2750V$ 执行 ➢ 出口欧洲的 LED 球泡灯耐压测试,可按 $4U + 2000V$ 执行 ➢ 依据客户产品规格书要求,但不小于:AC 1500V, 5mA,60s	耐压测试仪	MAJ	S-2
8	电磁兼容	➢ 无线电骚扰特性应符合国家标准 GB 17743—2007《电气照明和类似设备的无线电骚扰特性的限值和测量方法》的要求 ➢ 输入谐波电流应符合国家标准 GB 17625.1—2012《电磁兼容　限值　谐波电流发射限值(设备每相输入电流≤16A)》的要求 ➢ 电磁兼容抗扰度应符合国家标准 GB/T 18595—2014《一般照明用设备电磁兼容抗扰度要求》的要求		MAJ	S-2
9	功率因数	➢ 标称功率不大于 5W 的灯的功率因数应不低于 0.5 ➢ 大于 5W 的灯的功率因数应不低于 0.7 ➢ 若灯宣称为高功率因数的,则应不低于 0.9 ➢ 实际功率因数不能比制造商的标称值低 0.05	智能电量测试仪	MAJ	S-2
10	扭力测试	➢ 灯头抗扭力为 3N·m,试验后不发生灯头松动等问题			
11	开关试验	➢ 在额定输入电压下,将灯开启和关闭各 30s,此循环重复进行 25000 次,在试验结束后灯应能持续正常工作 15min 以上	目测	MIN	Ⅱ级
12	内包装	➢ 内盒标贴正确,不能有印字错漏 ➢ 内盒四棱要清,扣舌到位,不能有彩盒开裂、开胶或缺破 ➢ 内外箱唛头正确,印定清楚,不能有模糊不清、少油或少笔现象 ➢ 包装盒棱边不能有毛刺,批锋,锐角 ➢ 纸盒无褶皱、开裂、变形、脏污、受潮等现象 ➢ 包装盒上要有本科的物料标签,标签上应标注名称、品名、规格(包括电压、显色指数、功率、光通量、色温)型号、日期、数量的六项基本要求 ➢ 包装盒内应附有产品合格证。合格证上应标明制造厂名称或注册商标、检验日期、检验员签章	目测	MIN	Ⅱ级
13	标签	➢ 灯上应清晰、耐久地标有下列强制性标识,标识如下:来源标记(可采取商标、制造商名称的形式),规格型号:额定电压或电压范围(以"V"表示),额定功率(以"W"表示),额定频率(以"Hz"表示),额定相关色温(以"K"表示),额定相关光通量(以"lm"表示) ➢ 如下补充标记可标注在产品、生产商的说明书或产品包装上,标识如下:额定平均寿命、功率因素、显色指数,非标准灯的外形尺寸以及适用的灯具要求、配光类型或配光曲线	目测	MAJ	Ⅱ级

（续）

序号	检验项目	标 准 内 容	检验设备	缺陷类型	抽样方案
14	外包装	➤ 包装箱上应注明： a)制造厂名称或注册商标及厂家地址 b)产品名称和型号 c)包装箱内灯的数量 d)产品标准号 ➤ 包材用错：成品入库未依BOM表、生产制令单用 ➤ 包材品出货：未依《出货通知单》要求使用包材 ➤ 包装无破损、褶皱、开裂、变形、脏污、受潮等现象 ➤ 包装箱内无漏装、错装 ➤ 丝印标识错误、不清晰、重印、露印、少字等	目测	MAJ	Ⅱ级
15	标志耐久性	➤ 用一蘸有水的布反复擦拭标志15s，待其干后，再用一块蘸有乙烷的布擦拭标志15s，试验之后，标志仍然清晰	酒精	MAJ	Ⅱ级

注：

① CR类不合格：单位产品的重要安全特性不符合规定，或者单位产品的质量特性严重不符合规定。

② MA类不合格：单位产品的主要特性不符合规定，或者单位产品的质量特性主要不符合规定。

③ MI类不合格：单位产品的一般质量特性不符合规定，或者单位产品的质量特性轻微不符合规定。

★4. LED球泡灯节能认证要求

1）CQC认证安全和电磁兼容的检测项目

➤ 标志。按GB 24906—2010要求测试。

➤ 互换性。按GB 24906—2010要求测试。

➤ 弯矩。按GB 24906—2010要求测试。

➤ 意外接触带电部件的防护。按GB 24906—2010要求测试。

➤ 潮湿处理后的绝缘电阻和介电强度。按GB 24906—2010要求测试。

➤ 机械强度。按GB 24906—2010要求测试。

➤ 灯头和温升。按GB 24906—2010要求测试。

➤ 耐热性。按GB 24906—2010要求测试。

➤ 防火与防燃。按GB 24906—2010要求测试。

➤ 故障状态。按GB 24906—2010要求测试。

➤ 骚扰电压、辐射骚扰。按GB 17743—2007要求测试。

➤ 谐波。按GB 17625—2012要求测试。

2）CQC安全认证的关键零部件

CQC安全认证的关键零部件，灯具部分包括：灯头、外壳、散热装置、绕线骨架、透光罩、反射器、透镜、导线、导线套管、LED组件用连接器、LED芯片，封装材料和透镜（单颗功率，颗粒数，封装方式）。

CQC安全认证的关键零部件，电源部分包括：保护熔断装置、电解电容、整流二极管、脉冲变压器线圈、功率半导体器件、限流电感、IC（集成电路）、EMC 抑制电容器、EMC 抑制电感、PCB。

3）LED 球泡灯（非定向自镇流 LED 灯）一般安全与电磁兼容检验要求

LED 球泡灯（非定向自镇流 LED 灯）一般安全与电磁兼容检验要求见表 3-8。

表 3-8　LED 球泡灯一般安全与电磁兼容检验要求

序号	检验项目	指标要求	检验方法与判定
1	标记	GB 24906—2010 第 5 章	GB 24906—2010
2	互换性	GB 24906—2010 第 6 章	
3	意外接触带电部件的防护	GB 24906—2010 第 7 章	
4	潮湿处理后的绝缘电阻和介电强度	GB 24906—2010 第 8 章	
5	机械强度	GB 24906—2010 第 9 章	
6	灯头温升	GB 24906—2010 第 10 章	
7	耐热性	GB 24906—2010 第 11 章	
8	防火与防燃	GB 24906—2010 第 12 章	
9	故障状态	GB 24906—2010 第 13 章	
10	无线电骚扰特性	GB 17743—2007 的要求	GB 17743—2007
11	谐波电流限值	GB 17625.1—2012 的要求	GB 17625.1—2012
12	功率因数、功率、色温、初始光效、初始光通量、寿命、尺寸	GB 24908—2014 的要求	GB 24908—2014
13	光生物安全	GB/T 24908—2014 第 5.14 条款	GB/T 20145—2008

☆☆　3.7　LED 球泡灯安装　☆☆

LED 球泡灯安装，如图 3-7 所示。

安装注意事项：

➤ 为了确保产品正常工作，请使用电压在标示范围内的电源。

➤ 安装、拆卸产品时请关闭电源开关，避免触电风险。

➤ 为了确保效果，请勿在高湿度或充满粉尘环境下使用本产品，包括但不限于以下环境：浴室，打磨车间。

➤ 不适于密闭灯具使用，不可在调光线路或调光器中使用。

➤ 更换灯泡前必须切断电源，防止触电或烧毁灯泡，按灯头类型选择与之相对应的灯座安装。

➤ 需要摘下灯泡时，请在关灯 5min 后摘下灯泡，以免烫伤手指。

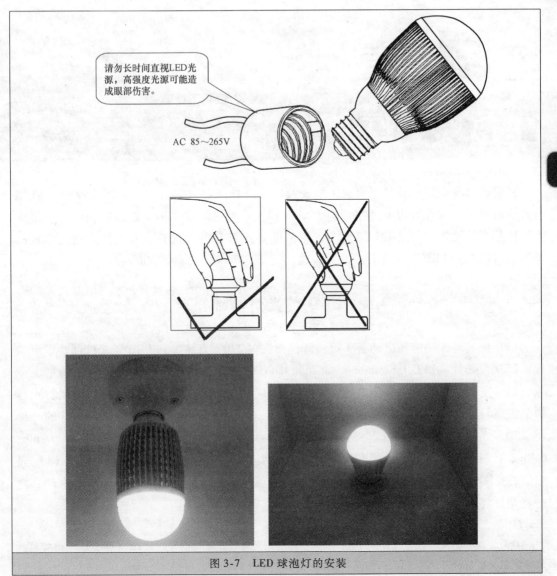

图 3-7　LED 球泡灯的安装

第 **4** 章

LED 荧光灯设计

目前，LED 应用于日常照明越来越普及，从户外照明到室内照明，都能看到 LED 照明产品的足迹。随着 LED 成本的下降，LED 照明产品也不再局限于道路照明灯具，市场上开始更多的出现室内照明 LED 灯具。本节主要介绍 LED 荧光灯，让设计者通过本章的学习，可以明白 LED 荧光灯各部件的组成、设计、生产、安装等方面的知识。

☆☆ **4.1 LED 荧光灯基础知识** ☆☆

LED 荧光灯无需辉光启动器和镇流器，交流电 220V 直接加到 LED 荧光灯两端即可工作。LED 荧光灯（LED tube fluorescent light）以 LED 为光源，与传统荧光灯在外型上一致，用于室内普通照明的组合式直管型照明灯具，它由 LED 模块、LED 驱动（控制）器散热铝型材、透光罩（PC 罩）及两个堵头构成，可包括灯座和灯架。LED 荧光灯的外形与 LED 荧光灯装配示意图（部件介绍），如图 4-1 所示。常用灯管的长度有 0.3m、0.6m、0.9m、1.2m、1.5m 等。T8 的 LED 荧光灯，照度、寿命、稳定性都以远远超越了 T8 荧光灯，替换 T8 灯管的量是很大的。LED 荧光灯是国家绿色节能照明工程重点开发的产品之一，是目前取代传统的荧光灯的主要产品。

注：

① T 是 tube 的简写，意指管状灯具，就是普通的荧光灯管，每个 T 就是 1/8in（英寸）T8 灯管也就是灯管直径为 1in 的灯管。后面的数字 8 表示灯管的周长为 8cm，其直径为 25.4mm（80/3.14）。

② 现在常用的荧光灯是 T8、T5、T4 灯管，我国有近 80% 以上的荧光灯还都是 T8 管。

③ 传统荧光灯越细的灯管效率越高，也就是说相同瓦数发光越多。

④ LED 模块是指在 PCB（FR4 基板，铝基板）上焊接上贴片灯珠 3528、3014、5050 的线路板。LED 荧光灯是由光学、机械、电气和电子元件，LED 和灯具形成一个整体，LED 是灯具中不可拆卸替换的部件。

★1. LED 荧光灯特点

➢ 环保。传统的荧光灯中含有大量的水银蒸气（汞蒸气），如果破碎水银蒸气（汞蒸气）则会挥发到大气中。但 LED 荧光灯则根本不使用水银，且 LED 产品也不含铅，对环境起到保护作用。LED 荧光灯公认为 21 世纪的绿色照明。

➢ 少发热现象。传统灯具会产生大量的热能，而 LED 灯具则是把电能全都转换为光能，不会造成能源的浪费。而且对文件、衣物也不会产生退色现象。

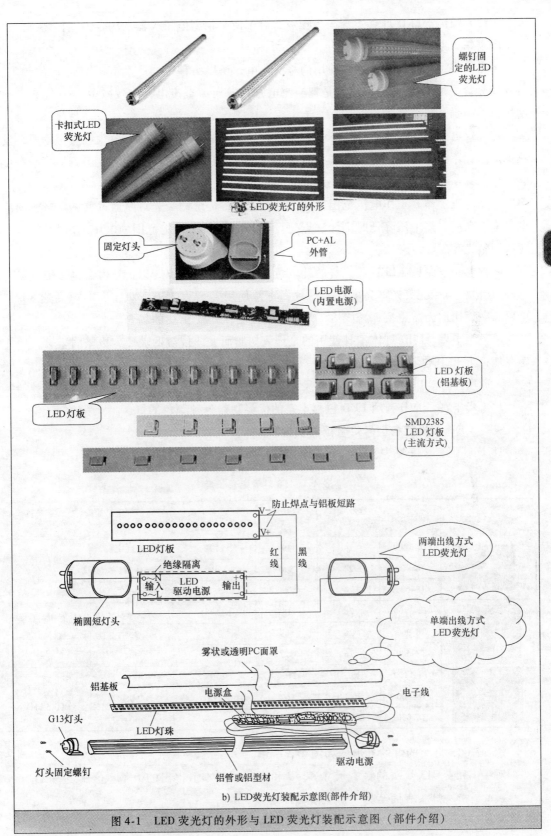

b) LED荧光灯装配示意图(部件介绍)

图 4-1 LED 荧光灯的外形与 LED 荧光灯装配示意图（部件介绍）

➤ 没有噪声。LED 灯具不会产生噪声,对于使用精密电子仪器的场合为上佳之选。适合于图书馆、办公室之类的场合。

➤ 保护眼睛。传统的荧光灯使用的是交流电,所以每秒钟会产生 100 ~ 120 次的频闪。LED 荧光灯采用 LED 恒流工作,是把交流电直接转换为直流电,有效减少 LED 光衰,启动快,无闪烁,保护眼睛。

➤ 无蚊虫烦恼。LED 荧光灯不会产生紫外光、红外光等辐射,不含汞等有害物质,发热少。因此不会象传统的灯具那样,有很多蚊虫围绕在灯源旁。室内会变得更加干净卫生整洁。

➤ 宽电压工作。工作电压范围为 AC 85 ~ 265V,传统的荧光灯是通过整流器释放的高电压来点亮的,当电压降低时则无法点亮。而 LED 灯具在一定范围的电压之内都能点亮,还能调整光亮度。

➤ 省电、寿命长。LED 荧光灯的耗电量是传统荧光灯的 1/3 以下,寿命也是传统荧光灯的 10 倍,与传统荧光灯亮度基本一致,正常使用寿命为 3 万 h 以上,节电高达 80%,可以长期使用而无需更换,减少人工费用。更适合于难于更换的场合。

➤ 坚固牢靠。LED 灯体本身使用的是环氧树脂而并非传统的玻璃,更坚固牢靠,即使砸在地板上 LED 也不会轻易损坏,可以放心地使用。

➤ 通用性好。LED 荧光灯外型、尺寸与传统的荧光灯一样,可替代传统灯具。

➤ 色彩丰富。充分利用 LED 色彩丰富的优势制作各种颜色的灯。

★2. LED 荧光灯各型号灯管配套长度

T8 灯管配套长度见表 4-1。

表 4-1 T8 灯管配套长度

灯头型号	灯管长度	管外直径 (ϕ)	管长度 /mm	配两边灯头尺寸 /mm	灯头带针总尺寸 /mm	灯头
	T8-1200	24	1194	1198	1213	铝灯头 (2mm)
	T8-900	24	890	894	908	
	T8-600	24	584	588	604	
	T8-1200	26	1187	1198	1213	外套塑料灯头 (螺钉固定) (13.5mm)
	T8-900	26	883	894	908	
	T8-600	26	577	588	604	
	T8-1200	26-30	1166	1198	1213	旋转塑料灯头 (11.5mm)
	T8-900	26-30	862	894	908	
	T8-600	26-30	556	588	604	

G5 或 G13 灯头的灯的外形图如图 4-2 所示。

对于 G5 或 G13 灯头的灯,尺寸 A、B 和 C 是由基本值得出的,基本值制定为 X。

➤ A 是指一灯头表面至另一灯头表面的距离。$A_{max} = X$。

➤ B 是指一灯头表面至另一灯头插脚末端的距离。

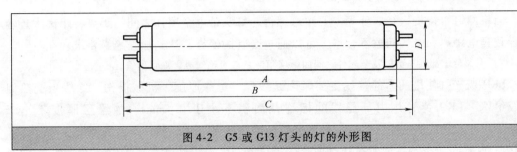

图4-2 G5 或 G13 灯头的灯的外形图

◇ $B_{max} = X + 7.1mm$

◇ $B_{min} = X + 4.7mm$

➢ C 是指灯的总长，两灯头插脚末端之间的距离

◇ $C_{max} = X + (2 \times 7.1)mm = X + 14.2mm$

◇ C_{min} 未规定

表4-2 中给定的外形尺寸是依据上述计算方法得出的。

表4-2 灯的外形尺寸及灯头型号（mm）

标称功率 /W	A		B		C		D_{max}	灯头型号
	max	min	max	min	max	$\phi26$	
6 ~ 10W	589.8	594.5	596.9	—	604	28	G13
8 ~ 15W	894.6	899.3	901.7	—	908.8	28	G13
15 ~ 24W	1199.4	1204.1	1206.5	—	1213.6	28	G13
24 ~ 30W	1449	1453.7	1456.1	—	1463.2	28	G13

★3. LED 荧光灯安规要求

目前常见的 LED 荧光灯，外型尺寸上基本是参照传统的 T8 荧光灯进行设计的。LED 荧光灯要符合双端荧光灯安全标准 GB 18774—2002 中对灯头部分尺寸和耐热、耐火的要求，也需要满足国家灯具标准 GB 7000.1—2015 标准和 GB 24819—2009 标准中对整灯及内置 LED 驱动电源的要求。无线电骚扰特性、电流谐波、电磁兼容抗扰度满足国家标准 GB 17743—2007、GB/T 18595—2014、GB 17625.1—2012。

注：

➢ GB 18774—2002《双端荧光灯 安全要求》。

➢ GB 7000.1—2015《灯具 第1部分：一般要求与试验》。

➢ GB 24819—2009《普通照明用 LED 模块 安全要求》。

➢ GB 17743—2007《电气照明和类似设备的无线电骚扰特性的限值和测量方法》。

➢ GB/T 18595—2014《一般照明用设备电磁兼容抗扰度要求》。

➢ GB 17625.1—2012《电磁兼容 限值 谐波电流发射限值（设备每相输入电流≤16A）》。

目前市场上的接头方式很多，有铝皮的，有 PC 料、有铝皮加 PC 料，按固定方式分有用胶水固定在灯管两端的，也有用螺钉固定在灯管两管。就安全、环保面言，用螺钉固定的方式被广大消费采用。LED 荧光灯灯头处螺钉主要起着灯头与灯体之间的连接与固定作用。LED 荧光灯固定灯头的螺钉与灯头引脚的距离大于 3mm，LED 荧光灯使用铝外壳，而将螺钉直接旋入金属外壳。要注意螺钉与灯头带电金属件之间的距离，距离太近容易导致爬电距离和电气间隙不合格。可以通过套管的绝缘，达到加强绝缘要求。

注：内部带电部件与可触及金属件之间的绝缘须满足双重绝缘或者加强绝缘。

LED 荧光灯使用的内部接线主要考虑是线径、绝缘厚度、机械损伤、绝缘层受热温度及绝缘。LED 荧光灯内部导线的标称截面积不小于 $0.4mm^2$，绝缘层厚度不小于 $0.5mm$。可以通过加热缩管之后加黄腊套管的绝缘，可以达到加强绝缘的要求。

注：内部导线走线时不接触发热较大的部件，能避免产生绝缘层局部过热导致的绝缘层破损，产生漏电或者短路等安全问题。内部导线可以选择美规 AWG 20。

LED 荧光灯在设计 PCB 时，除了需要考虑灯头带电部件到可触及件以及不同极性带电部件之间的爬电距离和电气间隙外，还要考虑 PCB 与铝壳爬电距离和电气间隙以及考虑铝基板耐压要求。LED 荧光灯内部接线主要用于连接灯头连接件与内置电源的输入和输出，其规格不小于 $0.4mm^2$，连接线也要通过相关认证，耐压与耐温要符合相关的要求。内置电源与铝外壳之间通过套管隔离，即电源加电源盒。LED 模块的铝基板与金属外壳直接接触，要求铝基板与金属外壳加强绝缘级要求。

LED 荧光灯要选用隔离电源，选择使用隔离变压器，使内置电源的输入和输出端之间能满足加强绝缘级的抗电强度要求。要求电源盒能达到 4000V 的耐压。要求隔离电源与铝壳（可触及金属件之间的绝缘）须满足双重绝缘或者加强绝缘。LED 荧光灯电源要选择进行过相关认证的电源，如 CE 认证、UL 认证、3C 认证。在国内的 LED 荧光灯进行相关的认证时，电源最好选择经过 3C 认证的电源或有 3C 证书的电源。如果因为设计比较特别，找不到合适规格的 LED 荧光灯电源的前提下，可以选择达到 3C 认证要求的 LED 荧光灯电源。

注：LED 荧光灯灯头部位的绝缘材料属于防触电绝缘部件，也同时属于固定带电部件的绝缘材料。LED 荧光灯灯头部位距离一定要达到安全的安规距离，不会产生电弧现象。

LED 荧光灯属于Ⅱ类灯具，要求 LED 荧光灯的输入到可触及件之间，以及输入到安装表面之间需要满足加强绝缘级的绝缘电阻和抗电强度要求。对于耐热和耐火试验，达到 GB 18774—2002、GB 7000.1—2015 中的要求。

注：

① 爬电距离是指不同电位的两个导电部件之间沿绝缘材料表面的最短距离。

② 电气间隙是指不同电位的两个导电部件间最短的空间直线距离。

③ 爬电距离是考核绝缘在给定的工作电压和污染等级下的耐受能力，其尺寸应能保证在给定的工作电压和污染等级下绝缘不会产生闪络或漏电起痕现象。

④ 电气间隙防范的是瞬态过电压或峰值电压，其尺寸应能保证进入设备的瞬态过电压和设备内部产生的峰值电压不能使其产生电气击穿。

☆☆ 4.2 LED 荧光灯散热器选择 ☆☆

LED 荧光灯灯管的热量累计不仅影响 LED 的电气性能，还可能最终导致 LED 失效。为了保证 LED 荧光灯的寿命，散热成为应用的一个关键技术。现在市场上基本上分两种型材，全塑料及半塑半铝管。现在市场上所销售的 LED 荧光灯基本上都是半塑半铝管，在需要透光的那一半采用塑料，在不需要透光而需要散热的那一半就采用铝合金。电源当然是放在铝管里面，功率通常在 20W 左右。PC + 散热铝 + 铝基板组成的 LED 铝塑管因其具有散热性能好、光线分布均匀、不易变形等特点而成为目前市场上主流产品。LED 铝塑管的外形如图 4-3 所示。

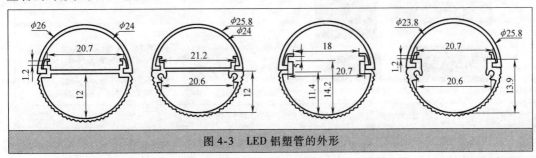

图 4-3　LED 铝塑管的外形

　　扇骨形铝管采用扇骨形状的散热结构，大大增加了散热器面积。采用外置电源的方式，从而可以把半边铝壳完全做成散热器，散热面积至少增大了 3 倍以上。电源不放在管内，又可以减少热量，延长了 LED 的寿命。扇骨形铝管 LED 荧光灯的外形如图 4-4 所示。

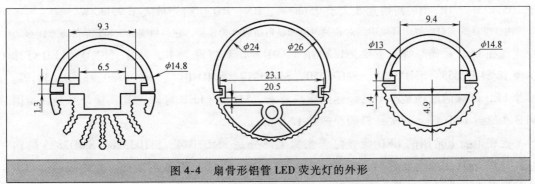

图 4-4　扇骨形铝管 LED 荧光灯的外形

　　目前，T8 LED 的荧光灯都是采用半塑半铝管，而 T5 LED 的荧光灯都是采用扇骨形铝管。

　　注：在 LED 荧光灯的设计中，必须根据热的三种传导途径：传导、对流和辐射，对 LED 灯的散热进行优化。

☆☆　4.3　LED 荧光灯光源的选择　☆☆

　　LED 属于点状光源，LED 在工作过程中会放出大量的热量，使管芯结温迅速上升，LED 功率越高，发热效应越大。管芯结温迅速上升，会导致发光器件性能的变化与电光转换效率衰减，严重时甚至失效。所以对光源选择，一定结合这个特性。

　　LED 荧光灯是广泛应用于超市、商场、酒楼、展览厅、居室、会议室、工厂、博物馆、学校、医院等场所的照明装饰。目前 LED 荧光灯是把 LED 灯通过一定的排列方式贴在 PCB 或铝基板上，然后再固定在铝合金散热器（铝管）上面。PCB 的导热系数是 20W/m·K，铝合金的导热系数是 200W/m·K。导热系数越大，其传热导热效果越好。

玻纤板（FR4）是采用玻璃纤维布制成的，机械性能、尺寸稳定性、冲击性、耐湿性都比较高。相对于铝基板来说，其成本要比铝基板低，但在散热方面却远不如铝基板。

铝基板是一种独特的金属基覆铜板，它具有良好的导热性，其电气绝缘性能和机械加工性能比不上玻纤板。LED荧光灯中LED灯排列方式如图4-5所示。

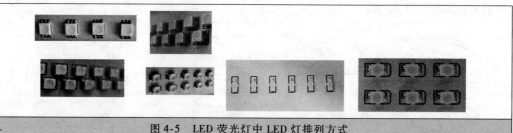

图4-5　LED荧光灯中LED灯排列方式

注：大部分用铝基板的LED荧光管，焊盘温度和外壳温度都可以做到4~8℃以内。

在国家有关的色温标准中：RR表示荧光色（6500K）、RZ表示中性白色（5000K）、RL表示冷白色（4000K）、RB表示白色（3500K）、RN表示暖白色（3000K）、RD表示白炽灯色（2700K）。不同色温类别LED荧光灯产品初始光效要求，RR、RZ初始光效大于105lm/W，RL、RB初始光效大于95lm/W，RN、RD初始光效大于95lm/W。

注：LED荧光灯在照明环境中，对相关色温和显色指数尤为重要，它是照明气氛和效果的重要指标。

现在LED荧光灯管上主要是以贴片（SMD）LED灯珠为主，贴片（SMD）LED灯珠主要有SMD2835、SMD3528、SMD5050、SMD3014、SMD4014、SMD5730、SMD5630等。贴片LED灯珠的散热基本上已经达到散热要求。SMD的LED灯珠，其质量最好是以美国和日本原封LED灯，其次是韩国原产的LED灯珠。

现在市面上常用的LED荧光灯管光源大部分是SMD3014、SMD3528、SMD2835的白灯，选择LED光源主要看两个参数：节温及光效。也就是说节温要低，光效要高。LED的节温与寿命曲线图如图4-6所示。

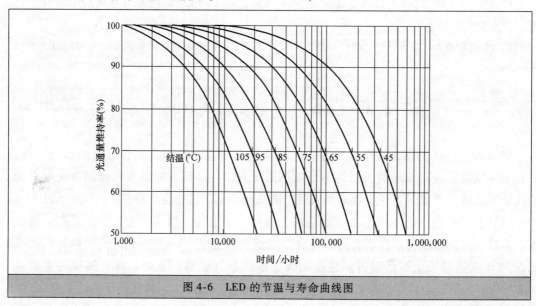

图4-6　LED的节温与寿命曲线图

从 4-6 图可知，当 LED 的结温在 95 ~ 105℃ 时，LED 的寿命在 1 ~ 2 万 h 之间。LED 的结温在 85℃ 时，LED 的寿命在 3 万 h。LED 的结温在 75℃ 时，LED 的寿命在 5 万 h 以上。要达到 10 万 h，则要求节温控制在 65℃ 以下。

注：工作寿命就是以光衰 70% 来计算的。LED 灯管的热量累计不仅影响 LED 的电气性能，还可能最终导致 LED 失效。

由于 3528 只有两端电极焊接散热，而 SMD3014、SMD2835 采用了底板散热，所以两者的热阻相差 3 倍多，两者的寿命也相差两倍多。SMD3014 工作于 30mA，所以它的发光也高达 9lm。相当于 90lm/W 的发光效率。SMD2835 工作电流为 60mA，其光通量也达到 22 ~ 24lm。发光效率相当于 120lm/W。

目前这三种灯珠各有特点，都还在大面积使用。设计者可以根据设计要求，选择合适的 LED 灯。LED 荧光灯管设计、组装过程中，可能会发现 LED 荧光灯出现暗斑问题。要解决 LED 荧光灯管暗斑问题，可以采取如下措施：

➤ 减小 LED 的间距，也就是减小两个 LED 之间的距离。减小 LED 的间距，必须增加 LED 灯珠。对 LED 荧光灯管来讲，会增加 LED 荧光灯管的生产成本。

➤ 也可以适当增大 LED 灯珠到扩散罩的距离。适当的距离已可以解决光斑问题，过大的距离则会带来其他问题。

➤ 更改 LED 荧光灯管的结构，以满足既增大 LED 的间距，又增大 LED 到扩散罩的距离。

注：上述要求是对乳白罩的，而对透明罩则不需考虑这些问题。目前 SMD2835、SMD5630、SMD5730 已经很好地解决 LED 荧光灯管的暗斑问题，主要是针对 LED 荧光灯管光扩散罩（乳白罩）。

LED 的数量通常是根据 LED 荧光灯的光通量大小来决定的，设计时可以参考相同规格的荧光灯的光通量的大小，也就是要与相同规格传统荧光灯的光通量大致相当。目前使用最多的 LED 光源还是 SMD3528、SMD2835、SMD3014、SMD5630、SMD5730，建议使用 SMD2835 或 SMD5730 作为 LED 的光源。设计者可以根据当前 LED 封装及 LED 荧光灯电源发展趋势，来选择合理的灯珠的数量和 LED 荧光灯电源电压及电流。非隔离电源比较流行的方式是高电压、小电流，即 20 ~ 24 串、电压为 DC 50 ~ 90V，电流小于 240mA。隔离电源比较流行的方式低高电压、大电流，不要超过 12 个 LED 灯串联。

在 LED 荧光灯里所用的 LED 数目通常在 200 颗以下（SMD2835），不可能全部串联，必须串并联。一般来说，串得少的，并得多。如果其中的某一串中有一个 LED 开路，会使这一串 LED 灯不亮，而这一串 LED 灯的电流将分摊到剩余的几路中去。目前 LED 荧光灯串联数量的规律一般如下：

➤ LED 荧光源电源是隔离电源，其串联 LED 个数不能超过 12 个。

➤ LED 荧光源电源是非隔离电源，其串联 LED 个数不能超过 24 个。

➤ M 个灯珠串联的总电压 $U = 3.125 \times M$。

➤ 在要求宽电压时，输出电压不要超过 72V，输入电压范围是可以到达 AC 85 ~ 265V 的。

注：非隔离电源输入电压范围有 100 ~ 240V 或在国家规定的电压范围内。

在 LED 荧光灯设计中，要根据驱动电压的不同选择不同的串并联组合方式，同时应充分了解 LED 的电、热学特性，以确保 LED 产品长期可靠工作。为降低串联线路中单灯故障。在实际工作中，应评估各 LED 的伏安曲线的差异及光强产生的不同步变化带来的影响，并采取措施平衡各单灯之间的电流值。LED 联接方式的优、缺点见表 4-3。

表 4-3 LED 联接方式的优、缺点

联接方式	示 意 图	优 点	缺 点
串联		流过 LED 电流相同，LED 工作时亮度基本一致	其中一个 LED 开路，整个电路不工作（所有 LED 都不亮）
并联		其中任意一个 LED 出现开路，不会影响其他 LED 工作	LED 驱动器要提供较大电流
混联		结合了串、并联各自优点	电路设计较复杂
交叉陈列		其中任何一个 LED 开路或短路，不至于造成整个电路不工作	电路设计复杂

☆☆ 4.4 LED 荧光灯 PC 罩选择 ☆☆

目前市场透明面罩的透光率可以达到 88% ~ 95%，雾状面罩的透光率在 70% ~ 86%。目前 PC 罩的种类有透明、光扩散、透明条纹、光扩散条纹 4 种。目前市场上 PC 面罩的材料有普通的 PC 料、光学级 PC 料。它们之间因厂家不一样，透光率的差异相当大。目前一般采用光扩散的 PC 面罩，这种可以减少眩光。PC 罩的外形如图 4-7 所示。

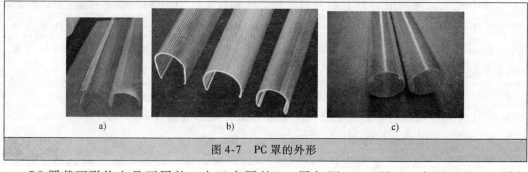

图 4-7 PC 罩的外形

PC 罩截面形状也是不同的，小于半圆的 PC 罩如图 4-7a 所示。半圆形的 PC 罩如图 4-7b 所示。圆形的 PC 罩如图 4-7c 所示。PC 罩的表面会根据所需要的光线均匀度不

同，采用不同的材料。全透明的 PC 罩如图 4-7a 所示。可以使全部的光线照射到灯管外部。条纹状的 PC 罩如图 4-7b 所示。可以起到把光线打散的效果，得到较为均匀的光，但是会有 10% 左右的光损失。乳白色的 PC 罩，如图 4-7c 所示。可以达到均匀出光的效果，透光率可以 80% 以上，与传统的荧光灯效果是一样的。设计者可以根据不同的使用场合，选用不同的材料 PC 灯罩来达到相应的效果。目前常用的 PC 罩是透明、乳白或乳白加磨砂的。PC 罩是选择不易黄化，有光泽的材料，其透光率在 85% 以上，如果 LED 荧光灯的 PC 罩达到这两个指标，可以确保 LED 荧光灯管的发光效率，保持在较高的水准。

注：PC 罩截面形状与之配合的铝挤型相对应，一体的圆形的 PC 罩除外。图 4-7a、b 的铝挤，适合使用贴片式的 LED 作为光源，可以有效的把 LED 产生的热量散出。

☆☆ 4.5 LED 荧光灯电源选择 ☆☆

LED 荧光灯电源有内置式和外置式两种。内置式就是指将电源放进灯管内部，电源也是 LED 荧光灯的一部分，可以将 LED 荧光灯做成直接替换现有的荧光灯管，灯管部分而无需作任何改动。现在内置式的 LED 荧光灯电源体积也可以做得很小，通常是做成长条形的，以便塞进 T10 或 T8 半圆形或者椭圆形的的管子里去。下面对内置式电源进行介绍，内置式电源分为非隔离型和隔离型。

注：所谓非隔离是指在负载端和输入端有直接连接，所以触摸负载就有可能会有触电的危险。

目前使用最多的电源是非隔离直接降压型电源。这种电源就是把交流电整流以后得到直流高压，然后就直接用降压（Buck）电路进行降压和恒流控制。非隔离式电源的主要有输入电压范围宽，恒流输出；采用频率抖动减少电磁干扰，利用随机源来调制振荡频率，可以扩展音频能量谱，扩展后的能量谱可以有效减小带内电磁干扰，降低系统级设计难度；线性及 PWM 调光，支持上百个小功率 LED 的驱动应用，工作频率 25～300kHz，可通过外部电阻来设定。

注：

① 非隔离恒流源具有简单、指标高的优点，其输出电流可以按 LED 串并联的个数决定。但是大多数情况下，其输出电流不能太大，输出电压也不能太高。

② LED 和铝散热器之间的绝缘也就靠铝基板的印制板的绝缘层。虽然绝缘层可以耐 2000V 高压（CE 认证时要达到 3750V），但螺钉孔的毛刺会产生爬电现象，难以通过 CE 认证，在设计要提醒读者注意。

③ LED 荧光灯电源选择时，最好选择有过 CQC 认证的，如果不能确定是否有过 CQC 认证，可以上 CQC 网站进行查询。同时可以根据出口国家，选择不同认证的电源，如 CE、TUV、UL 等。

隔离式指在输入端及输出端是通过隔离变压器进行隔离的，由于隔离变压器可能是工频的也有可能是高频的。其作用都是将输入和输出隔离起来，这样可以避免触电的危险。一般情况下，由于加入了隔离变压器，其效率会有所降低，通常大约在 88% 左右。而且隔离变压器的体积也比较大。放进 T10 的 LED 荧光灯还可以，但放进 T8 的 LED 荧光灯就比较困难。

注：通过 CE 认证的 LED 荧光灯，在设计时电源最好采用外置式电源。

目前还有一种 LED 荧光灯电源供电方式，就是采用集中式外置电源。目前推广 LED 荧光灯的主要是政府机关、办公室、商场、学校、地下停车库、地铁等场所。这些场所往往一间房间采用不止一个荧光灯，可能是多个。就可以采用集中式的外置电源。可以得到最高的效率和最大的功率因素。

注：所谓集中式是指采用大功率的开关电源作为主电源，而每个 LED 荧光灯则采用单独的 DC-DC 恒流模块。在传统 T8 荧光灯栅格灯盘更换时，常用此方法。

LED 驱动电源的效率转换、有效功率、恒流精度、电源寿命、电磁兼容的要求都非常高，因为电源在整个灯具中的作用就好比像人的心脏一样重要。

注：可靠性指标是衡量 LED 荧光灯在各种环境中正常工作的能力。寿命是评价 LED 荧光灯产品可用周期的质量指标，通常用有效寿命或终了寿命表示。在照明应用中，有效寿命是指 LED 荧光灯在额定功率条件下，光通量衰减到初始值的规定百分比时所持续的时间。

内置电源是放置在铝合金散热器内，必须用一种方式使 LED 电源与铝合金散热器进行绝缘，不然会发生漏电。外置电源就不存在这种现象。目前市场上有三种方式，如图 4-8 所示。

1）绝缘纸方式。用一张绝缘纸把电源四周包住，然后一同塞进铝合金散热器内。其缺点是在把电源塞进铝合金散热器的操作过程中，绝缘纸很容易被铝合金的边角划破；因电源的两端没有东西固定，电源容易在铝合金管内移动。

2）热缩管方式。热缩管是一种遇热就缩紧的 PC 材料，用一段热缩管套在电源的外面，然后用热风枪吹热风，使热缩管紧密的把电源包在里面，从而达到绝缘的目的。其缺点是热缩管与电源上面的电器元件紧密结合在一起，电源散发的热能没有办法散去，从而缩短电源的使用寿命。

3）绝缘盒方式。就是根据电源大小尺寸来定做的一种绝缘盒，它有散热孔、固定件，是目前绝缘效果最佳的一种方式。

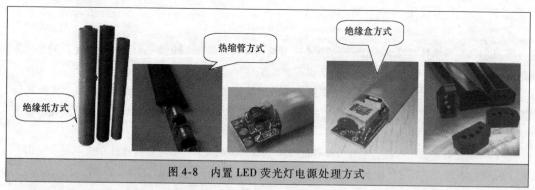

图 4-8　内置 LED 荧光灯电源处理方式

注：目前 LED 荧光灯驱动电源方案分为隔离的和非隔离的，隔离方案的效率在 75% ~88%，非隔离方案的效率在 90% ~97%，隔离方案是绝对安全型的，可以使 LED 灯具轻松地通过 CE 和 UL 认证，非隔离方案要过 CE 和 UL 认证非常困难。

目前 LED 荧光灯外置驱动电源安装方式，也得到了广泛使用，其优点如下：

➢ 驱动电源的散热问题得到很好解决，可靠性有保证，使 LED 荧光灯灯管的寿命增加。

➤ LED 荧光灯管的发光效果会更好，没有光斑、侧面发光更均匀。

➤ 容易通过各类认证，如 CE、UL、3C，耐压、EMC、EMI 测试容易通过。

注：LED 荧光灯寿命的长短，主要取决于芯片、电源、散热等几个方面的合理搭配，除了最基本的用料外，最基本的参考就是光效，光效越高，在某种程度上说，LED 荧光灯做得比较好。

除了 LED 荧光灯直接内置电源外，还有一种直接采用芯片驱动的。下面以 SM2082B 为例。SM2082B 是单通道 LED 恒流驱动控制芯片，芯片使用本司专利的恒流设定和控制技术，输出电流由外接 Rext 电阻设置为 5~60mA，且输出电流不随芯片 OUT 端口电压而变化，较好的恒流性能。系统结构简单，外围元件极少，方案成本低。引脚图与引脚功能如图 4-9 所示。

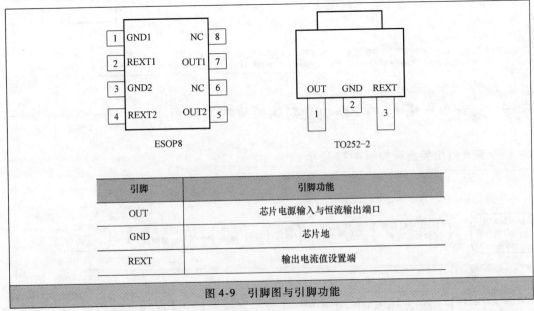

引脚	引脚功能
OUT	芯片电源输入与恒流输出端口
GND	芯片地
REXT	输出电流值设置端

图 4-9　引脚图与引脚功能

SM2082B 交流电源应用方案电路图，如图 4-10 所示。

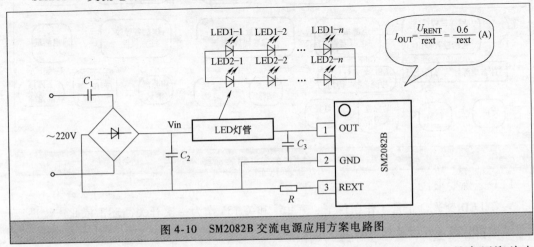

$$I_{OUT} = \frac{U_{RENT}}{rext} = \frac{0.6}{rext}\,(A)$$

图 4-10　SM2082B 交流电源应用方案电路图

LED 灯管中的 LED 灯可用串联、并联或者串、并结合连接方式；C_1 是高压瓷片电容，用于降低 U_{in} 电压值；C_2 是电解电容，用于降低 U_{in} 电压纹波；R 电阻用于设置 LED

灯管工作电流。瓷片电容 C_1 的容值由 AC 源电压和 LED 灯管中串接的 LED 数量 n 决定，一般可取 $0 \sim 4.7\mu F$。当 LED 灯数量串联的足够多时不需要使用 C_1 电容。

SM2082B 典型应用方案如图 4-11 所示。

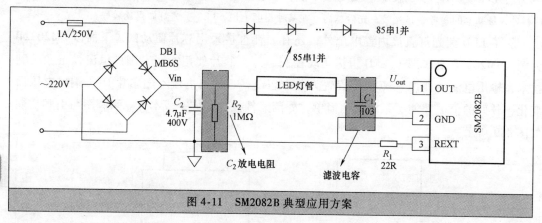

图 4-11　SM2082B 典型应用方案

☆☆　**4.6　LED 荧光灯组装流程及注意事项**　☆☆

LED 荧光灯组装流程如图 4-12 所示。

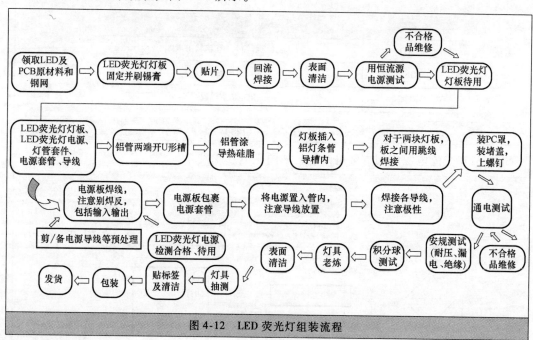

图 4-12　LED 荧光灯组装流程

LED 老炼要求：

➤ 在 LED 荧光灯正常工作条件下，开 15s 和关 15s 作为一次开关循环，依此连续进行开关试验 500 次，并记录灯具的工作状况。

➤ 在 $20 \sim 35℃$ 条件下，30s 间断开关测试，老化 72h，无灯闪、死灯现象，光源表面无明显色差与色斑。

LED荧光灯组装注意事项：

➤ 利用工装刮散热膏，注意灯板不得长时间暴露空气中，以防导热膏凝结。

➤ LED必须是同一色温和批号，不同批号或色温的LED不得混贴。

➤ 灯珠焊接注意灯珠允许的焊接温度，注意灯板上灯珠的正、负极。检验PCBA焊接部位，各焊点品质状况，无短路、假焊、漏焊、锡渣、锡珠等。

➤ 焊接电源的输入、输出线时，输出线要焊牢，不能有虚焊、毛刺；输出线要注意正负，红正黑负。电源放入电源盒后，两端装上电源盒堵头，防止电源从电源盒滑出。

➤ 确认铝槽表面无杂物、划痕、灰尘、碰伤、缺料色差、黑点等外观不良。

➤ 安装灯板之前，将铝壳正面均匀的涂上一层硅脂。涂抹在铝槽内表面的硅脂用量、位置均匀，适当，铝槽外表面没有残余硅脂。

➤ 灯板装入铝槽后，用力向下压实PCB，以利于PCB更好散热。

➤ 如果是超过1.2m的LED荧光灯，中间的对接时不能有空隙。对接点的焊接要焊牢为宜，焊锡不要过多，焊点不要过大。

➤ 电源放入灯壳中，电源输出的红黑线分别焊接到灯板的正负，焊接以焊牢为宜，焊锡不要过多，焊点不要过大。

➤ 灯板在LED荧光灯外壳中居中放置，不能偏向一端。

➤ G13灯头里面固定铜片的两个螺钉上牢，铜片不能有松动现象，电源的输入线焊接在铜片上，不能有虚焊现象。

➤ 确认PC罩表面无杂物、划痕、灰尘、碰伤、缺料、缩水、模印、黑点等外观不良。PC罩保护膜不得压入卡槽内，外层保护膜完好。

➤ LED荧光灯老化完以后，在安装灯头时，先确保电源的输入、输出线都已放入灯壳里面，以免固定灯头时，螺钉刺破输入、输出线，发生短路现象。

➤ 加电以后，注意LED荧光灯的功率，功率值不能低于或高于LED荧光灯规定功率范围。

➤ 功率值正常后，注意查看灯板上有无死灯。

➤ 组装完LED荧光灯后，灯头的灯针脚和LED荧光灯外壳做耐压测试（AC3750V，5mA 60s）或者参照UL标准进行高压测试（AC 2400V，1min，5mA）。

➤ 不同类型的LED荧光灯灯管不得混装在同一个包装箱内。包装箱外须有色温或功率及长度分档标志。

☆☆　4.7　LED荧光灯检验要求　☆☆

LED荧光灯检验要求见表4-4。

注：

① 凡是不标注年份的国家标准，以这些国家标准的最新版本为准。凡是标注年份的国家标准，其随后所有的修改单（不包括勘误的内容）或修订版更新，均按用新发布的国家标准执行。

② 双端LED灯（替换直管形荧光灯用）节能认证安全和电磁兼容性认证，其性能和能效指标应符合CQC 3148—2014《双端LED灯（替换直管形荧光灯用）节能认证技术规范》

表 4-4　LED 荧光灯检验要求

序号	检查项目	技 术 要 求	检查方法或工具	备 注
1	外观检查	➤ 灯珠面、PCB 灯板、铝基板干净整洁,焊点饱满、光滑、焊接部位应平整、牢固,无焊穿、虚焊、飞溅等现象 ➤ 整体外观表面无变形,油污、碰伤、擦伤、脏污、无附着物 ➤ G13 灯头、灯脚无歪斜、松动现象,表面光洁、无锈迹、氧化、铜针无倾斜现象 ➤ LED 灯管两端灯脚要有灯针脚保护套 ➤ 各紧固螺钉应拧紧,边缘应无毛刺和锐边且螺钉不得打滑 ➤ 装配要完整,到位,无缝隙,灯头与铝管之间无胶体流出,整灯用力摇动时无松动,无异常响声 ➤ 固定装配要完整,无缝隙,螺钉不能出现滑丝 ➤ 灯头与灯管胶水粘接要牢固,胶水干后徒手不能将灯头打开 ➤ 灯头应端正地固定在灯的两端。成品灯头上的插脚应能在不被扭曲的情况下,同时顺利通过相应的灯座安装 ➤ 所有零件均应定位安装、牢固可靠,不应有松动现象;转动件应能灵活转动、接触良好、无轴向窜动 ➤ 整灯无变形,无磨痕,无破损,无油污 ➤ 柔光 PC 罩,外表干净,无划伤,无异色	目视	整灯检查
2	外形尺寸 (长度检查)	➤ 主要外形尺寸与灯头型号尺寸应与普通照明用直管形荧光灯安装尺寸相符,符合普通照明用直管形荧光灯灯座安装要求 ➤ 60cm 灯管总长为 588mm ± 0.5mm ➤ 90cm 灯管总长为 894mm ± 0.5mm ➤ 120cm 灯管总长为 1198mm ± 0.5mm	卷尺	T8 LED 荧光灯
3	性能要求	➤ 在标称的额定电源电压及额定频率下,正常开启并保持燃点 ➤ 额定输入电压 AC 220V,50Hz,无温度差异、电流偏大或偏小、PF 值小、灯灭、灯微亮及灯闪等不良现象 ➤ 在标称的额定电源电压及额定频率下工作时,其实际消耗的功率与额定功率之差不应大于 10%,功率因素不应小于 0.75 ➤ 额定输入电压 AC 220V,50Hz,启动电压范围:AC 100 ~ 240V(TUV 标准)和 AC 100 ~ 277V(UL 标准)、启动电压范围 AC 85 ~ 265V(世界通用) ➤ 整灯输入功率不能超过标称功率的 ±10% ➤ 光通量、色温、显色指数、光效符合技术要求 ➤ 电磁兼容 EMC(传导和辐射测试)达到国家标准规定要求 ➤ 成品灯管的灯头外壳与灯头插脚之间的绝缘电阻 $R \geqslant 20M\Omega$ ➤ 在规定的工作条件下,以 30s 开和 30s 关为一个循环,能通过 500 次的正常开关试验仍能够正常工作 ➤ 壳体最高温度 $Tc(\mathbb{C}) < 60$ ➤ 成品灯的灯头温升不超过 120K	调压器、功率计(智能电量测试仪)积分球、EMC 测试仪、万用表、温升测试仪	GB 17743—2007《电气照明和类似设备的无线电骚扰特性的限值和测量方法》 GB 17625.1—2012《电磁兼容 限值　谐波电流发射限值(设备每相输入电流≤16A)》

（续）

序号	检查项目	技术要求	检查方法或工具	备 注
4	耐压测试	➤ 壳体与带电部件之间：AC 3750V，10mA/1min 灯具无击穿报警现象 ➤ 输出对外壳：500V/2s	耐压测试仪	安规测试
5	绝缘电阻	➤ 在相对湿度为91%～95%、环境温度为20～30℃之间的试验箱内放置48h ➤ 对灯头的载流金属件与灯的易触及部之间施加大约DC500V，1min，其绝缘电阻 $R \geqslant 4M\Omega$	绝缘电阻测试仪	
6	高低温测试	➤ 在 -25℃±2℃ 和 45℃±2℃ 正常供电条件下，让灯工作30min，不得有暗灯、死灯出现，灯具外观不能有变形翘曲出现	高低温箱	
7	灼热测试	➤ 用650℃镍铬灼热丝对试样进行试验，试样从灼热丝上移开后，任何燃烧火焰均应在30s之内熄灭，并且任何燃烧着的或熔化的下落物质，不得点燃水平放置在试样下面距离为(200±5)mm的5层薄纸 ➤ LED灯管防火与防燃等级不低于90-V2，灯内电线应能承受105℃以上温度，电线不变形	灼热丝试验装置	
8	跌落测试	➤ 重量10kg以下跌落高度为80cm ➤ 重量10～16kg，跌落高度为70cm ➤ 重量16～26kg，跌落高度为50cm ➤ 水平自由跌落顺序为一点三棱六面共10次，跌落完成后，外箱无严重破损，产品无变形、碰伤、破裂、功能测试正常	跌落测试仪	
9	振动测试	➤ 加速度2G，X、Y、Z 各振动10min，角度10°，不允许有暗灯、死灯出现，不允许螺钉松脱，产品破损 ➤ 振动试验是将灯具放到振动台振动30min，检验灯具各零部件有无松动、脱落，灯具是否能正常工作	振动测试仪	
10	标签	➤ 型号、产品名称的全称 ➤ 制造厂全名及商标 ➤ 功率因数 ➤ 额定电压、额定功率、额定相关色温、额定光通量	目视	产品标签粘贴是否正确，无起翘脱落，用一块浸泡过水和一块浸泡过汽油的布，分别轻轻擦拭标志，各持续15s，标志仍清晰明了（耐久性）
11	包装	➤ 防水标签水平贴于铝槽底部左侧正中央 ➤ 装箱单与实物符合（标识，箱内物品的数量、规格、名称） ➤ 产品合格证、产品说明书 ➤ 产品附件有无（与订单/BOM表核对） ➤ 包装箱：材质，层数符合包装要求，不允许有破损、变形、潮湿	目视	
12	外包装要求	➤ 外箱标识清晰，唛头正确：规格型号、品名、日期、数量、环保标识、小心轻放、易碎、防水、防压标志 ➤ 标签标示内容与产品型号要相符，标示清晰 ➤ 无漏贴、错贴等不良现象 ➤ 代号及产品标准编号 ➤ 工作温度、IP防护等级 ➤ 储存环境	目视	

☆☆　**4.8　LED 荧光灯安装**　☆☆

★1. LED 荧光灯安装示意图

LED 荧光灯安装示意图，如图 4-13 所示。

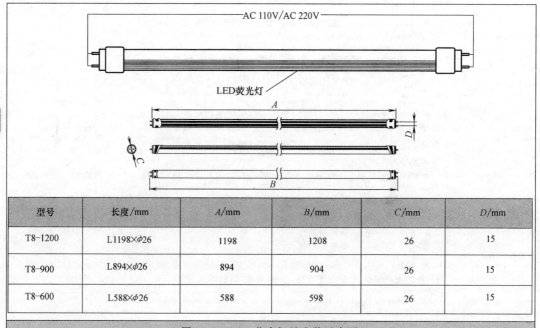

型号	长度/mm	A/mm	B/mm	C/mm	D/mm
T8-1200	L1198×ϕ26	1198	1208	26	15
T8-900	L894×ϕ26	894	904	26	15
T8-600	L588×ϕ26	588	598	26	15

图 4-13　LED 荧光灯的安装示意图

LED 荧光灯改造常用工具有：梯子（底部要绝缘防滑）、十字、一字螺钉旋具大小各一套，电笔一支，剥线钳，偏口钳，电工胶布，接线端子。

LED 荧光灯的安装注意事项：

➢ LED 荧光灯自带恒流源，不需要镇流器、辉光启动器。一般 T8 LED 荧光灯安装时，要将原来支架中整流器、辉光启动器拆下不用，直接将灯管安装上去。

➢ T5 LED 荧光灯因为灯管很小，放不下恒流源，只能将恒流源装在支架中。T5 LED 荧光灯会配置支架，支架中就装有恒流源。安装时 LED 荧光灯有方向性的。方向反了，灯管不亮。现在 T5 LED 荧光灯有极性转换电路，即使 T5 LED 荧光灯灯管装反的情况下，T5 LED 荧光灯灯管也能正常工作。

➢ LED 荧光灯是宽电压工作，为 AC 85～265V，均可以正常工作。长期电压太高或者太低，会影响恒流源的功率因素或恒流源寿命，也会对节能效果造成些微影响。

➢ LED 荧光灯有铝散热外壳，正常情况下，散热不存在问题。如果在灰尘很重的地方使用，要定期除尘，防止灰尘覆盖散热器，影响散热。

➢ LED 荧光灯因为灯管是由铝材散热器、扩散罩组成，在连接处有缝隙，要防止油烟、水汽进入。如果在烟气、水汽较重的地方使用，建议不能使用。

➢ LED 荧光灯抗震动能力强，只要不对 LED 荧光灯进行猛烈冲击，一般不会造成损害。

★2. 电感镇流器支架改装 LED 荧光灯的安装示意图

电感镇流器支架改装 LED 荧光灯的安装示意图如图 4-14 所示。LED 荧光灯与传统荧光灯支架完全配套，不需要另外购买支架。安装时必须去掉支架上的辉光启动器及取下传统荧光管支架里的镇流器。

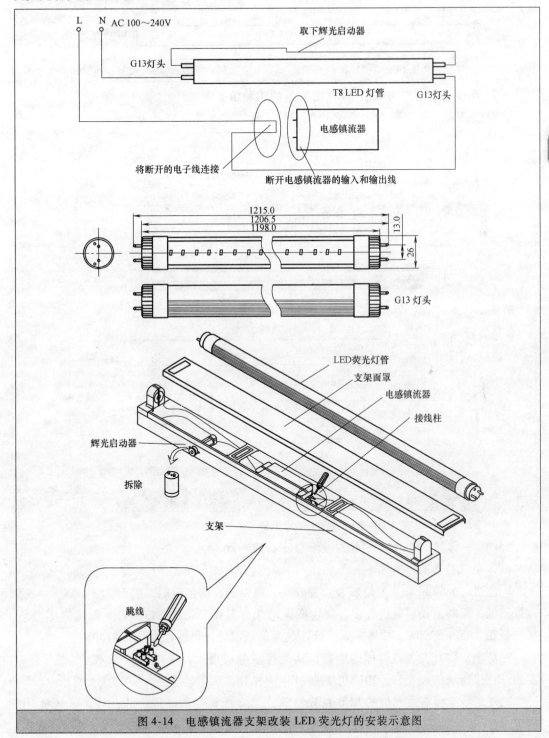

图 4-14　电感镇流器支架改装 LED 荧光灯的安装示意图

107

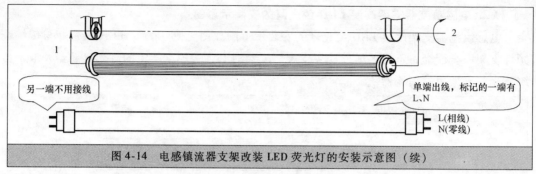

图 4-14　电感镇流器支架改装 LED 荧光灯的安装示意图（续）

★3. 电子变压器支架改装 LED 荧光灯的安装示意图

电子变压器支架改装 LED 荧光灯的安装示意图，如图 4-15 所示。

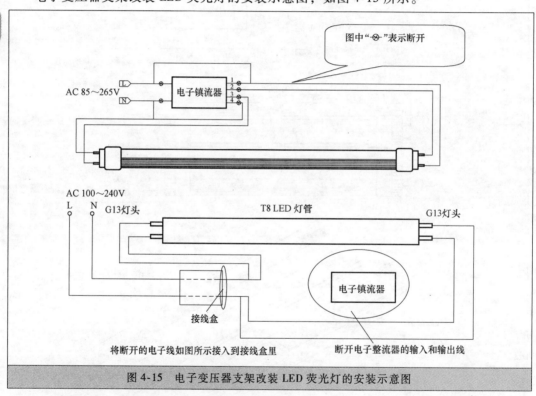

图 4-15　电子变压器支架改装 LED 荧光灯的安装示意图

★4. T5/T8 一体化 LED 荧光灯的安装示意图

T5/T8 一体化 LED 荧光灯的安装示意图如图 4-16 所示。

LED 荧光灯选购要求如下：

➢ 色温。如果 LED 荧光灯安装位置较高，可以选购高色温的，如 5500～6500K。安装位置较低，眼睛直接照射机会多，就应该选用低色温的，光线比较柔和，眼睛感觉舒服，如色温在 2700～3200K。如果家庭用最好选择低色温的，色温在 4000～4500K。

➢ 功率。LED 荧光灯同样的能耗，其光通量差别很大，选用质量高、光通量大 LED 荧光灯替代传统的荧光灯。相同功率的 LED 荧光灯，选用光通量大 LED 荧光灯。

➢ 外观。选择有柔光板的 LED 荧光灯管，使光线看起来跟传统的一样。柔光板对光有 15%～30% 之间损失的。安装位置较高，眼睛不容易经常被照射，可以考虑用透明罩。

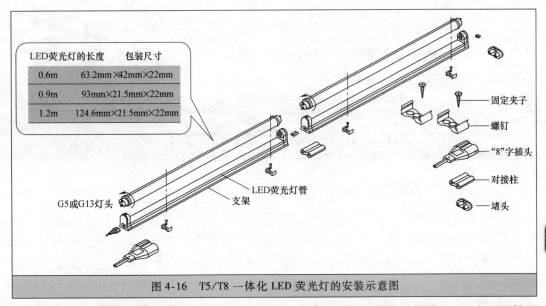

LED荧光灯的长度	包装尺寸
0.6m	63.2mm×42mm×22mm
0.9m	93mm×21.5mm×22mm
1.2m	124.6mm×21.5mm×22mm

图 4-16 T5/T8 一体化 LED 荧光灯的安装示意图

➢ 型号。LED 荧光灯使用的是小功率贴片灯珠，总体说发热量不多。尽量选用外形大，散热器面积大的 LED 荧光灯，散热也。尽量选用 T8 或 T10LED 荧光灯管。

LED 荧光灯与传统荧光灯节能对比表见表 4-5。

表 4-5 LED 荧光灯与传统荧光灯节能对比表

	对比项目	国外知名品牌荧光灯	LED 荧光灯
性能对比	常用外型结构	T8、1200mm	T8、1200mm
	功率	36W	16W
	显色指数	50~70	>80
	光效对比	40lm/W	90lm/W
	照度(2m 距离)	65lx/支	85lx/支
	功率因数	>75%	>95%
	频闪	有，启动较慢、易闪烁、随交流电变化，旧灯明显，视觉容易疲劳	无
	红外线/紫外线辐射	两者都有，对人体造成伤害，吸引蚊虫	无
	环保	含有汞，36mm 荧光灯中含有 25~45mg 的汞，玻璃外壳易破碎，汞会蒸发到空气中	不含任何有毒物质，铝材 + PC 外壳不易破碎，还可回收再利用，绿色环保
节能效果	照明时长	8h/天	8h/天
	每天耗电量(500)	$(500×36×8÷1000)kW·h = 144$ 度电	$(500×16×8÷1000)kW·h = 64$ 度
	每年耗电量	$(144×365)$度$= 52560$ 度	$(64×365)$度$= 23360$ 度
	每年电费	$(52560×1)$元$= 52560$ 元	$(23360×1)$元$= 23360$ 元
维护成本	使用寿命	6000h	50000h
	每年更换灯具(平均值)	$(8×365÷6000×500)$支$= 244$ 支	$(8×365÷50000×500)$支$= 30$ 支
	更换灯具费用(平均值)	$(40×244)$元$= 9760$ 元 （每支按 40 元计算）	$(120×30)$元$= 3600$ 元 （每支按 120 元计算）
	维修成本	玻璃外壳易破碎，灯管、辉光启动器易老化需经常更换配件，玻璃外壳易破碎	无任何维修费用
	维护人工费	$(0.1×244×10)$元$= 244$ 元 （按 6min 即 0.1h 换一支，人工费 10 元/h 计算）	$(0.1×30×10)$元$= 30$ 元 （按 6min 即 0.1h 换一支，人工费 10 元/h 计算）

第 **5** 章

LED 筒灯设计

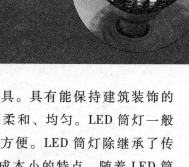

LED 筒灯是一种嵌入到天花板内光线下射式的照明灯具。具有能保持建筑装饰的整体统一与完美的特点。它采用 LED 为光源，其视觉效果柔和、均匀。LED 筒灯一般应用于商场、办公室、工厂、医院等室内照明，安装简单方便。LED 筒灯除继承了传统筒灯的优点外，还具有发热量小，省电、寿命长，维护成本小的特点。随着 LED 筒灯中 LED 芯片价格的降低及散热技术的提高，LED 筒灯从高端照明新贵转变为应用市场的新宠。LED 筒灯也是绿色照明产品，具备节能的优势，其发展趋势有越来越重要的地位。

LED 筒灯与 LED 射灯的区别：

➤ LED 筒灯是一种嵌入到天花板内光线下射式的照明灯具。LED 筒灯是属于定向式照明灯具，只有它的对立面才能受光，光束角属于聚光，光线较集中，明暗对比强烈。更加突出被照物体，流明度较高，更衬托出安静的环境气氛。

➤ LED 射灯主要是用于装饰、商业空间照明以及建筑装饰照明等，用于对装饰物的加强照明上，一般是嵌入到吊顶或墙体中。LED 射灯可以分为轨道式、点挂式和内嵌式等多种。

——☆☆ 5.1 LED 筒灯基础知识简介 ☆☆——

LED 筒灯由 LED 灯珠、筒灯外壳（散热体）、铝基板、恒流电源、螺钉组成。对于 LED 筒灯灯珠而言，宜采用光源有 COB 光源、大功率 1W 灯珠及小功率灯 SMD3528、SMD3014、SMD2835、SMD5050、SMD6070、SMD5730 等灯珠。LED 筒灯一般照射垂直距离是 4～5m，由于小功率光强度小以致地面光强度不够，所以功率用 3W、5W、7W、9W 大功率灯珠做成 LED 筒灯，最大一般可以做到 25W。如果集成光源（COB）方案还可以做更高的功率。LED 筒灯的外形及结构如图 5-1 所示。应用在家居照明、娱乐场所照明、办公场所照明、大型公共场所照明、局部照明、酒以及商业场所照明等场所。

注：我国现阶段传统节能筒灯品牌飞利浦、雷士、欧普、欧司朗、嘉美、三雄极光、西顿、东舜、美的、品上等占有市场的主要份额；至于光源，高端品牌主要是飞利浦、欧司朗等品牌，价格较高，国产品牌主要是中低端品牌，价格较低。

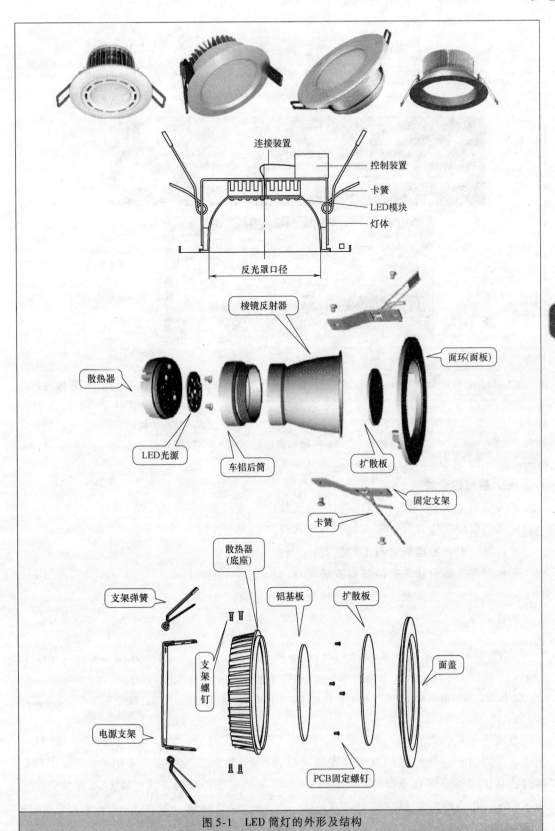

图 5-1　LED 筒灯的外形及结构

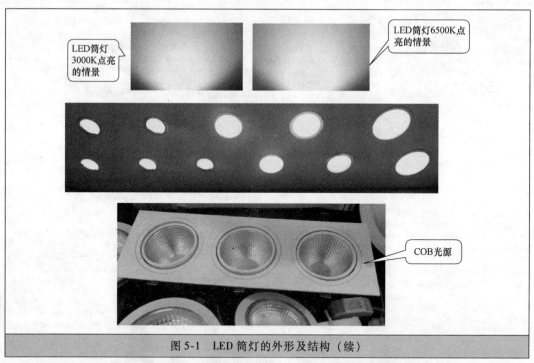

图 5-1　LED 筒灯的外形及结构（续）

注：LED 筒灯由 LED 模块、控制装置、连接器、灯体等组成的室内照明灯具。目前国际国内相关标准基本是引用《ANSI C78.377》，将色温分为 2700K、3000K、3500K、4000K、4500K、5000K、5700K、6500K。LED 筒灯属室内照明产品，主要应用在办公楼、酒店、商场、地铁等领域，产品综合光效大于或等于 65lm/W，显色指数大于或等于 85。圆形嵌入式 LED 筒灯分类为 51mm、64mm、76mm、89mm、102mm、127mm、152mm、178mm、203mm 或 254mm。

★1. 筒灯的分类

➤ 按安装方式分：嵌入式筒灯与明装式筒灯。

➤ 按灯管安排方式分：竖式筒灯与横式筒灯。

➤ 按场所分：家居筒灯与工程筒灯。

➤ 按光源个数分：单插筒灯与双插筒灯。

➤ 按光源的防雾情况来分：普通筒灯与防雾筒灯。

➤ 按大小分：2 寸、2.5 寸、3 寸、3.5 寸、4 寸、5 寸、6 寸、8 寸、10 寸等[①]。

注：

① 这里所说的寸是指英寸，也是指 LED 筒灯反射杯的口径。1in = 25.4mm = 2.54cm（1in = 2.54cm）。对嵌入式 LED 筒灯，口径是指与建筑物安装孔径相关的筒灯的最大外径。

② LED 筒灯按结构可分为自带控制装置式（即整体式）、控制装置分离式。按安装方式可分为固定式、嵌入式。

在酒店入口、大堂、走道、厕所、商铺（美食店、鞋店、婚纱店、衣服店、眼镜店、超市、专卖店、银行）的 LED 筒灯安装间距为 1.2 ~ 1.5m。商业照明多用 4 寸、6 寸 LED 筒灯；在正门外安装 LED 筒灯高度在 8 ~ 10m，室内过道、店内天花安装 LED 筒灯高度多为 3 ~ 4m，柜台的安装 LED 筒灯高度在 2 ~ 2.5m；安装间隔一般在 1 ~ 2m，行间 1.5 ~ 2m；店铺外的 LED 筒灯多用冷白光，店内的 LED 筒灯多用暖白光。

注：

① LED 筒灯外壳的表面处理方法：高光氧化、喷砂氧化（砂银、砂金等）、拉丝氧化（拉丝银、拉丝金等）、喷油处理、喷粉处理。

② COB 使点光源变成了面光源，解决眩光问题，广泛应用于 LED 天花灯、LED 筒灯、LED 轨道灯等灯具中。在使用时可以添加红光成分来提高显色性，能使它的光效牺牲比例少。

在光学方面，为了达到较高的二次光学效率，要选用高反射材料、高透射材料来达到设计要求。由于市场上，反射、透射材料的品种众多，性能不一，各种组合可能有 10% 以上的差异，难以得到满意的配件。所以必须精心挑选、细心分析并结合实物测试，来获得所需部件的参数。优秀的反射材料和透射材料组合的二次光学效率应该可以达到 90% ~ 92%。

一些高档的 LED 筒灯中在碗形反射面上贴有反射材料（反光纸），反射材料（反光纸）是由 MCPET 材料制成。MCPET 具有下列优点：

➤ 优异的光反射特性。

➤ 轻巧、抗落下冲、承受高温。

➤ 利用 PET 资源回收方式废弃处理、材料未使用有害原料，以及表面具有高平滑性等。

➤ 在二次加工方面，可利用裁切、冲压、弯曲、加热等方式进行成型。

➤ 符合发泡材料 UL94-HBF 的燃烧标准。

世界三大照明厂家 GE Lighting，OSRAM，PHILIPS 都已导入使用 MCPET 材料，进行包括提升照度、均匀亮度、降低用电等各方面的应用。

注：

① MCPET 反光板是日本古河电工株式会社发明，其反射率为 99%，能协助灯具厂商解决眩光及亮度不均匀等问题，由 MCPET 反光板微发泡反射的高反射和扩散能力，在不增加光源的情况下，提升灯具的照度，提升幅度可高达 40% ~ 60%。

② MCPET 材料的绝佳特性，对于各种光源的反射能力都能够维持均一性，对于有忠实反射原光源要求的情况下，更能发挥其特长。在维持所期望的亮度与照度，减少电费支出，节约能源。

③ MCPET 反光板的全反射率 99% 以上、扩散反射率 96%、镜面反射率 3%。在 160℃ 下 MCPET 反光板仍能保持原来的形状。

★2. LED 筒灯设计流程

LED 筒灯设计流程见表 5-1。

表 5-1 LED 筒灯设计流程

步骤	项 目	要 求
1	灯具设计要求/客户要求	➤ 了解灯具的使用环境及其标准 ➤ 分析客户的需求
2	设计目标	➤ 依据灯具需求,确定灯具的整体指标 ➤ 根据整体指标,细化各个组成部分指标
3	各系统的方案的设计	➤ 根据灯具需求和设计目标,规划多个设计方案 ➤ 根据多个设计方案,进行多学科分析,得到最优方案 ➤ 确定各个组成部分的实施方案并估算参数(效率)

（续）

步骤	项　目	要　求
4	LED 型号及数量	➤ 根据最优方案,确定 LED 型号及数量
5	测试并确定设计目标	➤ 通过理论计算、测试来确定最好的组合或设计目标
6	样灯完成及验证结果	➤ 完善电路板布局,完成灯具组装 ➤ 测试样品灯具 ➤ 确保所有指标达到要求 ➤ 根据样品灯具的经验,进一步完善设计

★3. 能源之星 LED 灯具的通用要求

能源之星 LED 灯具的通用要求见表 5-2。

表 5-2　能源之星 LED 灯具的通用要求

	标称色温	目标色温及误差	色容差
初始色温和色容差	2700K	2725 ±145	0.000 ±0.006
	3000K	3045 ±175	0.000 ±0.006
	3500K	3465 ±245	0.000 ±0.006
	4000K	3985 ±275	0.001 ±0.006
色坐标稳定性	在最短的光通维持测试时间(6000h)内,色度变化小于 0.007		
显色指数	Ra 最小值为 80		
调光	灯具可以是调光,亦可以是不可调光的。产品包装必须明确标明是否可以调光。制造商在产品上必须提供一个调光器兼容信息。最小的功效、光输出、色温、显色指数、功率因数都是调光灯具在全功率运行时的参数		
允许灯头	符合 ANSI 所列灯头		
功率因数	小于等于 5W 的低压灯具,无要求;大于 5W 的灯具,功率因数素必须大于等于 0.7		
工作温度	至少 -20℃(最低)		
工作频率	大于等于 150Hz(LED)		
电磁兼容	LED 灯具必须符合 FCC 47 CFR Part 15 的要求		
噪音	Class A		
瞬态保护	电源应该符合 IEEE C.62.41—1991,Class A 规定		
工作电压	额定 AC 120/240 或 AC 277 V;AC/DC 12V 或 AC/DC 24V		

注:色容差是指光色检测系统软件计算的 X,Y 值与标准光源之间差别。数值越小,准确度越高。

★4. LED 筒灯 CQC 要求

我国已经制定了许多地方标准和技术规范,其中有两个技术规范使用范围较广,一是 2012 年国家发展改革委发布的《半导体照明产品技术要求（2012 版）》,二是 CQC 发布的 LED 筒灯节能认证技术规范。LED 筒灯属于 Ⅱ 类灯具, Ⅱ 类灯具是金属外壳应有效防止发生在下列部件之间的接触:安装表面与仅有基本绝缘的部件之间,易触及金属部件与基本绝缘之间。LED 筒灯的功率不应超过额定值的 15% ±0.5W,CQC3128—2013 节能规范要求的是不应超过额定值的 10%。CQC3128—2013 节能规范要求 LED 筒灯的光效是 60lm/w 和 65lm/w，要根据其色温决定。我国对 LED 筒灯节能认证要求，包括色温、显色指数、初始光通量、光效、光通维持率、寿命、中心光强、标称功率、功率因数、产品标识等。

注：

① 根据《GB 50034—2013 建筑照明设计标准》，室内照明光源相关色温可分为 3 组，小于 3300K 为暖色，适用于客房、卧室、病房、酒吧、餐厅；3300～5300K 为中间色，适用于办公室、教室、阅览室、诊室、检验室、机加工车间、仪表装配；大于 5300K 为冷色，适用于热加工车间、高照度场所。

② 在《GB 50034—2013 建筑照明设计标准》中规定，长期工作或停留的房间或场所，照明光源的显色指数（Ra）不宜小于 80。在灯具安装高度大于 6m 的工业建筑场所，Ra 可低于 80，但必须能够辨别安全色。

LED 筒灯 CQC 要求，参照相关国家标准 GB 7000.1—2015、GB 7000.201—2008、GB 7000.202—2008、GB 17625.1—2012、GB 17743—2007 及 CQC3128—2013。爬电距离和电气间隙要求见表 5-3。

表 5-3 普通灯具交流（50/60Hz）正弦电压的最小距离

距离/mm	工作电压有效值/V 不超过					
	50	150	250	500	750	1000
爬电距离						
基本绝缘 PT1≥600V	0.6	0.8	1.5	3	4	5.5
PT1<600V	1.2	1.6	2.5	5	8	10
附加绝缘 PT1≥600V	—	0.8	1.5	3	4	5.5
PT1<600V		1.6	2.5	5	8	10
加强绝缘	—	3.2	5	6	8	11
电气间隙						
基本绝缘	0.2	0.8	1.5	3	4	5.5
附加绝缘		0.8	1.5	3	4	5.5
加强绝缘	—	1.6	3	6	8	11

目前，我国 LED 筒灯除了 CQC 认证及 3C 认证外，因为出口原因，要进行 CE（欧洲）和 UL 认证（北美）。在 CE 认证里包含 LVD 和 EMC 两个方面，其中 LVD 是按照 EN60968 标准执行；EMC 按照 EN55015、EN61547、EN61000-3-2 和 EN61000-3-3 标准执行。同时还要进行光生物安全方面测试，参照 IEC 62471。在北美，通常需要进行 UL 安全和 FCC 电磁兼容认证。UL 执行标准为 UL1993、UL8750 和 UL1310；FCC 执行标准为 FCC PART15 Subpart B。在 LED 筒灯的性能方面，也有标准规定，如美国能源之星（ENERGY STAR）。

对 LED 筒灯的电磁兼容也纳入 CE 认证要求内。进行 UL 认证，打上 UL 标志的 LED

筒灯产品，会安排一年四次的工厂检查，以确保承保的 LED 筒灯产品不出现安全隐患。日本和韩国的强制性认证分别是 PSE 认证和 KC 认证。日本对 LED 筒灯工厂进行检验的菱形 PSE 认证，主要是对 LED 电源的认证。韩国的 KC 认证相比日本的 PSE 认证可要严格得多了，对进入韩国 LED 筒灯电磁兼容的 KCC 认证，也作为强制性认证内容。要求将 LED 筒灯寄样到韩国进行测试，进行 KC 认证和 KCC 认证。

注：美国市场销售的 LED 筒灯产品，一定要符合 FCC 要求。在北美，还有 CSA 认证和 ETL 认证作为作为安全认证。

☆☆　5.2　LED 筒灯散热器选择　☆☆

LED 灯具 80% 以上的输入电能转化为热能，其余 20% 转化为光能，所以需要一个散热外壳来保证灯具长期可靠运行。LED 筒灯的散热设计对其寿命影响也事关重大，热量由 LED 灯珠开始传导到内部铝基板上然后导出到外壳，外壳热量通过对流或传导至空气中。铝基板的散热要够快，导热硅脂的散热性能要够好，外壳的散热面积要够大。目前 LED 筒灯散热器主要有三种，分别为车铝外壳、压铸铝外壳和扣 FIN。

➤ 车铝外壳：一般采用 6063 T5 太阳花铝挤压型材，导热系数 201 ~ 218W/m·K。数控 CNC 车床加工，去毛刺多采用喷砂或砂轮机抛光。表面处理多采用本色或有色阳极，颜色丰富多变。产品一致性略低，不良品稍多。

➤ 压铸铝外壳：一般采用 ADC12 为原料，导热系数约为 96W/m·K。一般采用 400T 铝合金压铸机，采用冲压或数控去披锋，效率尚可。表面处理多采用烤漆、喷塑、电泳，部分涂装辐射材料。产品一致性好，不良品少。

注：压铸件铝材有质轻和导热性好的优点、强度高、耐压性特别好，热脆性小。也具强度高、热膨胀系数小、耐腐蚀性能好等优点。压铸件的外观要求是表面应清洁，不得有锈蚀、毛刺、裂纹、刮痕或其他机械损伤。压铸铝合金做 LED 灯具散热器腐蚀损耗低、可削减防腐的成本、减轻环境负荷。

➤ 扣 FIN：多采用 1000 系列铝带卷料，导热系数约为 200W/m·K。用高速冲床模冲压，效率高，速度快。表面可以阳极处理多种颜色。外形美观，重量轻，需镀镍回流焊热沉，热阻较大。鳍片产品一致性好，不良品少，适合大批量生产。

注：要保证 LED 灯正常工作时 PN 结温度不能高于 70℃，才能保证 LED 芯片处于正常的工作温度，而会因为温度过高，产生过快的光衰。

目前市场上 LED 筒灯散热器，都可以满足其散热器的要求，设计可以根据具体情况进行选择。三种 LED 筒灯散热器如图 5-2 所示。

目前有一种 COB 光源的 LED 筒灯，COB 光源模块可以使照明灯具厂的安装生产更简单和方便。传统的 LED 筒灯做法是：LED 光源→MCPCB→MCPCB 光源模组→LED 灯具，主要是基于没有适用 COB 光源模块而采取的做法，不但耗工费时，而且成本较高。实际上，COB 光源的 LED 筒灯是"COB 光源模块→LED 筒灯"，不但可以省工省时，而且可以节省器件封装的成本。

注：LED 筒灯的成本结构大约是 4:4:2，即光源占 40%、驱动和散热占 40%、其他占 20%。

图 5-2 三种 LED 筒灯散热器

☆☆ 5.3 LED 筒灯光源选择 ☆☆

LED 筒灯与传统筒灯最大的不同就是光源，LED 筒灯是使用 LED 作为光源的照明灯具。LED 筒灯主要由底壳（散热器）、外罩（PC 罩、面环）、电源、灯珠等四个部分组成，其中最为重要的就是光源及电源。在这里先介绍光源，即 LED 灯。

注：LED 灯珠厂家决定了 LED 筒灯的主要寿命，目前国外优质芯片厂家有美国 Cree、日本日亚化学（Nichia）等，性价比高的有中国台湾厂商晶铨、亿光、晶元等，中国大陆厂家有三安光电、映瑞光电等。

功率大于 30W 以上的 LED 筒灯多采用 1W 大功率 LED 灯珠，低于 30W 的大多采用小功率 LED 灯珠，如 SMD3528、SMD3014、SMD2835、SMD5050、SMD5630、SMD5730 等。目前大部分 LED 筒灯都是采用贴片式中小功率 LED，这样便于散热及提高发光的均匀度。

目前，除了大功率、中小功率的 LED 灯珠，还有一种集成光源 COB 面光源。

目前这三种光源的 LED 筒灯都存在，设计可以根据具体情况（如设计要求或客户要求）来选择不同的光源。三种光源各有各的优缺点，设计者可以根据实际情况，结合 LED 筒灯散热器、电源、反光杯或 PC 扩散板来选择光源，采用折中的方法是一种最实际的做法，在性价比较高的情况下，对光源进行合理的选择。

LED 灯珠排列一般是根据 LED 筒灯的外形来排列，LED 筒灯外形大部分为圆形，LED 灯珠就排成圆形。如果是外形是方形，也可以排成方形。目前 LED 筒灯中 LED 灯珠的排列也有很多种。LED 筒灯灯珠排列示意图如图 5-3 所示。

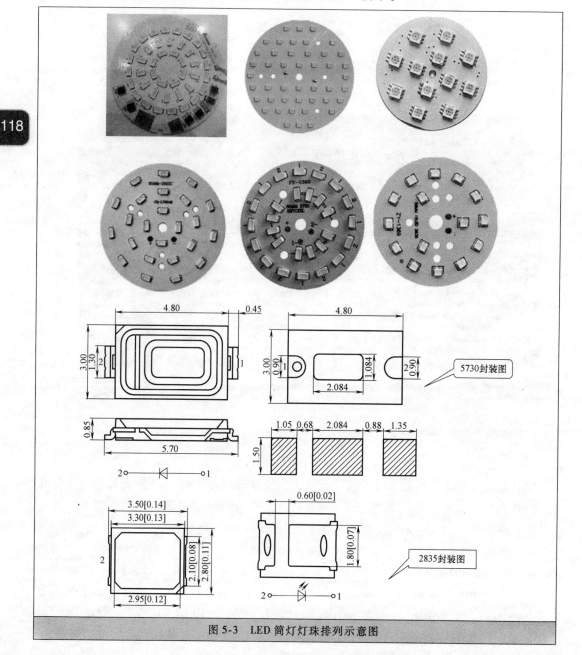

图 5-3　LED 筒灯灯珠排列示意图

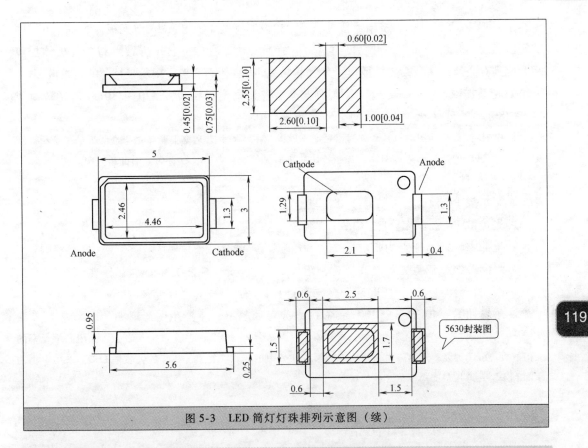

图 5-3　LED 筒灯灯珠排列示意图（续）

☆☆ 5.4　LED 筒灯扩散罩选择 ☆☆

在光学方面，为了达到较高的二次光学效率，我们选用高反射、高透射材料来完成设计要求。但是市场上，反射、透射材料的品种众多，性能不一，各种组合可能有 10% 以上的差异。

以前 LED 筒灯的扩散罩有 PMMA、PC 和玻璃三种，最初 LED 筒灯采用玻璃作为灯罩或光扩散罩，玻璃的问题是易碎，而且光的扩散效果也不是很好，很难达到照明要求。后来逐渐的发展到用 PMMA、PC 来代替玻璃，如果单单只用 PMMA、PC 来做灯罩，虽然透光率很高，基本都能达到 90% 以上，但光的散射效果不够理想，光源隐蔽性差。白板树脂，其存在着透光率过低，严重影响了 LED 灯的照明。

为了达到 LED 筒灯的照明要求，新的扩散罩便由此诞生，称为光扩散板。光扩散板的优点是在保证高透光率的前提下，又增加了产品的光扩散率和雾度，通过扩散板的作用，使整个板面形成一个均匀的发光面而不形成暗区，在画面上不会形成残留影像，使画面更逼真，达到通体晶莹剔透的视觉效果。光扩散板分为 PC 光扩散板和 PMMA 光扩散板两种。

目前市场上的光扩散板厚度为 2mm、3mm、5mm，长×宽有 1200mm×2400mm、1000mm×2000mm 等。光扩散板的生产主要是由 PC 及 PMMA 加入光扩散剂（$CaCO_3$、

SiO_2、$BaSO_4$）及添加剂，挤出后使其成型为预设厚度的 PC、PMMA 单元板体，PC、PMMA 的挤出温度约 270～300℃。可以再通过后期加工（热贴合或共挤压方式）将单元板体加以结合成具有高透光率、高光扩散率（发光均匀）、耐热、不变形、质量轻且薄的光扩散板。

　　发光型扩散板是 PC 及 PMMA 上加入稀土进行调配，在吸收 320～380nm 蓝光转换成 440～480nm 的可见光，让板面的亮度增加。

　　注：LED 筒灯最佳扩散材料，称为衍射型扩散板。在效果上透光率上能超越全透明板的扩散板。亚克力钻石面透镜的透光率达到 91%，高于传统的单面磨砂亚克力扩散板 85% 左右的透光率。

　　PC 光扩散板的特点：

➢ 光扩散 PC 板透光率可达 80% 以上。

➢ 光扩散 PC 板能充分散射 LED 灯源。

➢ 抗冲击性能是亚克力板材的 20～30 倍，不易损坏。

➢ 阻燃等级比亚克力板材高，达到阻燃 B2 级，安全性能更高。

➢ PC 的密度是 1.2，其重量只有玻璃的 1/2，便于施工，减少费用。

➢ 耐温性为 -40℃～+120℃，在 LED 光源照射下，不产生变形现象。

　　注：LED 筒灯加上光扩散板以后，其整体光效当然会随之降低，且会降低相当多。选用高透光率的光扩散板，由于透光率过高，也会使用户能够看到其中的光珠，特别是 1W 的大功率 LED。采用中小功率的 LED，允许用透光率高的光扩散板。

☆☆　5.5　LED 筒灯电源选择　☆☆

　　目前的 LED 筒灯大多为的自镇流式内置电源。内置 LED 驱动主要采用开关电源实现，分隔离式和非隔离式。隔离电源的一次、二次侧形成了电气隔离，在 LED 筒灯设计时，只需要将电源一次侧与外壳或其他人体可接触部分做好充分的防触电即可，而二次侧通常为安全电压，可做简单防护即可。隔离电源相对安全可靠，但要求放置空间大，其转换效率也较低。非隔离电源由于一次、二次侧之间未做电气隔离，需在结构上做更严格的防护隔离，非隔离电源电源效率高，体积小。

　　由于 LED 的可控制性，目前大部分生产厂家都有开发可调光的的 LED 筒灯。其调光方式有晶闸管调光、PWM 调光、0～10V 调光、DALI 调光、DMX512 调光等，都是通过控制 LED 的驱动电流或电压的方式，改变 LED 的亮度。

　　目前 LED 筒灯市场从非调光向调光方向转变，DALI 标准的数字调光逐渐开始普及。数字调光技术自 10 年前的欧洲发明以来，市场正在从欧洲向亚洲普及。

　　目前在市场上的 LED 筒灯也采用"阻容降压"方式供电，会直接影响 LED 筒灯的寿命。笔者建议要采用恒流 LED 电源给 LED 筒灯供电，其电源要通过相关的认证。LED 筒灯的电源是采用 CQC 认证的电源，LED 筒灯驱动电源的正常工作寿命要取决于电源所使用的电解电容的寿命，电解电容的寿命又取决于电容本身的寿命及工作温度。

　　注：LED 筒灯电源线要有 CCC 安全认证标志，LED 筒灯要有 3C 认证标志。

　　LED 筒灯失效主要来源于电源及 LED 组件本身的失效，通常 LED 电源的损坏源于输

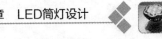

入电源的过电冲击（EOS）。输入电源的过电冲击往往会造成驱动电路中驱动芯片的损坏。LED组件本身失效，通常是指流过LED的电流超过数据手册中的最大额定电流或者是大电流的直接产生、高电压间接产生、电网波动等过电压事件引起的过电流。LED接通电源或者带电插拔时的瞬态过电流，引起LED组件本身失效。

　　LED筒灯驱动电源质量的好坏决定了整灯的寿命，目前LED灯珠使用寿命在50000h以上是没任何问题的，如果驱动电源损坏了的话，LED筒灯也不工作。驱动电源内部使用的电子元器件、设计方案决定了驱动电源的效率、功率因素、稳定性、温升值和使用寿命。使用驱动电源，可从驱动电源的大小、重量及是否是隔离电源等方面进行初步判断。LED筒灯价格高低，驱动电源占不小比例。

　　目前LED筒灯电源都是采用隔离电源或非隔离电源、电流不超过280mA（2并），这样可以减少电源的发热量，有利于延长LED电源的寿命。LED筒灯电源要具有高功率因素、高效率、高精度、全电压输入等要求，其输出电压范围、输出电流范围能满足LED筒灯的工作需求。

　　注：

　　① 固定式通用LED灯具的产品范围和要求可以参见GB 7000.201—2008、GB 7000.202—2008。LED筒灯CCC认证时，LED筒灯电源一定要选择过CQC证书和电源，CQC证书在CQC网站上可以查询。

　　② LED筒灯国家标准有GB/T 29293—2012《LED筒灯性能测量方法》、GB/T 29294—2012《LED筒灯性能要求》。

　　③ LED筒灯电源应符合"等效安全特低电压或隔离式控制装置"的要求。

★1. 3C认证安全项目

➢ 标记。

➢ 结构电源线拉力，螺钉的扭力，密封压盖的扭力，冲击，震动，吊重，防腐蚀。

➢ 爬电距离和电气间隙。

➢ 接地规定。

➢ 接线端子。

➢ 内部和外部线路。

➢ 防触电保护。

➢ 耐久性和热试验。

➢ 防尘和防水，潮态。

➢ 绝缘电阻和介电强度。

➢ 爬电距离和电气间隙。

➢ 耐热、耐火和耐电痕。

　　注：3C认证安全项目的国家标准有：GB 7000.1—2015《灯具　第1部分：一般要求与试验》、GB 7000.201—2008《灯具　第2-1部分：特殊要求　固定式通用灯具》、GB 7000.202—2008《灯具　第2-2部分：特殊要求　嵌入式灯具》、GB 17743—2007《电气照明和类似设备的无线电骚扰特性的限值和测量方法》、GB 17625.1—2012《电磁兼容　限值　谐波电流发射限值（设备每相输入电流≤16A）》。

★2. CCC认证电磁兼容项目

➢ 传导骚扰测试。

➤ 辐射骚扰测试。

➤ 电源谐波测试。

➤ 骚扰功率。

➤ 谐波（大于25W）。

★3. CCC 认证提交资料列表

➤ CCC 申请书（请加盖公章）。

➤ CCC 送样通知。

➤ 生产厂（申请人）营业执照。

➤ 商标注册证明（如有时请提供）。

➤ 灯具产品单元划分表（请加盖公章）。

➤ 灯具产品一致声明（请加盖公章）。

➤ 灯具产品覆盖产品型号差异说明（或产品描述报告）。

➤ 灯具产品说明书；安装示意图；灯具接线图（如有，请提供）。

★4. LED 筒灯电源要求

LED 筒灯电源要求高效率、高功率因数，符合 ROHS、CE 要求，有输出较低的高频纹波。其安规要求如下：

1）标准 EMI（Electro Magnetic Interference，电磁干扰）

产品要符合 EN55015 和 EN55022 的要求，标准 EMI 见表5-4。EMI 包括传导、辐射、谐波等。

表5-4　标准 EMI

序号	项　目		限　值	标　准	备　注
1	EMI	传导测试（CE）	见附表 5-4-1	EN55015	独立测试或安装在灯具内测试
		辐射测试（RE）	见附表 5-4-2	EN55022	

表5-4-1　传导限值

序　号	频率范围	限值/dB（μV）	
		准峰值	平均值
1	9kHz～50kHz	110	—
2	50kHz～150kHz	90～80	—
3	150kHz～0.5MHz	66～56	56～46
4	0.5MHz～5MHz	56	46
5	5MHz～30MHz	60	50

表5-4-2　辐射限值

序　号	频率范围/MHz	准峰值/dB（μV/m）
1	30～230	30
2	230～300	37

2）标准 EMS

➤ LED 筒灯电源的雷击浪涌抗绕度要符合 IEC-61000-4-5 等级 2 的要求。

➤ L-N 之间打 1kV 电压，5 次之后没有功能损坏。

➤ LED 筒灯电源的电脉冲群抗绕度要符合 IEC-61000-4-4 等级 4 的要求。

➤ L-N 之间施加 4kV，2.5kHz 干扰电压，1min 之后没有功能损坏。

标准 EMS 见表 5-5。

表 5-5 标准 EMS

序号	项　目		限　值	标　准
1	EMS	雷击浪涌抗绕度	见附表 5-5-1	IEC 61000-4-5—2005 GB 17626.5—2008
		电脉冲群抗绕度	见附表 5-5-2	IEC 61000-4-4—2004 GB/T 17626.4—2008

表 5-5-1 雷击限值

序　号	等　级	电压(±10%)/kV
1	1	0.5
2	2	1
3	3	2
4	4	4

表 5-5-2 脉冲限值

序　号	等　级	电压/kV	频率/kHz
1	0.5	5	0.5
2	1	5	1
3	2	5	2
4	4	2.5	4

3）安规标准

安规标准见表 5-6。

表 5-6 安规标准

序号	项　目		限　值	标　准	备　注
1	抗电强度	输入对输出	≤5mA，1min，AC 3750V	IEC 60598-1—2014 GB 7000.1—2015	试验要求电源无击穿飞弧现象，试验后，电源需正常工作
2	绝缘阻抗	输入对输出	>4MΩ，DC 500V	EC 60598-1—2014 GB 7000.1—2015	试验要求电源无击穿飞弧现象，试验后，电源需正常工作
3	电气安全间距		L/N 输入间大于 3mm 一次、二次侧间大于 6.5mm 保险丝焊盘间大于 3mm	IEC 60598-1—2014 GB 7000.1—2015	

注：LED 筒灯电源要有短路、开路保护，产品 100% 要在至少 40℃ ±5℃ 的环境及满载条件下老化 4h。机械悬挂装置应有足够的安全系数，试验要求，对所有的悬挂灯具：将等于 4 倍灯具重量的恒定均布载荷以灯具正常的受载方向加在灯具上，历时 1h，试验终了时，悬挂系统的部件应无明显变形。

☆☆ 5.6 LED 筒灯组装流程及注意事项 ☆☆

LED 筒灯组装流程图，如图 5-4 所示。

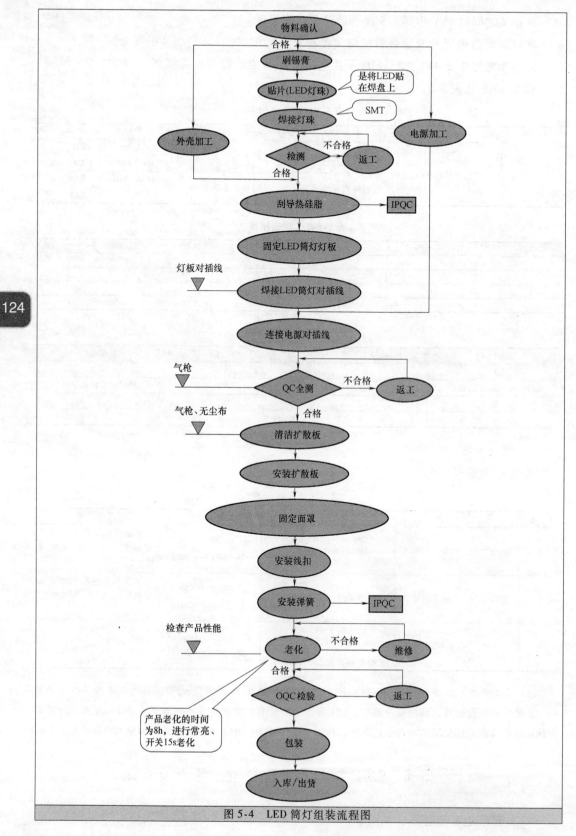

图5-4　LED筒灯组装流程图

注：LED筒灯在加工生产的过程中要采用防静电措施，如工作台要接地，穿防静电服装，带防静电环，以及带防静电手套等。同时要安装防静电离子风机，保证车间的湿度在65%左右，以免空气过于干燥产生静电。

LED筒灯组装注意事项

➤ 贴灯珠时应按压灯珠，使灯珠散热面与铝基板接触良好。操作人员必须配戴静电手环。贴灯珠时注意极性，切勿贴反。

➤ 导热硅脂适量，以能覆盖铝基板散热面为准。固定铝基板要到位并螺钉无松动、滑丝现象。

➤ 焊点光滑无虚焊现象，烙铁必须接地良好。

➤ 电源输入线N、L、电源输出线±极性、锡点符合设计要求。

➤ 扩散板无刮花、裂纹、透光均匀，无明显暗亮的现象。

➤ 散热器外观没有刮花，没有明显色差。

➤ 电参数、光参数、光均匀性，符合设计要求。

➤ 老化时，不能出现灯闪、死灯、温升的现象。

125

☆☆ 5.7 LED筒灯检验要求 ☆☆

★1. LED筒灯标签要求

LED筒灯标签要求见表5-7。

表5-7 LED筒灯标签要求

序号	示意图	描述	注意事项	备注
1	注意： 户内使用。灯具不能被隔热衬垫或类似材料盖住。 注意： 户内使用。灯具不能被隔热衬垫或类似材料覆盖。			可以加在标签上也可以分开
2	公司名称 产品型号：××-××-×× 产品名称：LED筒灯 额定电压：220V～50Hz 额定功率：××W(××××W/LED模块) 功率因数：×× 注意:户内使用。灯具不能被隔热衬垫或类似材料盖住。 公司LOGO □ ⌂ F	LED筒灯标签	LED筒灯的背面或激光打标	LED筒灯除了功率外，必须标明模块的数量及功率
3	注意：本灯具使用不可替换的LED模块 注意：本灯具使用不可更换的LED光源		加上这一句警语	一般情况贴在LED筒灯的正面

（续）

序号	示意图	描述	注意事项	备注
4		交流输入端	电源输入线端头要进行标记	标明 LED 筒灯电源输入端
5		交流输入端	电源输入线端头要进行加端子处理	

注：LED 筒灯，嵌天花板式，LED 模块用交流电子控制装置，Ⅱ类、IP20、F 标记不能被隔热衬垫或类似材料盖住。

★2. 产品检验要求（7WLED 筒灯）

7W LED 筒灯产品检验要求见表5-8。

表 5-8　7W LED 筒灯产品检验要求

项目	符号	最小	典型	最大	测试条件	备注
工作电压/V	U_{in}	85	220	265		
工作频率/Hz	f	47	50	63		
输入功率/W	P_{in}		7.2		AC220V	25℃
出光角度/(°)	θ		90		—	
功率因数	PF	0.7	0.9		AC220V	25℃
输入电流总谐波（100%）	THD		15	20	AC220V	25℃
启动时间/ms				1000	AC220V	25℃
绝缘电阻/MΩ			4	10	DC500V	
耐压/V		1500	3750	4000	漏电流 5mA	
色温/K	T_c	2700	5700	6500		在 CIE 范围内可选
显色指数	CRI/Ra	75	80	85		
光通量/lm	Φ		540			
光效/lm/W	η		75		5700K	AC220V
工作温度/℃	Temp	−20		45	AC220V	
工作湿度（100%）	RH			90		
平均寿命/h	MTTF	50000			AC220V,25℃	取决于使用环境
重量/g	Weight		520			不含包装
尺寸	Size		3 寸(76mm)			
外观颜色			白色			
光源防护等级	IPclass		IP40			

★3. LED 筒灯成品检验标准

LED 筒灯成品检验标准见表5-9。

表 5-9　LED 筒灯成品检验标准

序号	检验项目	检验条件或技术要求	检验工具	备注
1	外观	➤ 散热器组合间隙不明显、没有断差、错位、镜面刮花、脏污、扭曲变形、毛边、缺料、裂纹、破损的情况 ➤ 用以蘸水的布轻轻擦拭标志 15s，待其干后，再用蘸己烷的布擦拭 15s，试验后标志仍应清晰	目测	扩散板牢固，无松动，破损
2	结构性能	➤ 尺寸规格符合技术图纸要求 ➤ 结构牢固，无松动;内部无异物 ➤ 轻摇 LED 筒灯内外应无异声	卡尺、目测、手感	

126

（续）

序号	检验项目	检验条件或技术要求	检验工具	备注
3	安全性能	➢ 通电测试，以额定电压将 LED 筒灯点亮，无闪烁、死灯等现象，光色、光电参数符合设计要求 ➢ 高压测试，设定电压3750V,5mA,设定动作时间为60s,无击穿、报警、没有电弧产生	高压测试仪 积分球	
4	振动测试	➢ 3Hz 60min,试验后产品不得有安全和性能结构上的损害,对外观不可有不能接收的影响	振动测试仪	
5	包装	➢ 外箱无破损残缺、脏污等影响外观的缺陷 ➢ 包装箱上产品名称、型号规格、数量等信息与产品相符,文字印刷清晰 ➢ 包装方式正确,无漏装及错装现象	目测	

★4. LED 筒灯出厂检测报告

LED 筒灯出厂检验报告见表5-10。

表5-10 LED 筒灯出厂检测报告

产品型号			供销商编号		生产日期	
生产数量			抽测台数		出厂日期	
序号		检测项目		检测方法	检测结果	备注
1	一般检验	外观		目测产品外观无污渍、明显划伤		
		螺钉		螺钉无松动、脱落、缺失现象,固定螺钉及配套附件齐全,与外壳充分接触		
		机械性能		铝基板及电源与外壳接触良好		
2	电气性能	输入电压		AC85～265V		AC100～240V
		整灯功率		额定功率±10%		
		高温试验		55℃的环境下正常运行		
		低温试验		零下45℃的环境下正常运行		
		高压测试		3750V5mA60s		
3	光学性能	光通量		<600lm		按设计标准执行
		色温		3500K		
		光效		≥65lm/W		
		Ra		≥80		

☆☆ 5.8 LED 筒灯安装 ☆☆

LED 筒灯的选购，主要从如下几个方面来考虑：

➢ LED 筒灯检验报告中防触电保护、耐久性试验、耐燃烧等项目是否合格。

➢ 选购有"三包"承诺的 LED 筒灯产品，选购有 3C 认证标志的 LED 筒灯。

➢ LED 筒灯的包装上应有商标和厂名、产品型号规格、额定电压、额定频率、额定功率及相关的光参数。

LED 筒灯不能安装的场所如图 5-5 所示。

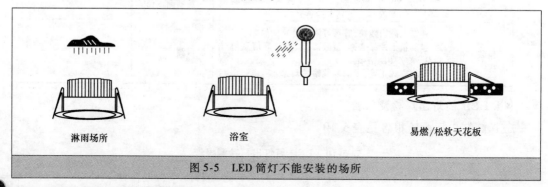

图 5-5 LED 筒灯不能安装的场所

LED 筒灯的安装示意图如图 5-6，图 5-7 所示。

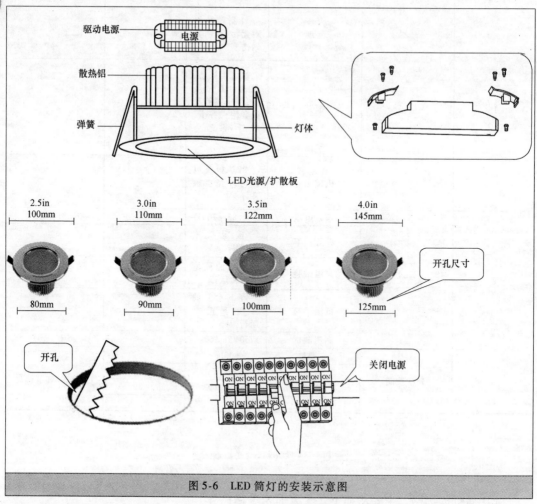

图 5-6 LED 筒灯的安装示意图

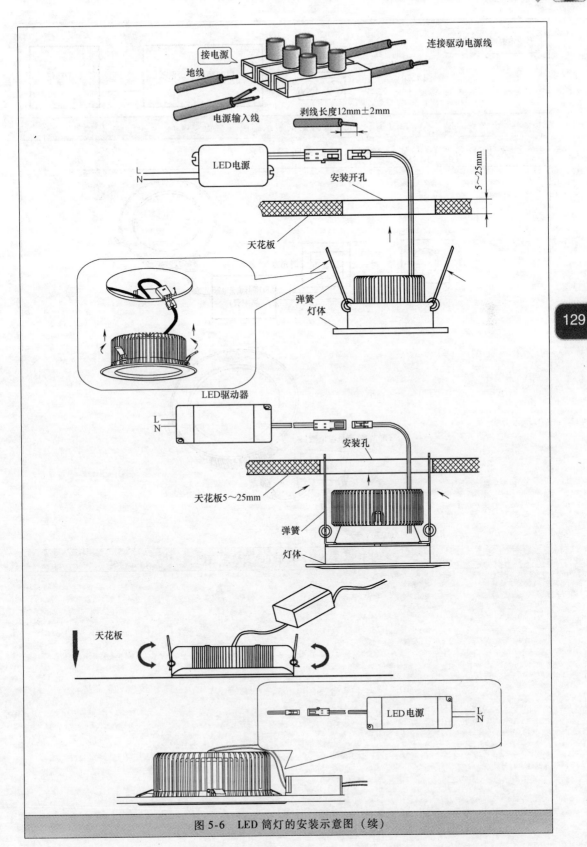

图 5-6　LED 筒灯的安装示意图（续）

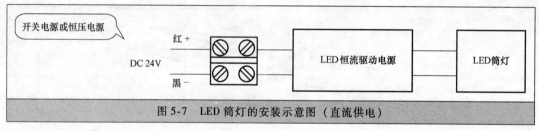

图 5-7　LED 筒灯的安装示意图（直流供电）

调光 LED 筒灯的安装示意图如图 5-8 所示。

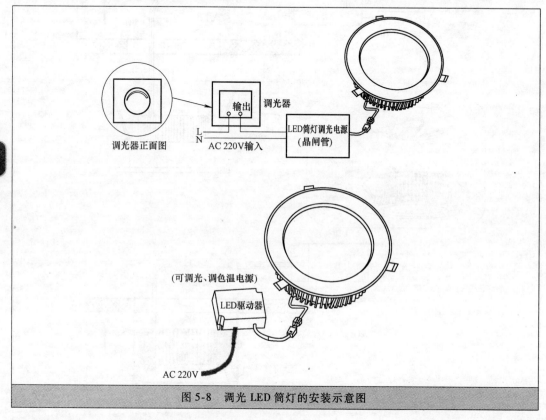

图 5-8　调光 LED 筒灯的安装示意图

第 **6** 章

LED 吸顶灯设计

　　传统吸顶灯在我们生活中非常普遍，卧室、厨房、客厅、卫生间及其他场所都有它的存在。目前市场上的吸顶灯还是以传统的为主，且造型上几乎都是一个样。LED 吸顶灯的应用比较有限，目前大多国产的吸顶灯只是将光源换成 LED，在结构、散热及配光的角度并没有大的改进。本章节主要介绍 LED 吸顶灯设计、安装等方面的知识，同时在结构或散热上谈一下笔者的建议。

☆ ☆　6.1　LED 吸顶灯的基础知识　☆ ☆

　　传统吸顶灯常见有 D 形管和环形管两种，同时也有大小管的区别。不同光源的传统吸顶灯适用的场所各有不同，如使用普通白炽灯泡、荧光灯的吸顶灯主要用于居家、教室、办公楼等空间层高为 4m 左右场所的照明。为了既能为工作面取得足够的高度，同时又能省电，荧光吸顶灯通常是家居、学校、商店和办公室照明的首选。LED 吸顶灯是吸附或嵌入屋顶天花板上的灯饰，是室内的主体照明设备，是家庭、办公室、娱乐场所等地方常用的灯具。一般直径在 200mm 左右 LED 吸顶灯，适宜在走道、浴室内使用。而直径 400mm 的 LED 吸顶灯，则装在不小于 16m² 的房间顶部为宜。LED 吸顶灯的外形如图 6-1 所示。最常用的 LED 吸顶灯有 10W、16W、21W、28W、32W、38W、40W 等几种。随着 LED 的不断升温，LED 吸顶灯的变化也日新月异，不再局限于单灯，向多样化发展，既吸取了吊灯的豪华与气派，又采用吸顶式的安装方式，避免了较矮的房间不能装大型豪华灯饰的缺陷。LED 吸顶灯的灯体直接安装在房顶天花板上，通常用于客厅和卧室，作整体照明用。

★1. LED 吸顶灯特点

➤ 光效高

LED 发光效率目前已经达 130lm/W 以上，LED 吸顶灯的整体光效可以达到 100lm/W。而且光效还在每年增长，光效高就意味着节能。据估计，到 2020 年，LED 发光效率将会达到 240lm/W。

➤ 工作寿命长

LED 的寿命为 10 万 h，现在实际上公认灯具的寿命为至少 3 万 h，高质量的可以做到 5 万 h。

➤ 不含汞、无紫外线辐射，无光线污染。

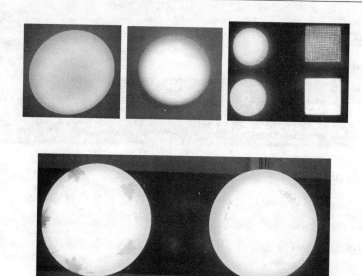

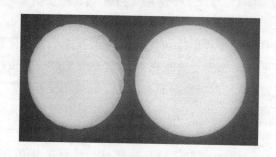

图 6-1　LED 吸顶灯的外形

➢ 提供各种色温的光线，通常有 2700～3500K 和 4000～6500K。

➢ 无玻璃零部件，耐冲击、振动，便于运输。

➢ 不需要铝制散热器，成本低，重量轻。

➢ 可以实现调光或调色温。

★2. LED 吸顶灯部件组成

LED 吸顶灯的构造和传统吸顶灯没有什么区别。都是由底壳，外罩，电源，LED 灯等 4 个部分组成。LED 吸顶灯的组成部件如图 6-2 所示。

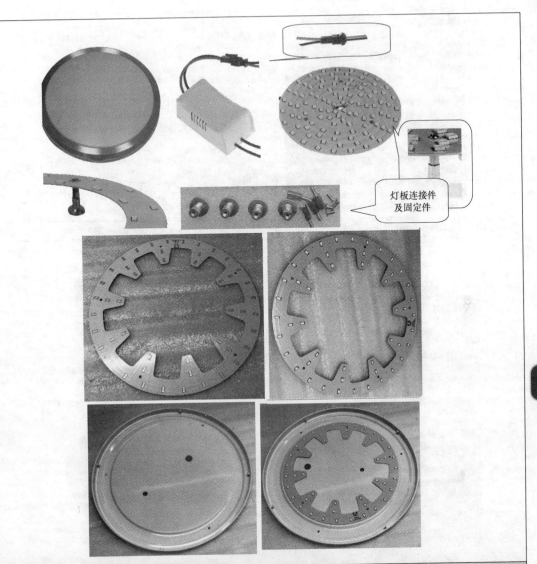

灯板连接件
及固定件

图 6-2　LED 吸顶灯的组成部件

☆☆　6.2　LED 吸顶灯散热器（底盘）选择　☆☆

　　LED 吸顶灯是不需要特制的铝散热器的 LED 灯具，所以传统的吸顶灯就可以满足其要求。传统的吸顶灯底板（底盘）上多打一些通风孔，通风孔应当打在外圈，会对散热有很大的好处，如图 6-3 所示。

　　对于小于 30W 的 LED 吸顶灯采用普通的 PCB 就可以，利用自由流通的空气。在印制板的两面把热量带走，一般要把 PCB 板垫高离开底板 5mm，以便空气流通。在设计时要将安装 LED 灯珠的铝基板或 FR4 印制板的铜箔面积做得足够大，如图 6-4 所示。

　　注：自由流通的空气是最好的散热体，可以把热量散发到空气中去的。LED 吸顶灯的底板（底盘）有很多通风孔，所以在 LED 吸顶灯的灯罩里，LED 灯珠所产生的热量可以通过空气立刻传递到外边去。

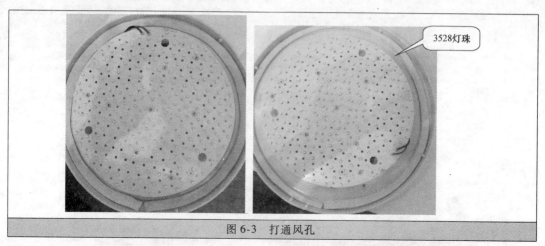

图 6-3 打通风孔

图 6-4 LED 吸顶灯安装及 PCB 设计

☆☆ 6.3 LED 吸顶灯光源选择 ☆☆

通常对于功率大于 30W 以上的 LED 吸顶灯大多采用 1W 的 LED 灯珠，主要是水晶吸顶灯，低于 30W 的 LED 吸顶灯大多采用中小功率 LED 灯珠，如 SMD3014，SMD3528、SMD2835、SMD5050、SMD5630、SMD5730 等。目前 LED 吸顶灯大都是采用贴片式小功率 LED，这样以便于散热，提高发光的均匀度。LED 吸顶灯的灯珠排布，如图 6-5 所示。

灯珠可以按照 LED 吸顶灯外形来排列，例如假定 LED 吸顶灯外形为圆形，那么灯珠就排成圆形，反之，假如 LED 吸顶灯外形是方形，那么灯珠就排成方形。圆环形的印制板上有两圈 LED 灯珠，采用 5730 型 LED 灯珠。中间的长方形为其恒流电源，圆形 LED 吸顶灯 LED 灯排布图如图 6-6 所示。

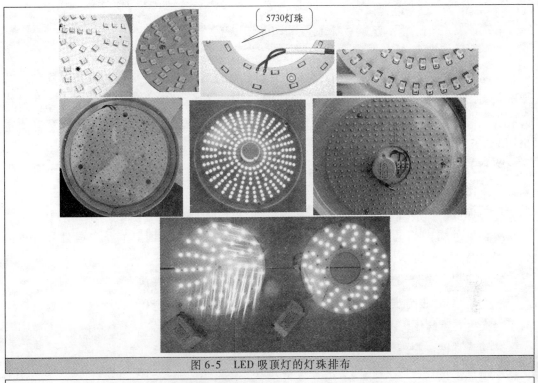

图 6-5　LED 吸顶灯的灯珠排布

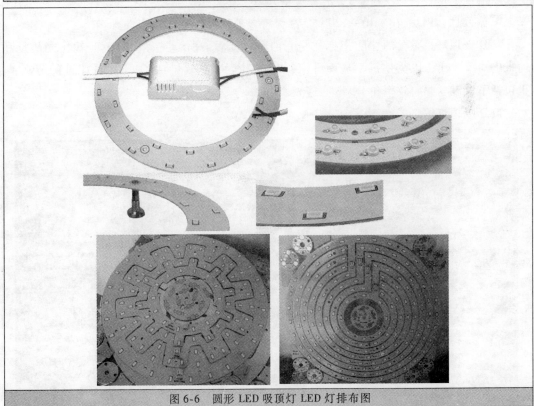

图 6-6　圆形 LED 吸顶灯 LED 灯排布图

注：对于外形尺寸比较大的 LED 吸顶灯，一般采用内外圈，也就是说 LED 吸顶灯有两个圆环组成，这样做的目的可以减少发光面的阴影。

☆☆ 6.4 LED 吸顶灯 PC 罩选择 ☆☆

LED 吸顶灯的灯罩应选择不易损坏的材料，其透光性要好，灯罩的材质要均匀，既要有较高的透光性，又不能显出发光的 LED 灯。不均匀的材质会影响灯的亮度，并对视力有害。一些透光性差的灯罩虽然美观，却影响光线，不宜选择。LED 吸顶灯灯罩通常采用 PC 板，其性能如下：

➤ 透光性。PC 板透光率最高可达 89%，有 UV 涂层 PC 板在太阳光下曝晒不会产生黄变、雾化、透光不佳的现象。

➤ 抗撞击。PC 板撞击强度好，是普通玻璃的 250~300 倍，同等厚度亚克力板的 30 倍。

➤ 防紫外线。PC 板一面镀有抗紫外线（UV）涂层，另一面具有抗冷凝处理，集抗紫外线、隔热防滴露功能于一身。

➤ 重量轻。重量仅为玻璃的一半，节省运输、搬卸、安装等成本。

➤ 阻燃。PC 板为难燃一级，即 B1 级。PC 板自身燃点是 580℃，离火后自熄，燃烧时不会产生有毒气体，不会助长火势的蔓延。

➤ 可弯曲性。根据设计图进行设计，弯装成拱形、半圆形顶和窗形。

➤ 温度适应性。PC 板在恶劣的环境中其力学、机械性能等均无明显变化。

➤ 耐候性。PC 板在 -40~120℃ 范围保持各项物理指标的稳定性。

LED 吸顶灯最重要的性能指标就是它的整体光效。所谓整体光效就是输出光通量和输入电功率之比，单位是每瓦流明数（lm/W）。整体光效包括了 LED 本身的发光效率，也包括了恒流电源的效率和 PC 罩的透光率。

LED 吸顶灯的灯罩，如图 6-7 所示。

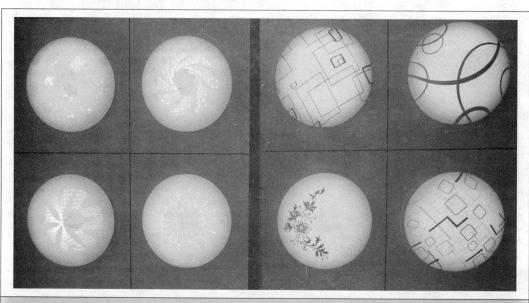

图 6-7 LED 吸顶灯的灯罩

注：LED吸顶灯对LED的色温、显色指数也是非常重要的。LED吸顶灯的光效，把LED吸顶灯放进大型的积分球中，以便测量LED吸顶灯所发出的全部光通量并对LED吸顶灯所发出的光谱进行分析。

☆☆ 6.5 LED吸顶灯电源选择 ☆☆

LED吸顶灯的电源分为非隔离式和隔离式两种。非隔离恒流源，由于LED吸顶灯不容易被用户用手触摸到，且LED吸顶灯不需要接触式导热，其内部结构很容易把铝基板或印制板和金属底板绝缘起来，采用非隔离电源的LED吸顶灯是可以通过CE、UL等安全认证的。再加上LED吸顶灯的安装通常是由专业的电工来安装，减小用户触电的危险。

隔离式是指在输入端及输出端通过隔离变压器进行隔离，隔离变压器可能是工频的，也有可能是高频的。其作用都是将输入和输出隔离起来，这样可以避免触电的危险。一般情况下，由于加入了隔离变压器，其效率会有所降低，通常大约在88%左右。因为LED吸顶灯比较大，对电源大小要求就比较宽，选择空间会大一点。LED吸顶灯驱动电源检验标准见表6-1。

表6-1 LED吸顶灯驱动电源检验标准

检验项目	检验内容	标准要求/缺陷描述	检验方法/工具
外观	外壳、颜色	➤ 外壳表面应清洁无脏污，灰尘，水渍/液体等 ➤ 外壳及输入/输出线颜色应统一，无明显色差	目视
外观	内部表面处理	➤ 内部电路板组件之间和电路板表面应无明显污渍、流锡、挂锡、粘锡以及金属导体等杂质 ➤ 焊接面应无明显气孔、尖脚，阻焊层应无明显起皱桔皮现象 ➤ 内部焊点应饱满，有光泽，无假焊、虚焊、漏焊、少锡等异常现象，焊点高度以1.2mm为宜	目视
结构	一致性和有效性	➤ 核对内部电路原理及PCB布局是否与样品一致 ➤ 应核对关键零部件是否与样品一致 ➤ 应核对组件提供方提供的数据和实物是否相符	目视、样品
结构	规格尺寸	➤ 电路板的外形尺寸和安装尺寸应符合图纸或订单要求	目视、样品
结构	电气间隙爬电距离	➤ 符合相关要求且PCB线路板在驱动壳内不能出现松动现象	目视、游标卡尺
结构	机械强度	➤ 部件不能太脆，太软，模拟正常使用，部件应能承受安装及使用过程中产生的应力，徒手施加一定压力和折弯度，不能出现破损、开裂、变形现象	目视、手感
安全性能	材质、阻燃性	➤ 塑料材质必须阻燃：用明火点燃被测物体（如PCB或外壳），要求物体在离火后30s内自动熄灭，其燃烧时的跌落物不得点燃下方(200+5)mm处铺开的薄纸 ➤ 配件(外壳/PVC线材等)的耐温必须大于80℃	酒精灯、火机、高温箱
安全性能	耐压测试	➤ 产品测试后，应不存在超漏、闪络、击穿、短路等异常情况 ➤ 输入对输出:1.5kV/10mA,3s ➤ 输入对外壳:3750V/10mA,3s	高压测试仪
电气性能	点亮测试	➤ 额定电压试亮产品3次以上，不允许出现不亮、频闪、炸板等异常	测试台(点亮)
电气性能	各电流、电压、电线等	➤ 参数须符合相关要求	电量测试仪、电流电压表

☆☆　**6.6 LED 吸顶灯组装流程及注意事项**　☆☆

LED 吸顶灯的组装流程如图 6-8 示。

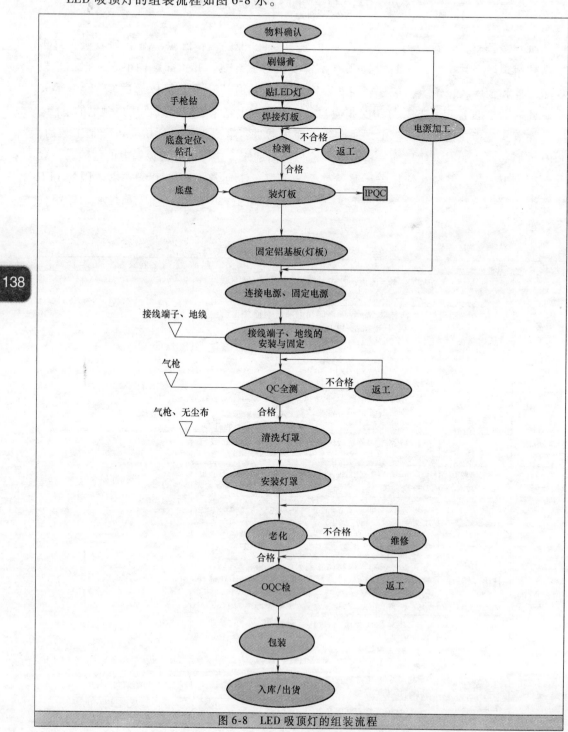

图 6-8　LED 吸顶灯的组装流程

注：

① 根据灯板、驱动电源上的限位孔在灯具底座上开孔，依据限位孔锁紧螺钉，固定好灯板和驱动电源。

② 打限位孔不可以直接以灯板打孔，应先做好标记在打孔，孔的位置要统一。

③ 拧螺钉时要注意力度，以免出现滑牙或没锁到位的现象。

传统吸顶灯改装为 LED 吸顶灯组装示意图如图 6-9 所示。

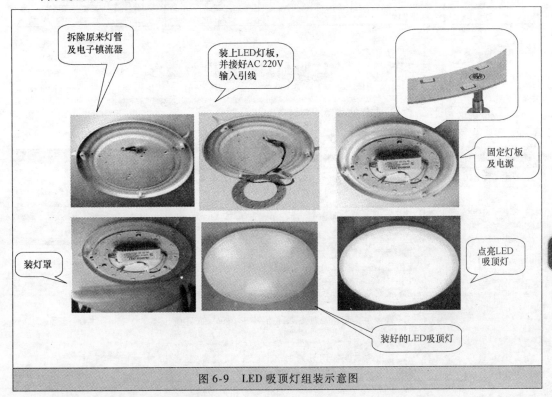

图 6-9　LED 吸顶灯组装示意图

LED 吸顶灯的组装注意事项：

➤ 灯罩割边处破裂，凹凸不平，齿状，割边处裂痕大于或等于 3mm。

➤ 五金底盘披锋大于或等于 0.1mm 无刮手现象。

➤ 整灯组装后，底盘、灯罩等可视表面不能出现目视明显划痕、黑点、脏污。

➤ 光源的色温与点亮后实际色温相符。

➤ 功率是否符合灯具所需要求，接地有无加花介。

➤ 电子件输入、输出线铜线处有无露出件外。

➤ 光源与底盘能否装配到位，灯板用螺钉固定。

➤ 端子螺钉有无拧紧并压紧电源线，电线导体无外漏。

➤ 各部件螺钉松动、缺少螺钉头或漏打螺钉，螺钉型号使用错误。

➤ 图案距边缘位置的最大与最小距离不大于 1mm。

➤ 各配件外漏的螺钉有无生锈氧化。

常用传统吸顶灯改造 LED 吸顶灯灯板尺寸见表 6-2。

表6-2 常用传统吸顶灯改造LED吸顶灯灯板尺寸

序号	功率	直径	内径	备注
1	3W	44mm	10mm	厚1.5mm、灯珠5730
2	5W	48mm	—	厚1.5mm、灯珠5730
3	8W	110mm	72mm	厚1.5mm、灯珠5730
4	12W	150mm	112mm	厚1.5mm、灯珠5730
5	15W	190mm	150mm	厚1.5mm、灯珠5730
6	18W	230mm	192mm	厚1.5mm、灯珠5730
7	24W	268mm	218mm	厚1.5mm、灯珠5730

☆ ☆ 6.7 LED吸顶灯产品检验要求 ☆ ☆

LED吸顶灯产品检验要求见表6-3。

表6-3 LED吸顶灯产品检验要求

序号	检验项目	检验条件或技术要求	检验工具	备注
1	外观	➢ 灯罩表面光滑、无刮手现象、表面的黑点、杂质小于1mm ➢ 灯罩变形目视距离内不明显、无刮伤、崩边、裂痕 ➢ 灯罩表面喷砂均匀、点灯无透光现象、表面无模痕、脏污或手印	目视、手感、卡尺	离双目40CM与视线呈45°
2	底盘	➢ 底盘披锋大于或等于0.1mm，无有刮手现象。底盘有无掉漆，主要面大于或等于0.5mm²，次要面大于或等于1.5mm² ➢ 底盘喷漆不良不能露原材料本色。喷漆层起泡 φ < 1.5mm ➢ 底盘主要面有无划伤，划伤面小于2mm²，次要面划伤以目视40cm处不明显允收 ➢ 安装接线端子处应有"L"、"N"及"⏚"标志 ➢ 底壳电镀层无明显划伤、发白、发黑、发黄、发彩现象	目视、手感、卡尺	
3	面罩(PC罩)	➢ 刮花，各种形状的凹入坑纹，划花长度不能超过3mm，粗不超过0.2mm，模印状面积不超过2mm²，同一平面不能超过2个，手感无明显刮手 ➢ 丝印、花印要清晰，位置要均匀一致，不能有杂点、重影等缺陷 ➢ 同一批次面罩(PC罩)有不同颜色的斑点或斑纹 ➢ 测量外形与口径尺寸符合要求 ➢ 与相应底盘配合良好，可旋紧、打开	目视、手感、卡尺	
4	整灯装配	➢ LED灯板与底盘能否装配到位，紧凑无松脱 ➢ 端子螺钉有无拧紧并压紧电源线，电线导体无外露 ➢ 装配后灯内有异响(内有螺钉、锡珠等) ➢ LED吸顶灯各部件应连接牢固，无松动现象 ➢ 螺钉和牙节至少被锁住3个牙，整灯组装后牢固可靠 ➢ 底座与面罩各配件装配紧密、无脱离现象 ➢ 灯内导线可靠的连接在一起，连接导线接触良好，除接地线外其他导线均需套玻纤管且线材符合3C认证要求 ➢ 部件与部件之间应结合紧密，不可出现错位、翘起、扭曲、变形现象，螺钉、介子等五金件无松动、松脱、滑牙(可加螺母)	目视、装配	

（续）

序号	检验项目	检验条件或技术要求	检验工具	备注
5	综合参数	➢ 额定电压和额定频率下工作时,各性能参数应符合 LED 吸顶灯的设计标准要求 ➢ 光电性能参数,额定功率、额定电压符合设计要求 ➢ 在输入电压为 92% ~ 106% 之间,灯应能正常启动,功率:标称值(±10%);功率因数:大于或等于标称值 −0.05;电流:标称值(±5%) ➢ 不同极性之间:AC1800V5mA3s,带电部件与安装表面之间:AC1800V 5mA 3s ➢ 测接地端子与可触及金属部件间阻值 $R \leqslant 0.5\Omega$	积分球功率测试仪、耐压测试仪、接地电阻测试仪	积分球系统中有功率测试仪或智能电量测试仪
6	防火与防燃	➢ 固定带电部件的绝缘部件及外部防触电的绝缘部件应过灼热导丝试验,将安装在支架上的受试样品紧贴加热到 650℃ 镍铬热导丝端部,并施加 1N 力,试验最佳部位是距离试样上部边缘 15mm 或大于 15mm 的位置 ➢ 非固定带电部件的绝缘部件及外部防触电的绝缘部件用酒精灯的外针焰点燃;灼热或点燃 30s 之后移开,受试品任何燃烧火焰在 30s 内自熄,且滴落物不引燃受试品下 200mm ±5mm 的薄棉纸	灼热丝试验装置	
7	包装标识	➢ 外箱所贴彩标与要求一致,说明书规格与要求相符 ➢ 外箱规格是否与要求相符 ➢ 外箱上标识(钩选)是否与规格要求相符 ➢ 说明书日期是否正确,超差装箱日期 7 天不可接收 ➢ 各标贴、标识是否完整,有无贴牢,有无破损,所贴位置正确且应端正,倾斜角度达 15° 不可接收 ➢ 所有包材资料不可漏装(如说明书、彩标、QC 标、合格证、防撕标等) ➢ 用蘸有水的湿布轻轻擦试标志 15s,待其干后,再用蘸有汽油的布擦试 15s,试验后标志仍应清晰可辩,不模糊和不易脱落	目视	贴铭牌、合格证位置要统一,一般要求贴在驱动电源的正下方,铭牌在上,证在下
8	包装要求	➢ 产品不可漏装,产品所用不同的光色不可混装 ➢ 产品配件不可漏装,配件包不能有不良品 ➢ 重要印刷信息必须清晰,包括产品型号、规格、生产厂商信息、警示警告语等 ➢ 胶袋裂开长度不得大于 5cm,外箱有无破损,破损长度不大于 3cm ➢ 外箱与说明书的流水号是否一致,印字齐全、清晰,流水号码有无重码现象 ➢ 包装箱内有无纸屑等杂物 ➢ 外箱上净/毛重、箱号等标识是否正确	目视、卡尺	
9	跌落试验	➢ 装好整箱成品,根据相应重量从相应高度跌落: 重量≤20kg,高度:600mm; 重量>20kg,高度:500mm; ➢ 跌落部位:三面(底面、右侧面、远端面);三棱(上表面与近端面接触的棱、右侧面与近端面接触的棱、上表面与右侧面接触的棱) ➢ 跌落试验后成品无破裂、变形	跌落试验机	

6.8　LED 吸顶灯安装

在 LED 吸顶灯的选择时应考虑如下:

➢ 在充分认识光环境的需求，作出 LED 吸顶灯光通量、光效的选择。

➢ 选用适当显色指数及色温的 LED 光源。

➢ 选择高效率、低眩光的 LED 吸顶灯。

➢ 选用调光控制或开关控制 LED 吸顶灯。

LED 吸顶灯安装和使用中注意事项：

➢ LED 吸顶灯电源进线连接的两个线头，电气接触应良好，还要分别用电工胶布包好，并保持一定的距离，如果有可能尽量不将两线头放在同一块金属片下，以免短路，发生危险。

➢ 在砖石结构中安装 LED 吸顶灯时，应采用膨胀螺栓、尼龙塞或塑料塞固定，可使用木楔。并且上述固定件的承载能力应与 LED 吸顶灯的重量相匹配。以确保 LED 吸顶灯固定牢固、可靠。

➢ 采用膨胀螺栓固定时，应按产品的技术要求选择螺栓规格，其钻孔直径和埋设深度要与螺栓规格相符。安连接处必须能够承受相当于灯其 4 倍重量的悬挂而不变形。

➢ 固定 LED 吸顶灯底盘螺栓的数量不应少于灯具底座上的固定孔数，且螺栓直径应与孔径相配；底座上无固定安装孔的灯具，每个灯具用于固定的螺栓或螺钉不应少于 2 个，且灯具的重心要与螺栓或螺钉的重心相吻合。

➢ LED 吸顶灯不可直接安装在可燃的物件上。

注：LED 吸顶灯安装导线线芯的截面，铜芯软线不小于 $0.4mm^2$，铜芯不小于 $0.5mm^2$，导线与灯头的连接、灯头间并联导线的连接要牢固，电气接触应良好，以免由于接触不良，出现导线与接线端之间产生火花，而发生危险。

LED 吸顶灯安装工具有手电钻、6 号钻头、大十字螺钉旋具、小十字螺钉旋具、电工绝缘胶布、剥线钳、铅笔、膨胀螺钉。不能安装 LED 吸顶灯的条件如图 6-10 所示。

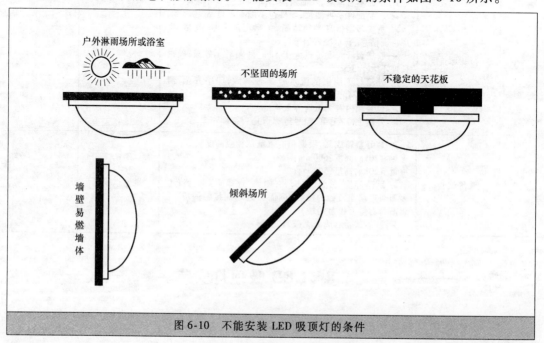

图 6-10　不能安装 LED 吸顶灯的条件

LED 吸顶灯的安装如图 6-11 所示。

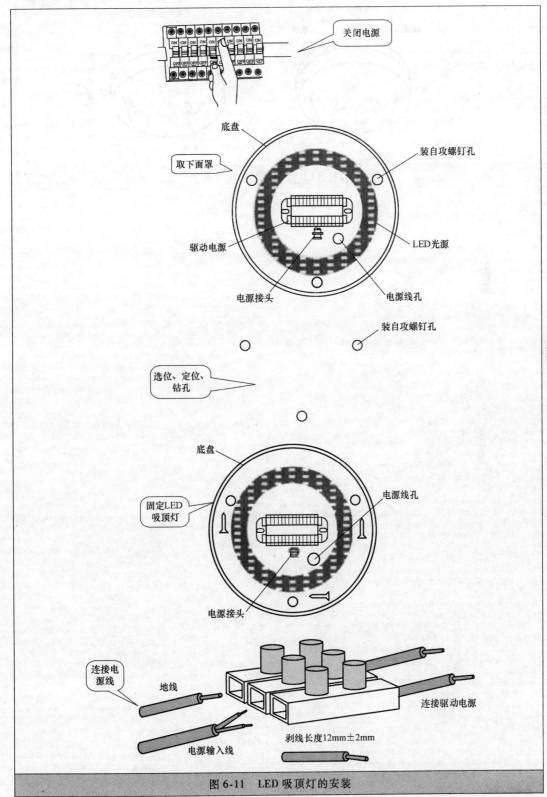

图 6-11 LED 吸顶灯的安装

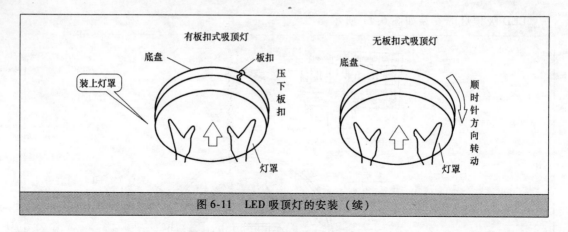

图 6-11　LED 吸顶灯的安装（续）

第**7**章

LED 路灯设计

─────── ☆ ☆ **7.1 道路照明基础知识简介** ☆ ☆ ───────

道路照明灯具由于长期在室外工作，因工作环境条件比较恶劣，所以在光学性能、机械强度、防尘防水等级和耐腐蚀、耐热性能、电气绝缘性能以及重量、安装、维护和外观等方面都要满足较高的要求。

根据道路、立交、广场等受照场所对照明的要求及其环境条件合理选择灯具的类型，如功能性灯具、装饰性灯具或两者结合得好的灯具。

➢ 庭院、居住区道路和人行步道、商业区步行街道，不通行汽车的广场等场所可选用有较高机械强度的装饰性灯具或功能性、装饰性两者结合得好的灯具。

➢ 次干路以上级别的道路一般要选用截光、半截光灯具。

➢ 立交等场所的高杆照明一般要选用泛光灯。

★**1. 道路及路灯排列方式介绍**

常规照明有单侧布置、双侧交错布置、双侧对称布置、横向悬索布置和中心对称布置五种基本布灯方式，如图 7-1 所示。

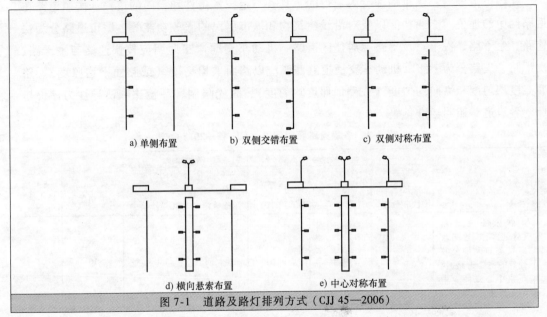

a) 单侧布置　　b) 双侧交错布置　　c) 双侧对称布置

d) 横向悬索布置　　　　e) 中心对称布置

图 7-1　道路及路灯排列方式（CJJ 45—2006）

注:

① 单侧布置是指所有灯具均布置在道路的同一侧，适合于比较窄的道路。优点是诱导性好，造价比较低。

② 双侧交错布置是指灯具按之字形交替排列在道路两侧，适合于比较宽的道路。优点是亮度总均匀度可以满足，在雨天提供的照明条件比单侧布置的要好。

③ 双侧对称布置是指灯具相对排列在道路两侧，适合于宽路面的道路，要求灯具的安装高度不应小于路面有效宽度的一半。

④ 横向悬索式布置是指把灯具悬挂在横跨道路的上方，灯具的垂直对称面与道路轴线成直角。多用于树木较多、遮光比较严重的道路，也用于楼群区难于安装灯杆的狭窄街道。

⑤ 中心对称布置是指适合于有中间分车带的双幅路。灯具安装在位于中间分车带的 Y 形或 T 形灯杆上。灯具的安装高度应等于或大于单向道路的有效宽度。具有的良好的视觉诱导性。

★2. 配光类型、布灯方式、安装高度和间距的介绍

采用常规照明方式时，灯具的配光类型、布灯方式、安装高度和间距应满足表7-1的规定。

表7-1 灯具的配光类型、布灯方式与安装高度、间距的关系（CJJ 45—2015）

配光类型	截光型		半截光型		非截光型	
布灯方式	安装高度 H/m	间距 S/m	安装高度 H/m	间距 S/m	安装高度 H/m	间距 S/m
单侧布置	$H \geq W_{eff}$	$S \leq 3H$	$H \geq 1.2W_{eff}$	$S \leq 3.5H$	$H \geq 1.4W_{eff}$	$S \leq 4H$
交错布置	$H \geq 0.7W_{eff}$	$S \leq 3H$	$H \geq 0.8W_{eff}$	$S \leq 3.5H$	$H \geq 0.9W_{eff}$	$S \leq 4H$
对称布置	$H \geq 0.5W_{eff}$	$S \leq 3H$	$H \geq 0.6W_{eff}$	$S \leq 3.5H$	$H \geq 0.7W_{eff}$	$S \leq 4H$

注:

① W_{eff} 为路面有效宽度（m）。灯具的悬挑长度不宜超过安装高度的1/4，灯具的仰角不宜超过15°。

② 路灯国家标准 GB 7000.203—2013《灯具 第2-3部分：特殊要求 道路与街路照明灯具》、GB/T 31832—2015《LED 城市道路照明应用技术要求》。发布新的路灯按此标准生产与检验。

★3. 照明标准及照明功率密度值介绍

在城市范围内，供车辆和行人通行的、具备一定技术条件和设施的道路。按照道路在道路网中的地位、交通功能以及对沿线建筑物和城市居民的服务功能等，城市道路分为快速路、主干路、次干路、支路、居住区道路。机动车交通道路照明应按快速路与主干路、次干路、支路分为三级。机动车交通道路照明应以路面平均亮度（或路面平均照度）、路面亮度均匀度和纵向均匀度（或路面照度均匀度）、眩光限制、环境比和诱导性为评价指标。各级道路照明标准见表7-2。

表7-2 各级道路照明标准（CJJ 45—2015）

级别	道路类型	路面亮度			路面照度		眩光限制阈值增量 T_1（%）（最大初始值）	环境比 SR（最小值）
		平均亮度 L_{av}/(cd/m²)	总均匀度 U_o（最小值）	纵向均匀度 U_L（最小值）	平均照度 E_{av}/lx（维持值）	均匀度 U_E（最小值）		
I	快速路、主干路（含迎宾路、通向政府机关和大型公共建筑的主要道路，位于市中心或商业中心的道路）	1.5/2.0	0.4	0.7	20/30	0.4	10	0.5

（续）

级别	道路类型	路面亮度			路面照度		眩光限制阈值增量 T_1（%）（最大初始值）	环境比 SR（最小值）
		平均亮度 L_{av}/（cd/m²）	总均匀度 U_o（最小值）	纵向均匀度 U_L（最小值）	平均照度 E_{av}/lx（维持值）	均匀度 U_E（最小值）		
II	次干路	0.75/1.0	0.4	0.5	10/15	0.35	10	0.5
III	支路	0.5/0.75	0.4	—	8/10	0.3	15	—

机动车交通道路的照明功率密度值不应大于表7-3的规定。

表7-3 机动车交通道路的照明功率密度值（CJJ 45—2015）

道路级别	车道数/（条）	照明功率密度值（LPD）/（W/m²）	对应的照度值/lx
快速路主干路	≥6	1.05	30
	<6	1.25	
	≥6	0.70	20
	<6	0.85	
次干路	≥4	0.70	15
	<4	0.85	
	≥4	0.45	10
	<4	0.55	
支路	≥2	0.55	10
	<2	0.60	
	≥2	0.45	8
	<2	0.50	

★**4. 道路照明设计要求**

在进行道路照明设计时，其要求如下：

➢ 道路照明的数量和质量，即路面亮度（或照度）水平、亮度（或照度）均匀度、眩光限制等均必须满足现行标准中的规定的指标。

➢ 良好的诱导性。

➢ 投资低，耗电少，安全可靠运行。

➢ 维护管理方便及技术先进。

道路照明设计内容，其要求如下：

➢ 确定灯具的布置方式。

➢ 确定灯具的安装高度、间距、悬挑长度和仰角。

➢ 确定灯具的类型和规格。

➢ 亮灯附件的类型和规格。

注：

① 根据可供选用的光源、灯具的光度特性、电气特性等初选光源和灯具。根据当地条件和实践经验初选灯具布置方式、灯具的安装高度、间距、悬挑长度和仰角。

147

② 通过对配光曲线分析得出，平均亮度（或照度）、亮度（或照度）均匀度及眩光限制水平的计算。

③ 将计算的结果与要求达到的标准值进行比较，对设计方案进行调整。

★5. 灯具的防尘、防水等级的介绍

目前采用特征字母"IP"后面跟两个数字来表示灯具的防尘、防水等级；第1个数字表示对人、固体异物或尘埃的防护能力，第二个数字表示对水的防护能力。在防尘能力和防水能力之间存在一定的依赖关系，也就是说第一个数字和第二个数字间有一定的依存关系。

防尘等级特征数字说明及含义见表7-4。

表7-4 防尘等级特征数字说明及含义

第一位特征数字	说明	含义
0	无防护	没有特别的防护
1	防护大于50mm的固体异物	人体某一大面积部分,如手(但不防护有意识的接近),直径大于50mm的固体异物
2	防护大于12mm的固体异物	手指或类似物,长度不超过80mm、直径大于12mm的固体异物
3	防护大于2.5mm的固体异物	直径或厚度大于2.5mm的工具、电线等,直径大于2.5mm的固体异物
4	防护大于1mm的固体异物	厚度大于1mm的线材或条片,直径大于1mm的固体异物
5	防尘	不能完全防止灰尘进入,但进入量不能达到妨碍设备正常工作的程度
6	尘密	无尘埃进入

防水等级特征数字说明及含义见表7-5。

表7-5 防水等级特征数字说明及含义

第二位特征数字	说明	含义
0	无防护	没有特别的防护
1	防滴	滴水(垂直滴水)应没有影响
2	15°防滴	当外壳从正常位置倾斜不大于15°以内时,垂直滴水无有害影响
3	防淋水	与垂直线成60°范围内的淋水无影响
4	防溅水	任何方向上的溅水无有害影响
5	防喷水	任何方向上的喷水无有害影响
6	防猛烈海浪	经猛烈海浪或经猛烈喷水后,进入外壳的水量不致达到有害程度
7	防浸水	浸入规定水压的水中,经规定时间后,进入外壳的水量不会达到有害程度
8	防潜水	能按制造厂规定的要求长期潜水

☆☆ —— 7.2　LED 路灯散热器选择 ☆☆ ——

　　路灯是城市照明的重要组成部分，传统的路灯采用高压钠灯或金卤灯，由于传统的路灯光效低的缺点，造成能源的巨大浪费。在全球气候变暖的大环境下，开发新型高效、节能、寿命长、显色指数高、环保的路灯具有十分重要的意义。在这个节能的大背景下，LED 路灯应运而生。LED 路灯是以发光二极管（LED）作为光源，是一种固态冷光源，具有环保、无污染、耗电少、光效高、寿命长等特点。LED 路灯的外形如图 7-2 所示。

图 7-2　LED 路灯的外形

★1. LED 路灯主要特点

➤ LED 光效高，所发出的光绝大部分是人眼可见光谱光视频率范围内，非常适用于道路照明，且不存在具有危害性的紫外或红外光线。

➤ LED 具有寿命长、稳定性好、抗震能力强等特点。

➤ 适合在恶劣环境下工作，10 年内无需人工维护。

➤ LED 灯具能有效控制光线的投射方向，减少光污染，提高利用率。

➤ LED 还可实现功率和色温可调，进一步降低能耗，创造安全良好的光环境。

➤ LED 直流驱动电路具有 0.95 以上的功率因数，具有效率高、不会对电网有谐波干扰等优点。

★2. 散热材料介绍

一般散热材料采用金属材料，要求材料具有导热性好，延展性好，便于加工，价格便宜的特点。常见金属材料的热传导系数见表 7-6。

表 7-6　常见金属材料的热传导系数

金属材料	金	银	铜	铝	铁	AA6061 铝合金	AA6063 铝合金	ADC12 铝合金	AA1050 铝合金	AA1070 铝合金
热传导系数/(W/m·K)	317	429	401	237	48	155	201	96	209	226

注：导热系数表示截面积为 $1m^2$ 的柱体沿轴向 1m 距离的温差为 1K（1K = 1℃ + 273.15）时的热传导功率。数值越大，表明该材料的热传递速度越快，导热性能越好。

表 7-6 中可知，AA6061 与 AA6063 热传导能力与加工性不错，适用于挤压成形工艺，常加工成散热片；ADC12 适用压铸成形，由于其热传导系数较低，通常采用 AA1070 铝合金代替加工成散热片，AA1070 铝合金加工机械性能方面不及 ADC12；AA1050 则具有较好的延展性，适合于冲压工艺，常用于制造细薄的鳍片。

★3. 市场上常见 LED 路灯形式介绍

市场上常见 LED 路灯形式介绍见表 7-7。

表 7-7　市场上常见 LED 路灯形式介绍

序号	图示	名称	优点	缺点
1		平板型路灯	➤ 市场早期主流产品结构 ➤ 目前有一定的销量	➤ 光源至灯壳散热器之间热阻大，造成结点温度高，灯具光衰严重 ➤ 配光透镜易黄化、光衰大 ➤ 散热片与散热片之间在户外容易积灰、积尘，影响散热 ➤ 主干道照明时，灯具过重，抗风能力差
2		模块化路灯	➤ 光源和散热器之间虽然实现了模块化 ➤ 对流散热	➤ 光源模块的散热片与散热片之间易积灰积尘，影响散热 ➤ 灯具过重，存在安全隐患 ➤ 模块是密封结构，光源发出的热量在模块内导不出来，易形成光衰

（续）

序号	图示	名称	优点	缺点
3		集成大功率光源路灯	➤ 集成大功率光源模块作为光源	➤ 采用传统的灯壳散热结构 ➤ 配光采用的反光罩配光,无法达到 LED 灯具配光要求 ➤ LED 结温高,光衰大,缩短了 LED 光源的使用寿命 ➤ 普通压铸铝材料,导热率不高 ➤ 灯具过重,抗风能力差,存在安全隐患
4		模块组路灯	➤ 光源和散热器实现了模组化 ➤ 对流散热	➤ 光源模块的散热器不会产生积灰积尘,散热良好 ➤ 灯具轻,抗风能力好 ➤ 模组与模组是独立的 ➤ 光源模块与透镜是密封结构,光源模块发出的热量可以通过在光源模块的散热器导出来,光衰小 ➤ 目前主流的方式

　　目前最常用的 LED 路灯散热器是鳍片式的,鳍片式散热结构主要取决于散热器吸热底与 LED 模块接触部分之间的热阻,两者之间接触良好、热阻小。可以将吸热底迅速吸收的 LED 模块的热量,通过散热鳍片将热量散发出去。要求吸热底的金属材料与 LED 模块接触良好,中间不要留有气隙,以减少其热阻,中间要用导热膏将 LED 模块与散热器吸热底之间的缝隙填充好。鳍片式 LED 路灯如图 7-3 所示。

图 7-3　鳍片式 LED 路灯

────── ☆☆ **7.3　LED 路灯光源选择** ☆☆ ──────

　　目前 LED 路灯光源基本上分为两种,一种是大功率 1W 系列,另一种是集成光源系列。大功率 1W 系列主要是仿流明 1W 大功率或 3W CREE XP-E、XB-D 光源,如图 7-4 所示。集成光源系列,如图 7-5 所示。在选择 LED 时要综合考虑封装、散热、光效、显色等因素,通常选择单个 LED 功率在 1W 至数瓦、光效达到为 100lm/W 以上的产品。在功率型 LED 过程中，采用透镜封装工艺，可以提高光效率、减少光输出损失、改变光输出特性。

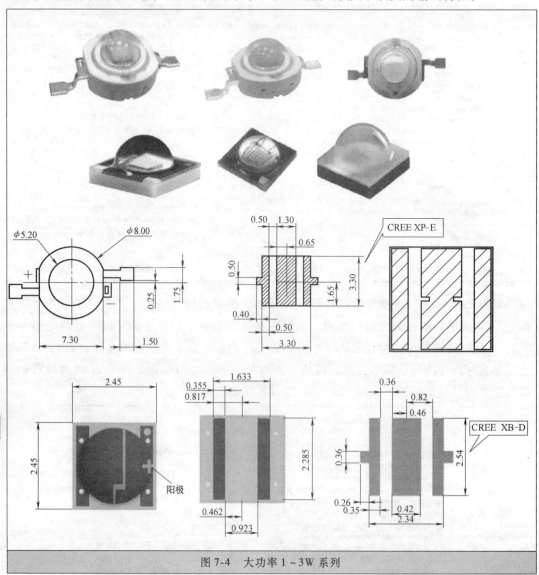

图 7-4　大功率 1~3W 系列

注：XB-D LED 采用了 Cree 最新的碳化硅技术和专业知识，对于冷白光（6000K）最高可实现 139lm/W，对于暖白光（3000K）最高可实现 107lm/W（均采用 350 mA 和 85℃）。

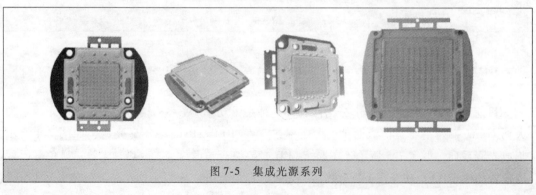

图 7-5　集成光源系列

LED 路灯与传统钠灯对比，见表7-8、表7-9。

表7-8 1000 盏高压钠灯与1000 盏 LED 路灯的建设费用比较

灯具 内容	1000 盏高压钠灯	1000 盏 LED 路灯
规格	400W 普通高压钠灯	JXLD-100LED 路灯
每套灯具单价(元)	1600	4000
1000 套金额(元)	$1600 \times 1000 = 1600000$	$4500 \times 1000 = 4500000$
电流(A)考虑功率因数	4000(需用 $6 \times 350mm^2$ 电缆，单价为 650 元/m)	350(需用 $6 \times 30mm^2$ 电缆，单价为 60 元/m)
电缆费用(元)(灯具按 30m 计算)	$(1000 \times 30 \times 650)$元 = 19500000 元	$(1000 \times 30 \times 60)$元 = 1800000 元
变压器费用(元)	400kVA(按每 1kVA1000 元计算)约 400000 元	50kVA(按每 1kVA1000 元计算)约 50000 元
合计费用(元)	18250000	5850000
结论	同样建设 1000 盏路灯, LED 路灯比高压钠灯节约费用 18250000 − 5850000 = 12400000 元	

表7-9 1000 盏高压钠灯与1000 盏 LED 路灯的 10 年使用费用比较

灯具 内容	1000 盏高压钠灯(400W)	1000 盏 LED 路灯(100W)
附件	高压镇流器、触发器等(约50W)	无
总功率	450W	100W
10 年总用电量 (每天按 12h 点亮)	$450 \times 12 \times 3650 \times 1000/1000 = 19710000$ 度	$100 \times 12 \times 3650 \times 1000/1000$ 度 = 4380000 度
金额(元) (按 0.60 元/度计算)	19710000×0.60 元 = 11826000 元	43800000×0.6 元 = 2628000 元
灯具更换费用(元)	按 3 年更换一次计算 3200000 元	无
维护费用	1000000 元	100000 元
合计费用(元)	16026000 元	2728000 元
结论	同样使用 1000 盏路灯, LED 路灯比高压钠灯节约费用 16026000 − 2728000 = 13298000 元	

☆☆ 7.4 LED 路灯透镜选择 ☆☆

因为不同道路有不同的光学需求，比如：路灯高度、路灯杆之间的距离、道路的种类（主干路、干路、支路、庭院小区等），因此路灯透镜的角度要求也不尽相同；一般来讲，路灯透镜的聚光角度规格为：60°、80°、100°、120°几种；一般主干路路灯杆高度为 10 ~

12M，路灯杆相距为 30 ~ 35M，由此推算出路灯透镜角度需求为 100 ~ 120°。

（1）光斑规格

➤ 圆形光斑，一般应用于庭院灯、小区道路照明；照射范围及照度要求不是很高。

➤ 椭圆形光斑一般应用于机动车或非机动车道，有效克服了圆形光斑照射时，圆与圆相接的地方两侧会有一个暗区，整条道路上，光线没有很好的均匀分布或是圆形光斑的一部份光线超出了道路面而没有真正利用起来。

➤ 矩形光斑，应用于机动车道，有效地利用 LED 的光线，聚光后的光线均匀分布在路面上，光斑均匀。

路灯透镜相对来说要求的是光线利率及聚光角度以及光斑的均匀度，对于路面上的照度值是否达标，是路灯厂家需要设计考虑的问题（如功率大小、不同品牌 LED 的选用、不同流明值的 LED 选用等）

（2）单个透镜

以多个的单个路灯透镜组合使用（透镜与 LED 一对一），在于它的使用灵活性。想选多少个 LED 就使用多少个 LED 透镜，对线路板排列有好处。LED 路灯单个透镜如图 7-6 所示。

154

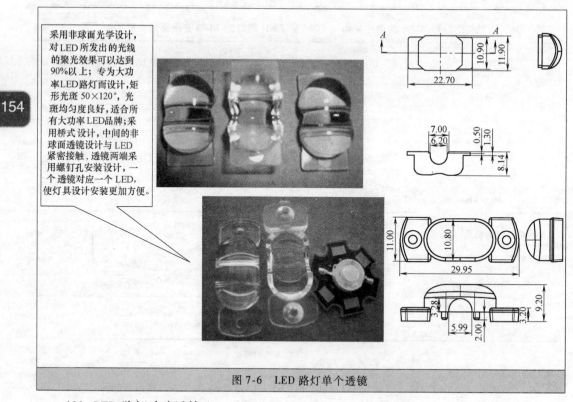

采用非球面光学设计，对 LED 所发出的光线的聚光效果可以达到 90% 以上；专为大功率 LED 路灯而设计，矩形光斑 50×120°，光斑均匀度良好，适合所有大功率 LED 品牌；采用桥式设计，中间的非球面透镜设计与 LED 紧密接触，透镜两端采用螺钉孔安装设计，一个透镜对应一个 LED，使灯具设计安装更加方便。

图 7-6 LED 路灯单个透镜

（3）LED 路灯玻璃透镜

因为玻璃材料具有耐高温，穿透率高等特点，目前还是有相当多 LED 路灯厂在使用它；但是玻璃因为质量重、易碎、成本高等不足，而使它的使用范围有一定的局限性。LED 路灯玻璃透镜如图 7-7 所示。

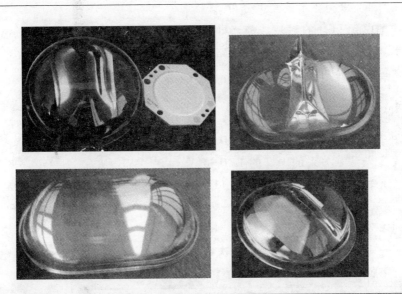

图 7-7　LED 路灯玻璃透镜

注：PC 或 PMMA 材料同属于光学塑料类，生产可以通过注塑完成产品成型，容易实现非球面聚光，减少光斑的黄晕斑现象；但是 PC 及 PMMA 的穿透率仅次于玻璃，耐温也不及玻璃材料的缺点；PC 及 PMMA 就物料及生产成本来讲是具有显著的优势的。

LED 路灯选用的光学及配光要求注意事项如下：

➤ 满足光通量要求，达到需要的亮度和照度。

➤ 满足亮度均匀度（照度均匀度）的要求。要求的配光曲线必须是蝙蝠翼形配光，且最大光强角应在 110°～140°之间，如果是矩形配光，其安装仰角应在 12°～18°之间。

注：安装在路边的 LED 路灯最好是偏心配光的，同时不要因为路宽，使仰角太大，否则会使光斑变形，造成均匀度下降和照度值下降，以及光危害。

➤ 光学设计必须保证限制眩光，对于无配光的和用反光罩配光的，其眩光较难控制，透镜配光的稍好一些。

➤ 光学设计时还必须保证环境比 SR 要大于等于 0.5。

➤ 杆高与杆距比的确定

我国的照明标准的杆距比一般为 1:3 设计，即 8m 杆高的杆距为 24～25m，9m 杆高的杆距为 27～28m，10m 杆高的杆距为 30～32m

注：如果采用 1:3.5 或 1:4 的杆距比，配光要求就很高，如果配光做不到反而会造成斑马线，使道路的亮度和照度不均匀，达不到设计要求。

大功率 LED 照明零组件在成为照明产品前，一般要进行两次光学设计。把 LED IC 封装成 LED 光电零组件时，要先进行一次光学设计，以解决 LED 的出光角度、光强、光通量大小、光强分布、色温的范围与分布。在一次光学设计时使用的透镜就是一次封装透镜，通常材料有硅胶和 PC。LED 路灯的配光曲线如图 7-8 所示。

从配光曲线上看，要实现以上目标主要是通过合适的光学设计以获得蝙蝠翼型光强分布，从而在路面上获得矩形的光斑分布。但是普通大功率白光 LED 的封装透镜（即一次光学透镜）不适合直接应用于 LED 路灯上，所以在每一个大功率白光 LED 的一次光学透镜上还要添加二次光学透镜，目前"花生米"型的二次光学透镜能达到较好的效果，如图 7-9 所示。LED 透镜对 LED 路灯照明一次配光是有关系的。好的 LED 透镜的设计，光输出特性好。通过多粒 LED 阵列混联方式，LED 路灯配光是在同一平面合理排列 LED 达到较好的一次配光，然后对该平面的 LED 整体用透镜进行二次配光，达到道路照明配光要求。

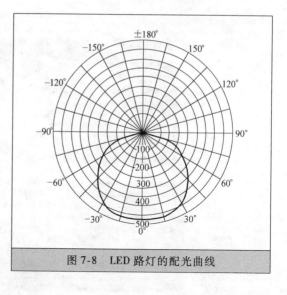

图 7-8　LED 路灯的配光曲线

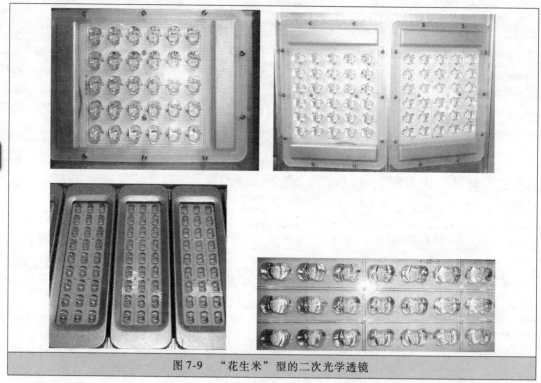

图 7-9　"花生米"型的二次光学透镜

　　注：这种"花生米"型双头透镜，给 LED 配光，将单粒 LED 的光强输出曲线改造成"蝙蝠翼"形，才能实现整个路灯光强输出曲线的"蝙蝠翼"形配光。

　　随着封装技术的进步，白光 LED 的封装方式由单颗 1W 大功率 LED 器件逐渐转向大功率集成封装光源模组。目前的大功率集成封装光源模组的功率最高可达 250W 以上，但这类光源由于发光面积较大，为光学配光设计带来困难。当结温超过系统预设的温度时，系统可以自动调节散热系统的散热途径或降低 LED 的功率。该光源模组可以由单颗 1 W 大功率白光 LED 阵列的方式或大功率集成封装光源模组的方式组成，已经运用在 LED 路灯上。这种集成光源的透镜是玻璃透镜，如图 7-10 所示。

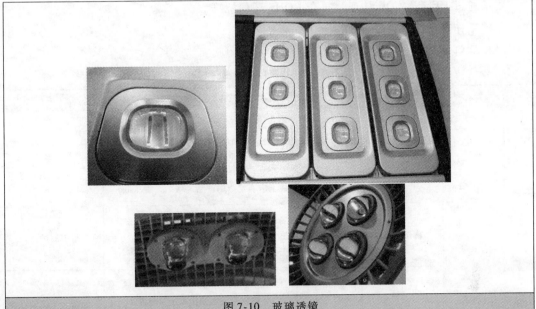

图 7-10　玻璃透镜

注：

① 与 PMMA、PC 透镜相比，玻璃材质的透镜永不会因 LED 高温而变黄老化。

② 可匹配 20～100W 的大功率集成 LED 光源，广泛用于道路照明、机场照明、隧道照明等 LED 照明设备。

③ 材质为高硼硅光学玻璃，透光率达到 92%，矩形光斑，无重影黄斑。

157

☆☆　7.5　LED 路灯电源选择　☆☆

根据有关的 LED 路灯故障统计显示，由于电源失效原因超过 50%。其中，电源故障中本身缺陷和使用不当各占 50% 左右。电源选择确定了 LED 路灯的重要性。电源小型一体化将是未来的 LED 产品设计趋势，可以规避了大功率电源的诸多风险，可靠性更具保障。LED 驱动电源的质量，会影响了整个 LED 照明产业的发展。目前各个 LED 灯具厂商在实际应用中碰到电源短期内失效、故障等问题，给厂商造成巨大损失，同时也打击了消费者对 LED 照明产品的信心。选择电源一定要慎重，国内电源厂商有茂硕电源、北方慧华光电、晶辰电子、英飞特、桑达百利、东莞富华电子、天下明科技等。

1）LED 路灯电源的基本要求如下：

输入电压：85～305V

最大功率：达到设计要求

典型效率：92%

功率因素：0.96

防雷 4kV 以上

防水 IP67

在 -40 ~ +65℃正常工作

要求通过 UL/CE/CQC 认证，符合 ROHS 环保标准

要求工作寿命 50000h，质保三年

LED 路灯电源检验标准见表 7-10。

表7-10　LED 路灯电源检验标准

序号	检验项目	检验内容	标准要求/缺陷描述	检验方法/工具
1	外观	外壳及颜色	➢ 外壳表面应清洁无脏污、灰尘、水渍、液体等 ➢ 外壳及输入/输出线颜色应统一，无明显色差 ➢ 各配件无破损、变形、明显刮花等异常 ➢ 具体外壳形状、颜色、样式及线材参照规格书 ➢ 产品及包装上应有清晰的产品规格	目视
2	安全性能	耐压测试	➢ 不存在超漏、闪络、击穿、短路等异常情况 ➢ 输入对输出:1.5kV/10m A,60s ➢ 输入对外壳:3750V/10m A,60s	耐压测试仪
		保护测试	➢ 短路保护:当输出端短路异常时,3s 内驱动无输出电压,短路解除时,1s 内恢复正常输出电压及电流 ➢ 过载保护:当带负载超过驱动额定电流1.3倍时,3s 内输出电流明显降低至0.1A 以下,过载解除时,1s 内恢复正常输出电压及电流	电预载/智能电量测试仪
3	电气性能	点亮测试	➢ 根据额定电压试亮产品 3 次以上,不允许出现不亮、频闪、灯板等异常	智能电量测试仪、调压器
		调压测试	➢ 将驱动电源(带负载)接上调压器,调节旋钮为150V 和260 分别点亮5min 后关掉1min,循环5 次查看是否正常	
4	老化性能	低压测试	➢ 低压 100V/2h,测试过程无频闪、不亮、启动慢、炸板等异常	老化架
		常压测试	➢ 常压 220V/8h,测试过程无频闪、不亮、启动慢、炸板等异常	
		高压测试	➢ 高压 260V/2h,测试过程无频闪、不亮、启动慢、炸板等异常	
		高低温冲击测试	➢ -45℃条件下工作 4h 转到 60°条件下老化 4h,循环48h 无故障,在 AC240V 可正常工作,启动时间≤2s	老化线/微电脑恒温恒温箱
5	可靠性试验	雷击浪涌测试	➢ 参数设定:脉冲电压1.5kV 每个相位(±0°相位,±90°相位, ±180°相位, ±270°相位)冲击 5 次60s ➢ 根据雷击浪涌测试标准应电源完可正常工作异味、无响声、无爆裂声、无烟	雷击浪涌测试仪、电子负载、示波器
		振动测试	➢ 驱动器以其最不利的正常安装位置在振动发生器上扣紧 ➢ 持续时间:30min,振幅:0.5mm ,频率范围:10Hz、55 Hz、10Hz,扫频速率:大约每分钟 1 次倍频	震动试验台电子负载

（续）

序号	检验项目	检验内容	标准要求/缺陷描述	检验方法/工具
5	可靠性试验	跌落测试	➤ 从1m高处跌落至硬地板3次 ➤ 复测电源性能及外观与测试之前一致,无其他不良	钢卷尺,交流电源、电子负载
		平均无故障时间	➤ 采用平均故障间隔时间（MTBF）衡量系统的可靠性水平。产品的常温平均无故障间隔时间（MTBF）的最小值应不少于200000h ➤ 常温下寿命时间室外应用应不少于50000h	老化测试架
6	环境适应性要求	温度循环测试	➤ I级:-40~70℃；II级:-25~60℃；III级:-10~50℃ ➤ 储存、运输:-50~85℃ ➤ 操作温度条件:通常为低温-40℃、25℃、33℃和高温66℃（湿度:50%~90%）,试验至少24个循环	高低温交变湿热试验箱、电子负载、交流电源、电量测试仪
		防水测试	➤ 外壳防护等级不应低于IP65 ➤ 将电源放入1m深处水中持续工作72h以上,水温25℃,测电源性能及外观与测试之前一致,无其他不良	恒温水箱,钢卷尺,交流电源,电子负载,万用表

2）电线电缆

电线电缆截面的标注主要有以下三种方法：

① 北美的 AWG 系统 如：18AWG。

② 协调系统的 XXmm^2 如：0.75mm^2（18AWG = 0.823mm^2）。

③ IEC227 的 XXmm^2 如：0.75mm^2（18AWG = 0.823mm^2）。

电线内部导线的构成：

	北美	协调系统	IEC227
L = 火线	黑色	棕色	棕色
N = 中性线	白色	兰色	兰色
E = 地线	绿色	黄/绿色	黄/绿色

注：LED 路灯的国家标准为 GB 7000.203—2013《灯具 第2-3部分：特殊要求 道路与街路照明灯具》、GB/T 24907《道路照明用 LED 灯 性能要求》。

─────── ☆☆ **7.6 LED 路灯组装流程及注意事项** ☆☆ ───────

LED 路灯（平板式）的装配示意图，如图 7-11 所示。

平板式 LED 路灯组装流程如图 7-12 所示。

★1. LED 路灯生产工艺流程（平板式）

LED 路灯生产工艺流程见表 7-11。

LED 路灯组装注意事项如下：

➤ 线长、线头尺寸要与 BOM 表要求一致，剥线外皮时，不要伤及内部线皮。线头浸锡要均匀、光滑。

➤ 直流电源，认准灯板正负极，接电测试。如发光正常，则进行下一步；如不正常，则返回检修。

➤ 在测好灯板的背面涂上导热硅脂，量要适中（大约0.03g），涂层要均匀。

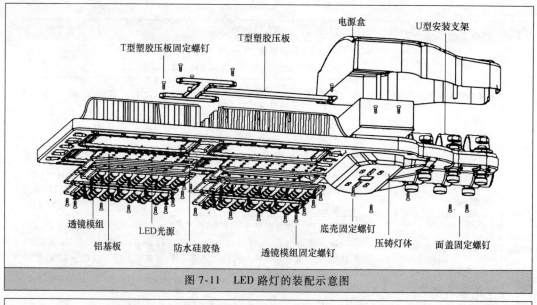

图 7-11　LED 路灯的装配示意图

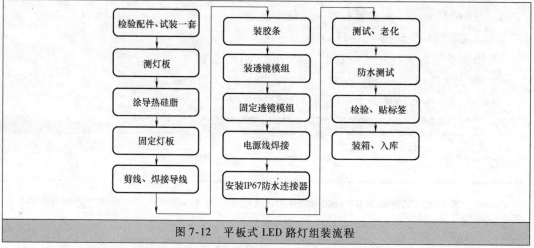

图 7-12　平板式 LED 路灯组装流程

表 7-11　LED 路灯生产工艺流程

序号	步骤名称	作业内容	质量要求	注意事项	工具或辅材
1	领料	计划部按照产品 BOM 表开出领料单,交仓库备料。仓库备料后通知生产部领料。生产部核对物料的数量,核对型号规格,进行首件制作	关键元器件和材料必须与设计样品一致	相关配件数量是否正确,质量是否符合要求,零配件有无缺陷,玻璃有无破损	
2	焊接灯板（手工焊接）	在铝基板上的所有需要焊接 LED 灯其中的一个焊盘上加锡。在灯珠导热焊盘与铝基板的接触处打上适量的导热硅脂,焊接 LED 灯	检验各焊点是否有脱焊、漏焊、虚焊的现象,板面焊渣是否清理干净,检验灯珠与铝基板的接触面是否紧贴,是否有悬空	焊接好的铝基板分类放置指定的区域待检测,放在专用的铝基板架上。如有悬空,应将灯珠取下重新焊接,以保证最大程度的导热	防静电手环
3	测试灯板	焊接好 LED 灯的铝基板加上工作电压,观测现象,判断是否正常。不正常的进行维修处理		通电之前,要确认电压是否相符,在未知被测电压之前,不得接电测试	检验投在白纸上的光斑颜色是否一致,如无明显的差异,即可通过

160

（续）

序号	步骤名称	作业内容	质量要求	注意事项	工具或辅材
4	固定 LED 灯板 模组	固定好 LED 灯板模组	将铝基板放在正确的固定位置,用力压,使基板与灯壳完全贴合,然后固定螺钉	观察固定铝基板的位置,是否平整,螺钉孔是否和基板匹配,是否需要重新开孔	涂导热硅脂时要注意首先保证灯珠焊点下方涂抹均匀,不要太厚,情况允许可以整个铝基板均匀涂上,以保证散热
5	内部组装	灯体装电源或信号,把电源或信号线与驱动连接,再驱动与灯板连接	焊线要牢固和规范,不可有线头露出焊点外	焊点要求饱满光滑	
6	安装透镜模组	要先安装密封胶条,胶条要正确的卡在灯具的卡口里面	透镜模组安装完毕后,检查胶条密封是否到位,透镜模组有无损坏	安装要到位	
7	老化	半成品灯具老化,合格后再组装			
8	涂防水胶	防水胶均匀的涂盖在灯体和透镜模组的结合处,透镜模组放置正确位置	防水胶要均匀覆盖,密封,不得有断点	打防水胶处一定要作清洁处理,把溢出来胶清理干净	
9	外部组装（端盖）	安装好防水硅胶圈,盖上外盖,拧紧螺栓	拧螺栓时,不能一次性拧紧	电线是否经过防水孔拉出,检查完毕将螺钉拧紧,将防水接头安装好	检查密封胶条是否安装到位
10	清洁	用干布擦拭灯具,使灯具的外表清洁	擦拭时,不能蹭掉防水胶,沾酒精擦拭管时,布不能接触防水处理部位		
11	包装	按要求贴上标识	成品放置指定的区域	在额定电压下应正常启动,无短路、不亮、闪烁,LED 死灯现象	

> 涂好硅脂的灯板逐一安放到灯壳底部,使每个灯板的螺孔对准灯壳的相应固定孔。

> 灯板安装方向要求一致,排列整齐,避免装反光罩或 PC 透镜高低不平或有缝隙,螺钉要拧紧。

> 取做好的导线,红线对正极,黑线对负极,用烙电铁把所有灯板按并联法焊接起来。不能将正、负焊反。

> 取反光罩,放到灯板上,对准固定孔位,且让灯珠全部露出反光罩圆孔,用 M3 × 12 不锈钢圆头十字螺栓一一上紧。

> 剪取两端防水硅胶条,长度比玻璃罩长边长 2cm。拉胶条时用力要均匀适中、不能过猛,以防拉断。

> 不要直接用手触摸玻璃表面。

> 取上端堵头与对应的防水胶垫,对准相应的固定孔位,用套好胶圈的内六方螺栓固定到灯壳上,丝要拧紧。

> 连接电源线接头包扎好、无毛刺,以免漏电。

★2. LED 路灯生产工艺流程（模组式）

LED 路灯目前多采用模组化的组装方式，其材质主要包括路灯模组（光源灯珠、透镜、铝质散热器、超导散热垫片、防水硅胶垫、防水接头及防水线材等），路灯模组的数量可根据要求（功率的大小、道路的情况，照度的要求）变化、电源（防水电源、防水等级 IP67）、路灯灯头外壳。模组式 LED 路灯组装流程如图 7-13 所示。

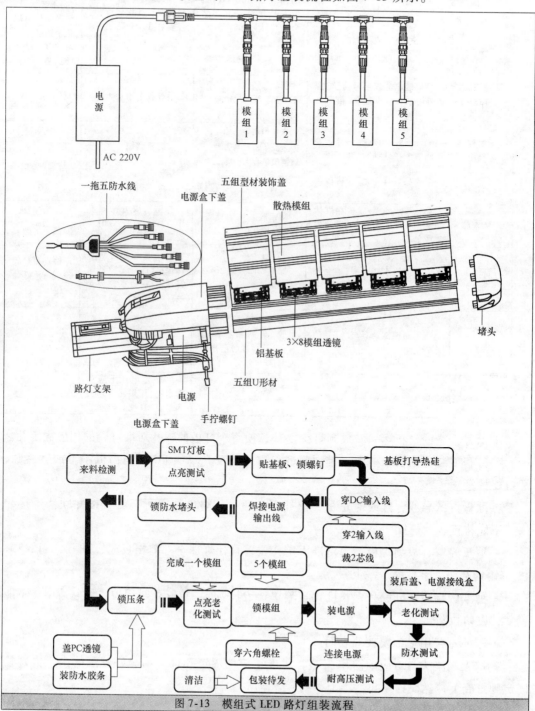

图 7-13　模组式 LED 路灯组装流程

注：在 LED 大功率灯珠在应用中，散热是个大问题，所以 LED 路灯必须要散热器。若 LED 路灯散热器散热效果不好或不加散热措施，则 LED 大功率灯珠的灯芯温度会急速上升，当 LED 大功率灯珠结温（T_J）上升超过最大允许温度时，LED 大功率灯珠会因过热而损坏。

LED 路灯组装注意事项如下：

➢ 灯壳配件到后，开包检验外观，查看相关配件数量是否正确，质量是否符合要求，零配件有无缺陷，根据 LED 模组状况与灯具安装要求。

➢ SMT 光源到货后，要进行外观检验，检验各焊点是否有脱焊、漏焊、虚焊的现象，板面焊渣是否清理干净，检验灯珠与铝基板的接触面是否紧贴，是否有悬空，如有悬空，应将灯珠取下重新焊接，以保证最大程度的导热。

➢ 直流稳压稳流电源点亮 LED，点亮后观察灯珠是否有死灯现象是否不亮或者是否有短路等不良现象。

➢ 在灯具组装之前，要做好防静电工作，带好静电环。

➢ 铝基板背面涂上导热硅脂，涂导热硅脂时要保证灯珠焊点下方涂抹均匀，不要太厚，要将整个铝基板均匀涂上，以保证散热。

➢ 灯板安装方向要求一致，排列整齐，避免装 PC 透镜高低不平或有缝隙，螺钉要拧紧。

➢ 检查防水胶条密封是否到位，PC 透镜有无损坏。

➢ LED 路灯安装完毕，检查外观，有无磨损，安装是否到位。并按照防护等级进行防水试验。

☆☆ 7.7 LED 路灯检验要求 ☆☆

LED 路灯检测记录表见表 7-12。

表 7-12 LED 路灯检测记录表

	检测项目	技术参数	实测参数	备注
外观	灯具的类型			
	灯具的重量			
	灯具防护等级			
电性能参数	工作电压/电流			
	功率			
	功率因数			
	灯具安全等级			
	耐压测试			
	漏电电流			
	绝缘电阻			
	光通量			
	照度			
	色温			
	显色指数			
	灯具发光角度			

（续）

检测项目		技术参数	实测参数	备注
可靠性	开关电试验			
	振动试验与跌落测试			
	发光维持特性与老化试验			
	功能检验			

LED 路灯检验标准见表 7-13。

表 7-13　LED 路灯检验标准

序号	检测项目	检验内容	标准要求/缺陷描述	检验方法/工具
1	产品外观	整体结构	➢ 无明显的划伤、模印、油污、氧化、灰尘及影响性能外观的披锋、缩水、缺料等 ➢ 检查透镜本身是否有气泡、物、刮伤、缩水、夹水纹、污痕 ➢ 灯壳为铝合金,检查时注意灯壳本身是否有污痕、划伤、砸伤、利边锐角、磨损、压花 ➢ 涂漆色泽均匀,无气孔、无裂缝、无杂质 ➢ 部件齐全,装配位置正确,符合产品要求 ➢ 各相关尺寸(长、宽、高)须符合产品图样要求 ➢ 灯具表面各紧固螺钉应拧紧,边缘应无毛刺和锐边,各连接应牢固无松动 ➢ 导线、导线线松紧符合产品要求 ➢ 产品重量符合设计要求或国家相关标准 ➢ 灯具的外形尺寸应符合制造商的规定	卡尺、钢尺、计量器、目视
		产品标签	➢ 额定电压、功率、使用环境额定温度、IP 等级、灯具型号、生产厂家等 ➢ 标签字体清晰、无划伤、皱折、翘皮等 ➢ 标签上印有清晰的生产日期 ➢ 标签上没有油渍或任何灰渍	目视
		防护等级	➢ 根据 GB 4208—2008《外壳防护等级(IP 代码)》中的要求检测 ➢ 驱动无进水,灯无进水。灯能正常点亮且参数在要求范围内	淋水台
2	电性能参数	功率	➢ 在规定测试条件下,功率不能超过 ±10%	智能电量测试仪
		光通量	➢ 在规定测试条件下,亮度值超规格 ±5% 不接受	光谱仪、积分球
		光强	➢ 在规定测试条件下,光强分布曲线、等光强曲线、光强分布数据符合设计要求	分布光度计
		漏电电流	➢ 根据 GB 7000.213—2013《灯具　第 2-3 部分:特殊要求 道路与街路照明灯具》的要求检测。对地漏电流应不超过 3.5mA(交流有效值)	漏电测试仪
		绝缘电阻	➢ 根据 GB 7000.213—2013《灯具　第 2-3 部分:特殊要求 道路与街路照明灯具》的要求检测	
		抗电强度	➢ 根据 GB 7000.213—2013《灯具　第 2-3 部分:特殊要求 道路与街路照明灯具》的要求检测。1500V(交流有效值)的试验电压 1min 不应发生绝缘击穿	耐压测试仪

（续）

序号	检测项目	检验内容	标准要求/缺陷描述	检验方法/工具
3	电磁兼容性		➤ 输入电流谐波应符合国家标准 GB 17625.1—2012《电磁兼容 限值 谐波电流发射限值（设备每相输入电流≤16A）》的规定 ➤ 无线电骚扰特性应符合国家标准 GB 17743—2007《电气照明和类似设备的无线电骚扰特性的限值和测量方法》的规定 ➤ 电磁兼容抗扰度应符合国家标准 GB/T 17626.5—2008《电磁兼容 试验和测量技术 浪涌（冲击）抗扰度试验》、GB/T 18595—2014《一般照明用设备的电磁兼容抗扰度要求》的规定	
4	光学参数	照度	➤ 照度分布、等照度曲线符合设计要求	分布光度计
		色温	➤ 在规定测试条件下,色温值不符合规格±5%要求不接受	光谱仪、积分球
		显色指数	➤ 在规定测试条件下,显色指数值不符合规格±2Ra要求不接受	光谱仪、积分球
		发光角度	➤ 发光角度符合设计要求	分布光度计
5	可靠性试验	开关电试验	➤ 在灯具正常工作条件下, 开 1min 和关 30s 作为一次开关循环,依此连续进行开关试验 500 次	老化房
		振动试验	➤ 将灯具放到振动台振动 30min,检验灯具各零部件有无松动、脱落,灯具是否能正常工作	振动试验
		跌落测试	➤ 产品无击碎、破裂及严重变形,配件无松脱	跌落试验机
		功能检验	➤ 在进行可靠性测试中按灯具使用说明书检验灯具的功能项	

注:

① LED 道路照明灯具内部电路板须作防潮处理,灯具必须安装呼吸器,保证灯具内部万一受潮后仍能稳压工作,并且靠自身工作产生的热量将水汽排除。

② LED 道路照明灯具必须设置有 3C 或 UL 或 VDE 认证的熔断装置,以作为电路异常时过流保护。

③ GB/T 31832—2015《LED 城市道路照明应用技术要求》。

电磁兼容性测量如下:

试验描述:

实验室环境要求:温度 15~35℃ 　　相对湿度 45~75% RH 　　气压 86~106kPa

试验依据:

GB 17743—2007《电气照明和类似设备的无线电骚扰特性的限值和测量方法》

GB/T 18595—2001《一般照明用设备电磁兼容抗扰度要求》

GB 17625.1—2012《电磁兼容 限值 谐波电流发射限值（设备每相输入电流≤16A）》

试验项目

辐射电磁骚扰测量（9kHz～30MHz）。

辐射电磁骚扰测量（30MHz～300MHz）。

谐波电流测量。

浪涌（冲击）抗扰性。

辅助设备及试验设置。

测试时 EUT 的供电电源为：AC220V，50Hz。

测试时 EUT 处于正常工作状态。

电源端子骚扰电压和辐射电磁骚扰（9kHz～30MHz）测试均在屏蔽室进行。

辐射电磁骚扰（30MHz～300MHz）测试在 3m 半电波暗室进行。

谐波电流测量和浪涌（冲击）抗扰性测量在测试间进行。

☆☆ 7.8 LED 路灯安装 ☆☆

LED 路灯安装工具有：成套扳手、30cm 活扳手、螺钉旋具、剥线钳、万用表、导线若干、C50m 卷尺、电工胶布。

★1. LED 路灯的安装注意事项：

➢ 施工人员必须具备相关专业知识。

➢ LED 路灯安装过程要小心保护，当 LED 路灯灯面向下放置时要用柔软布或其他保护材质保护。

➢ 在电源完全关闭情况下操作，绝不可在有电环境下操作。

➢ 须按照操作规范进行，包含使用相关工具和设备。确定天气是否符合户外高度电力工作范围。

➢ LED 路灯安装必须配有升降台的工作卡车、警告标志、闪光灯等。

➢ 清理基础预埋件丝扣胶带、安装灯杆。

➢ 使用吊车、特制的锁扣（防滑、牢固、能自松卸方便拆卸）、绳，控制吊点（杆高的1/3处），超过 4 级风不得安装。

➢ 采用干硬性砂浆或薄钢板找平，用垂球法找正，立正后立即安装地脚螺钉。

★2. LED 路灯安装前准备工作

➢ 路基开挖

与各管线所属部门联系，掌握大概分布资料，通过开挖探槽了解地下管线详细分部情况，要求有序地开挖，并挖雨天临时排水沟，开挖时应有测量配合指导，切勿超挖、欠挖。

➢ 基础土方开挖

采用挖土机对基坑的大概深、长、宽度土方进行开挖，而后人工按图示尺寸修边到设计标高，若出现超挖，不得使用弃土就地回填，应采用级配碎石或砂回填到设计值。

➢ 钢筋、预埋件安装

根据规范要求安装钢筋：骨架尺寸、间距、垂直度、保护层设置、预埋件位置及加固等严格执行验收规范标准。

➢ 混凝土浇筑

混凝土浇筑时应对称、分层进行，每层厚度控制在 25～30cm，采用插入式振捣器施工。掌握混凝土的初凝时间，确保混凝土层面衔接质量，实现中间吊模的浇筑时不翻浆而且能加高混凝土。在混凝土强度达到 2.5MPa 时，保湿、保温养生 7 天。

➢ 基础回填

待基础混凝土达到设计强度达 75% 以上时方可进行。确保不碰坏基础成品，力求对称、分层回填，采用冲击夯压实。基础混凝土如图 7-14 所示。

图 7-14　基础混凝土

★3. LED 路灯安装工作

➢ 打开外包装，移除灯具上方的包装材料，取出 LED 路灯。

➢ 根据货物清单及配件清单来检查包装箱内的部件及配件、说明书是否齐全，以确保组装正常进行。

➢ 先检查各部位紧固件是否牢固，灯头组装是否端正，通电调试 LED 光源工作是否正常，LED 电源是否有异常，并观察是否有变化，一切属于正常，方能开始安装。

★4. LED 路灯安装步骤

➢ 将路灯电源线连接至灯杆控制箱（或连接器）上的电缆线。连接黄色或黄绿电线至接地线；再连接黑色和白色（或棕色和蓝色）电线。电线连接点须装上保护罩或进行防水处理。

注：如果没有黄色或黄绿电源线时，可将接地线锁至电源供应器的螺钉上，但螺钉必须和路灯金属外壳相接。

➢ LED 路灯灯头孔和挑臂结合。调节好 LED 路灯方向，使 LED 路灯和投光灯发光能够充分照射到道路有效区域。

➢ 拧紧螺钉，固定好 LED 路灯。

➢ 通电测试，测试 LED 路灯工作是否正常。

★5. LED 路灯安装施工用电安全措施

➤ 配电箱开关分开设置，必须坚持一机一闸用电，并采用两级漏电保护装置；配电箱、开关箱必须安装牢固，电器齐全完好，注意防潮。

➤ 现场照明：照明电线绝缘良好，导线不得随地拖拉或绑在围挡角钢上。

➤ 配电箱、开关箱：使用标准配电箱，配电箱内开关电器必须完整无损，接线正确，电箱内设置漏电保护器，选用合理的额定漏电动作电流进行分级匹配。配电箱设总熔丝、分开关，动力和照明分开设置。金属外壳电箱做接地或接零保护。

➤ 接地接零：接地采用角钢，接地电阻符合规定，电杆、中断杆及总箱，分配电箱必须有重复接地。

➤ 用电管理：安装、维修拆除临时用电工程，必须由电工完成，电工必须持证上岗，实行定期检查制度，并做好检查记录。

★6. LED 路灯安装示意图

LED 路灯安装示意图，如图 7-15 所示。

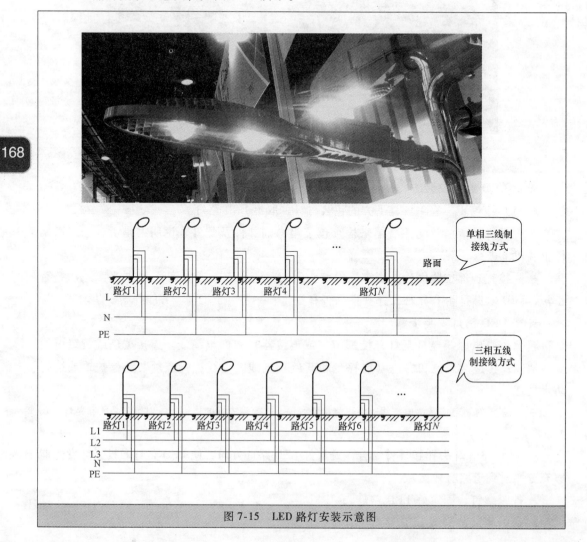

图 7-15　LED 路灯安装示意图

图7-15 LED路灯安装示意图（续）

第 **8** 章

LED 隧道灯设计

────── ☆☆ **8.1 隧道照明的基础知识** ☆☆ ──────

隧道照明与普通道路照明不同，24h（全天候）都必须亮灯，白天的照明强度比夜间的照明强度反而要更强。隧道照明不同于一般的道路照明，有一定的特殊性，设计时要把人对明暗的适应能力、明暗过渡的空间、照明等要求相结合。同时也要将这些要求都反映在隧道照明的设计中，对使用者的安全有着密切的关系。

隧道照明分为入口照明、内部照明和出口照明。对入口照明的要求非常严格，要求入口照明的亮度从与外界相仿的亮度逐渐降低。即白天隧道入口照明的亮度要根据隧道外的亮度、车速、入口处的视场和隧道的长度来确定。入口照明阈值段是为了消除"黑洞"现象，让驾驶员能在洞口清楚辨认障碍物，隧道过渡段照明是为了避免阈值段照明与内部基本照明之间的强烈变化而设置的，其照明水平逐渐下降。

注：国际照明学会（CIE）将隧道入口照明分为（从隧道口开始）阈值段和过渡段。日本的隧道照明标准中将隧道入口照明分为引入段、适应段和过渡段。

日本隧道照明标准中内部段照明的标准见表 8-1。

表 8-1　日本隧道照明标准中内部段照明的标准

车速 /（km/h）	平均亮度/ （cd/m²）	换算成平均照度/lx	
		混凝土路面	沥青路面
100	9.0	120	200
80	4.5	60	100
60	2.3	30	50
40	1.5	20	35

CIE 对隧道内部段照明的推荐亮度见表 8-2。

表 8-2　CIE 对隧道内部段照明的推荐亮度（cd/m²）

刹车距离 /m	交通密度/（辆/h）		
	<100	100<交通密度<1000	>1000
60	1	2	3
100	2	4	6
160	5	10	15

内部段是隧道内远离外部自然光照明影响的区域，驾驶员的视觉只受隧道内照明的影响。其特点是全段具有均匀的照明水平。内部段的照明水平完全不需变化，只需提供合适的亮度水平，具体数值由交通流量和车辆时速决定。

公路隧道照明与普通道路照明不尽相同。在设计上需要考虑以下几点：

➢ 路面要有一定的亮度水平。

➢ 隧道墙壁要有一定的亮度水平。

➢ 设计时要考虑设计车速、交通量、路线线形等诸多影响因素。

➢ 从行车安全性和舒适性等方面综合确定照明水平。

➢ 人的视觉适应性，特别注意是隧道入口段、出口段两处。

➢ 隧道白天也要照明，且白天照明问题比夜晚更复杂。

隧道照明要实现节约能源、提高照明效果，保证行车的安全性和舒适性，从以下几个方面来考虑：

➢ 亮度

白天隧道内亮度相对隧道外的亮度低好多，当驾驶员驾车进入隧道时，有一定的视觉适应时间，之后才能看清隧道内部的情况，称这种现象为"适应的滞后现象"。在设计过程中如没有适当的过渡，则会产生黑洞现象，让驾驶员暂时失去视觉功能，带来一定的安全隐患。

注：黑洞现象是进入隧道前所发生的视觉问题，是隧道照明中最重要的问题。

➢ 亮度均匀度

良好的视觉功能要有较好的平均亮度，必须要求路面上的平均亮度与最小亮度之间相差不能太大。如果视场中的亮度差太大的话，会形成一个眩光源，带来一定的频闪效应，从而加重视觉疲劳。

注：

① 总体亮度均匀度 U_0 是指隧道内部段路面上最小亮度和平均亮度的比值。

② 纵向均匀度 U_1 是指在车道轴线上最小路面亮度和最大路面亮度的比值。

如果路面上连续、反复的出现亮带和暗带，即"斑马效应"，会使人感到很烦躁。这同时也涉及人的心理及道路安全。

注：纵向均匀度主要是用来评价"斑马效应"的大小。

➢ 眩光

由于视场中有极高的亮度或亮度对比存在，使视功能下降或使眼睛感到不舒适，这样这会容易形成眩光。

在隧道照明中的眩光有可能来自迎面驶来的车辆前灯、隧道照明灯具、隧道出口时外面的高亮度等。隧道照明灯具采用截光型灯具，采取特殊技术措施消去直射和反射眩光，形成漫反射，使光线变得十分柔和。

注：对障碍物的辨认能力下降，危及行车安全。

➢ 频闪效应

较长的隧道中，由于灯具照明器排列的不连续，使驾驶员不断地受到明暗变化的刺激而产生烦乱，称为频闪。频闪效应与明暗的亮度变化、明暗变化的频率、频闪的总时间三者之间存在一定的关系。三者的关系与所使用灯具的光学特性、行进车辆的速度、照明灯具的安装间距、隧道长度有关。

注：一般而言，频闪的频率小于2.5Hz和大于15Hz时所带来的频闪现象是可以接受。

➢ 照明控制

在保证视觉条件，满足隧道照明要求的情况下，合理节能是照明控制方式的主要目的。照明控制的目的是可以随时改变隧道的照明的照度。由于阴天、雨天或黄昏时分，隧道口外的亮度比平时要低，可以减小入口段照明的亮度，以减少能源浪费。

在隧道照明中可以根据白天、夜晚以及车流量大小等因素，通过各种调光设备或控制器件来对隧道照明环境的照度或灯的开启、关闭进行调整和控制。使隧道内灯具整体亮度减弱，能耗降低；保证隧道亮度均匀度不变。

注：① LED隧道照明国家设计规范 GB 7000.1—2015《灯具　第1部分：一般要求与试验》、GB/T 9468—2008《灯具分布光度测量的一般要求》，《GB 4208—2008 外壳防护等级》。

② 交通运输部部颁标准《公路隧道设计规范》（JTG D70—2004）、JTG/T D70/2-02—2014《公路隧道通风设计细则》、JTG/T D70/2-01—2014《公路隧道照明设计细则》。

③ 交通运输部部颁标准《公路LED照明灯具　第1部分：通则》（JT/T 939.1—2014）、《公路LED照明灯具　第2部分：公路隧道LED照明灯具》（JT/T 939.2—2014）、《公路LED照明灯具　第5部分：照明控制器》（JT/T 939.5—2014）。

LED隧道灯安装在隧道的平均照度值及均匀度见表8-3。

表8-3　隧道的平均照度值及均匀度

安装高度	隧道宽	灯具仰角	布灯方式	安装距离	平均照度	照度均匀度
5m	14m（四车道）	35°	两侧壁对称	2m	182lx	0.78lx
				3m	121lx	0.78lx
				4m	91lx	0.77lx
				5m	73lx	0.76lx
				6m	61lx	0.74lx
				7m	52lx	0.76lx
				8m	46lx	0.77lx

注：高亮区大于或等于80lx，过渡区大于或等于50lx，低亮区大于或等于30lx。

隧道照明设计考虑的因素有长度、线型、内饰、路面种类、有无人行道、链接道路的结构、设计时速、交通量和汽车种类等，同时还要考虑光源光色、灯具、排列、照明水平、洞外亮度和人眼适应状态等。

☆☆ 8.2　LED隧道灯散热器选择 ☆☆

LED隧道灯主要应用于隧道、车间、大型仓库、场馆、冶金及各类厂区、工程施工等场所大面积泛光照明，最适用于城市景观、广告牌、建筑物立面作美化照明。LED 隧道灯是一种光效节能灯具，选用 LED 作为发光体的光源，光效高、寿命长，配合不同配光透镜或反光器可实现多用途照明。可以直接把电转化为光，对比传统的道路隧道照明光源，LED 隧道灯具有很大优势。LED 隧道灯的外形如图 8-1 所示。

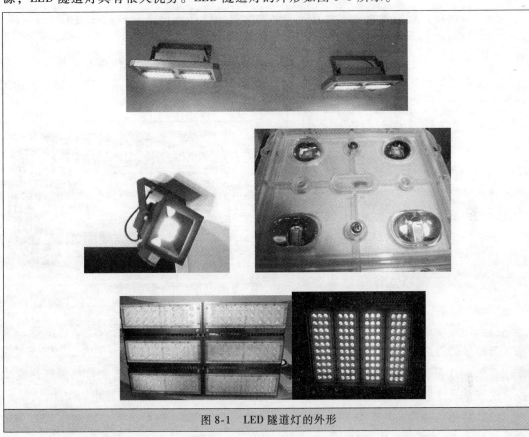

图 8-1 LED 隧道灯的外形

LED 隧道灯特点如下：

➢ 高光效。

目前量产单芯片 1W 的 LED 光效最高可以达到 100lm/W 以上，且单面出光，在整个灯具光学系统的设计中，做出效率高的灯具。

➢ 长寿命。

LED 在合理的散热设计和电源驱动条件下，可以有长达数万小时的寿命，对于 24h 工作的隧道照明，减低维护费用。

➢ 易配光。

LED 光源由于发光尺寸小，单面出光，方向性强，方便地配合透镜或反光杯，来达到较理想的配光，提高整个灯具的利用效率，有良好的均匀度。

➢ 灯具设计灵活。

LED 隧道灯在功率设计上选择灵活，可以根据实际照度要求来改变 LED 光源的数目，达到最佳的节能效果。灯具外形的设计上也多种选择。

注：LED 隧道灯可以做成线条型，达到较好的视觉透导性。也可以做成矩形，适合较高照度要求的

入口段、过渡段和出口段。

➢ 智能调光控制。

采用 LED 可以实现无极调光，充分发挥 LED 隧道照明的节能效果，实现智能化的隧道照明。

LED 隧道灯一般由光源、配光系统、驱动电源、灯具散热外壳以及控制系统等组成。LED 隧道灯外壳的主要功能是散热。灯具结构及散热设计决定了 LED 的光效与寿命。当灯具散热不良导致 LED 结温较高时，LED 光效急剧下降，寿命也大幅缩减。目前采用散热鳍片及非均匀散热设计，使 LED 结温温升由 40℃ 降低到 35℃（灯具在室温 25℃，达到热平衡）。

LED 隧道灯材料为铝合金，铝合金（6063-T5）的导热系数为 210W/m·K。LED 隧道灯散热器为铝材压铸或挤压而成鳍片状散热器。目前有一种穿孔网格立体散热器结构，增加散热面积，运用热力学和空气动力学原理，加速空气受热后自然循环，提高散热效果，降低散热器温度，使 LED 结温下降。穿孔网格立体散热器如图 8-2 所示。

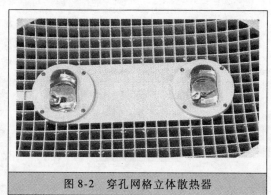

图 8-2 穿孔网格立体散热器

其工作原理是：LED 光源的热传到穿孔网格立体散热器上时与周边的空气形成热交换，被加热的周边空气发生体积膨胀、质量变轻而自然向上流，未被加热的冷空气因气压作用自然上升，同时又被穿孔网格状散热器加热上升，不断发生与空气自然循环热量交换，空气上升使散热器的热量不断交换到环境空气中，保证了 LED 光源可靠工作。

LED 隧道灯分为对流散热 LED 隧道灯与分散式 LED 隧道灯两种。对流散热 LED 隧道灯与分散式 LED 隧道灯性能对比见表 8-4。

表 8-4 对流散热 LED 隧道灯与分散式 LED 隧道灯性能对比

序号	项目	对流散热 LED 隧道灯	分散式 LED 隧道灯
1	结构对比	上下结构,结构复杂,耗材多,带防护罩影响出光	单片式结构,散热器灯壳一体化设计,最大限度减少材料耗用
2	散热系统	背部鳍片式,难以形成对流散热,无自净功能,灯壳背面易积灰	全通透穿孔网格状立体散热结构,形成空气自然对流循环散热,散热通畅
3	自净系统	无自净功能,散热器积灰阻碍散热,引起光衰	具备自净功能,垂直穿孔立体散热器灰尘杂物无法富集
4	整灯光效	60~100lm/W	90~120lm/W
5	灯壳材质	整灯灯体为普通压铸铝	稀土调质高效铝合金
6	传热通道	LED→固晶胶→铝基板→导热胶→PCB板→导热胶→散热器→环境	LED→固晶胶→铝基板→导热胶→散热器→环境
7	灯具效率	70%~80%	>90%
8	光源模式	多颗阵列式	集成标准光源
9	配光损失	10%左右(光通量降低)	小于10%(光通量降低)
10	灯罩损失	10%左右(光通量降低)	无

注：在相同照度下，采用显色性好的光源则主观亮度较高。采用显色性差的光源，主观亮度则较低。若采用显色性较差的光源时，应相应地提高照度水平，用以提高主观亮度。

☆☆ 8.3 LED 隧道灯光源选择 ☆☆

LED 隧道灯光源排列方式有多颗大功率阵列式和单颗大功率两种。

多颗大功率阵列式 LED 隧道灯是将数十颗甚至上百颗 LED 芯片集成在很小的空间内。集成后的光源相对较大，不利于做配光，无法做到精确的二次配光，难以达到隧道照明理想的光分布。光能利用效率低，光损失大，照度均匀度差。其眩光非常强，容易引起视觉疲劳和视线干扰。目前是将散热器与灯壳一体化的设计，使 LED 光源与外壳紧密相连，通过独特的散热器与空气对流高效散热，实现了芯片热量的快速传递与释放，不仅确保了光源能在较低温度下工作，而且最大限度地减少了 LED 光衰减。

集成光源模块采用集成芯片封装技术在约 2.5cm×2.5cm 的面积上实现单颗 LED 光源百瓦级、光通量可达 10000lm 以上，光源发光效率大于 100lm/W，工作寿命大于 50000h。通过配光透镜的组合，使光照范围可控，照度均匀度高。

LED 的单位发光面积就很小，再进行高密度集成后，其眩光非常强，容易引起视觉疲劳和视线干扰从而引发交通事故。

多颗大功率平面阵列式，一般采用数十颗甚至上百颗 1W 或 3W 大功率，LED 通过阵列排布。由于其单颗功率小而且是均匀分布在灯具发光平上，热量密度较小，LED 温度低而且均衡，寿命能得到保证。单颗 LED 光源点小，近似于点光源，可以进行二次配光设计，做到非常理想的矩形光斑。光能利用率、均匀度可以做得很好，合理的配光设计，灯具效率达到最高。分立式 LED 灯具主要的散热路径是：管芯→散热垫→印制板敷铜层→散热器→环境空气。

在相同的地面照度情况下，某一角度的光来自于所有的 LED，光强分散到整个灯具的发光面上，灯具表面亮度低，眩光很微弱，不会有刺眼感觉。即使其中一部分 LED 坏掉，只是路面整体照度降低，不会出现某个区域大幅降低，不影响照度均匀度，对实际照明基本不造成影响。

注：

① 每颗 LED 的光分布完全相同，可以根据实际路面的照度要求，简单的改变 LED 的数量。在相同的地面照度情况下，可以将光强分散到整个灯具的发光面上，灯具表面亮度低，眩光很微弱，不会有明显的刺眼感觉。

② 分立式 LED 隧道灯是以多颗单颗封装 LED 光源通过阵列排列实现大功率要求，其光源较多，结构复杂，容易出现线路故障，再加上单颗 LED 光源一般采用树脂透镜封装成型，树脂材料随时间、温度以及紫外线的影响会黄花老化，引起光衰，影响照明效果。

☆☆　**8.4　LED 隧道灯透镜选择**　☆☆

配光系统按原理分折射式光学设计、反射式光学设计两大类，如图 8-3 所示。

折射式光学设计相对 LED 发光面的包络角最大，对光线的控制能力最强，由于两次经过不同介质面均有一部分光被反射或被介质吸收，效率较低。

反射式光学设计对光线的控制能力较低，但约 50% 的光线是直接向路面发射，可全部得到利用。剩下的光

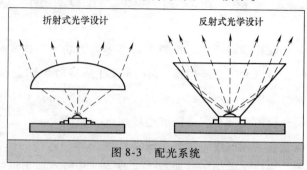

图 8-3　配光系统

线经过反射面反射，其光线也能通过膜层反射率的控制减小吸收损失，效率很高。

LED 隧道灯的配光曲线如图 8-4 所示。

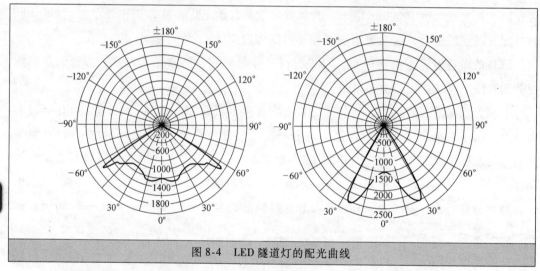

图 8-4　LED 隧道灯的配光曲线

LED 隧道灯的透镜如图 8-5 所示。

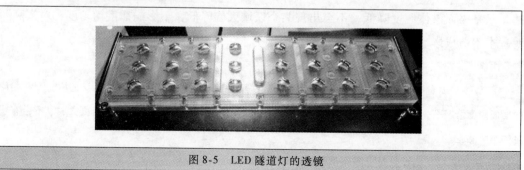

图 8-5　LED 隧道灯的透镜

注：LED 隧道灯配光宜采用对称式配光；纵向配光最大光强光束角应不小于 96°，光斑分界线应渐变以减少斑马效应；横向配光应考虑截光设计，宜采用矩形光斑以提高有效光利用率。

☆☆　8.5　LED 隧道灯电源选择　☆☆

LED 隧道灯的电源的选择，可以参照 LED 路灯，在这里不作介绍。

☆☆　8.6　LED 隧道灯组装流程及注意事项　☆☆

★1. LED 隧道灯 QC 工程图

LED 隧道灯 QC 工程图，如表 8-5 所示。

表 8-5　LED 隧道灯 QC 工程图

序号	工程图	工程名	管理项目	工具或材料、表格	检验方法	抽样计划	记录方法	执行者
1	◇	来料核对	缺料或错料	BOM 料单或代用料表	目视	核对数量	《领料单》	物料员
2	▭	发料	物料与发料单是否相符		目视	核对数量	《发料单》	
3	⬭	开始准备生产	物料配备					生产物料员
4	▭	贴灯珠	极性、数量	镊子		抽检		作业员
5	▭	回流焊/加热台	焊接质量	回流炉/加热台	测试炉温			
6	◇	炉后 QC 外观检查	检查铝基板贴装质量			抽检	QC 检查记录表	炉后 QC
7	▭	成品装配	电源、焊好 LED 铝基板	电子负载机、耐压测试仪、恒流电流、防水测试台、功率测试仪、万用表、卡尺		核对电源数量并进行抽检,同时检测电源是否符合产品规格书		作业员
8	▭	成品装配	散热器、铝基板、透镜、透镜密封圈、安装支架等	电批、套筒				
9	▭	外观检查	检查装配质量			100%		生产线 QC
10	▭	点亮测试	不良品	老化架	目视			测试员
11	▭	老化实验	不良品	老化架	目视	抽检		测试员
12	▭	维修	不良品	万用表、电批、套筒、电烙铁				修理员
13	◇	外观检查	检查成品质量		目视	100%		生产线 QC
14	◇	首件检查	外观质量检查、物料确认、光参数、安规检测、防水等级	BOM 料单《SMT 检验标准》《工程更改通知单》《LED 隧道灯检验标准》	目视		《首件检查记录清单表》	质量部 QC

177

（续）

序号	工程图	工程名	管理项目	工具或材料、表格	检验方法	抽样计划	记录方法	执行者
15		返修		万用表、电批、套筒、电烙铁		100%	《维修记录表》	返修员
16		批量生产	外观质量检查		目视			炉后QC
17		待检						
18		最终检查	外观、以及物料符合性、光参数、安规检测、防水等级	BOM料单、代用料表《工程更改通知单》《LED隧道灯检验标准》	目视	根据GB-2828—2008S-4级水平	《OQC出货检验报告》	质量部QC
19		入库	产品入库单（批次、机型、数量）	产品入库单	目视			入库员
20		出货	产品出货单（批次、机型、数量）	产品出货单	目视			仓管员

◯—— 开始　　▭—— 过程　　◇—— 检查判定　　▱—— 入待检区（入库）　　△—— 终止

★2. 模组LED隧道灯（分立式LED隧道灯或组合式LED隧道灯）

分立式LED隧道灯或组合式LED隧道灯流程图，如图8-6所示。

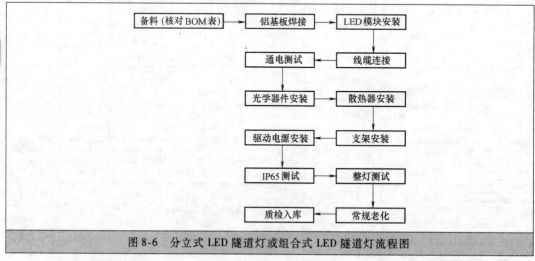

图8-6　分立式LED隧道灯或组合式LED隧道灯流程图

注：散热器与灯珠接触面必须平整，不能有空洞或不平的现象，这样容易出现散热不良。散热器选择时需注意散热器是否满足LED灯珠散热要求，也就是说能否将LED灯珠发出的热量散出去，按照相关的技术标准要求LED基板温度控制在65℃以下，LED基板与散热器温差控制在10℃内。

★3. 分立式LED隧道灯或组合式LED隧道灯的组装指引（组装步骤）

分立式LED隧道灯或组合式LED隧道灯的组装指引（组装步骤），如表8-6所示。

表8-6 分立式 LED 隧道灯或组合式 LED 隧道灯的组装指引（组装步骤）

序号	步骤名称	安装步骤或检验要求	工具	注意事项
1	LED 灯焊接	➢ 将丝印网板放在 PCB 上,调好定位,检查网板孔位是否与 PCB LED 散热焊盘中心孔一致 ➢ 导热硅脂要涂抹 PCB LED 散热焊盘中心孔上,厚度 0.2~0.3mm ➢ 焊接 LED 灯珠时,要在电烙铁头先焊点锡,再将电烙铁头压在基板的 LED 焊盘上 ➢ 焊锡不可爬出 LED 焊盘区域,且烙铁头不能接触到非 LED 焊盘区域,避免烫伤基板非 LED 焊盘区域和 LED,每个焊点焊接时间控制在 5s 以内 ➢ 焊 LED 灯珠前要确认 LED 灯珠是否紧贴基板,不能有 LED 灯珠脚翘起现象 ➢ 烙铁温度:350±10℃	电烙铁、刮片、丝印网板、手套	➢ 焊接过程中,焊点要圆润,不可有虚焊,假焊等不良
2	LED 灯板测试	➢ 目视无变形及 LED 破损、脱帽等不良现象 ➢ 发光测试不可有暗灯、死灯等不良现象 ➢ 直流电源电压设定 36V,电流设定为 600mA	直流电源	➢ 测试人员必须戴静电手环
3	LED 灯板涂导热硅脂	➢ 使用风枪将螺纹孔内的的铝屑等残留物吹除干净,清理表面,将散热器放置在平台上 ➢ 检查丝印网板是否正确,网板是否完好、干净 ➢ 将丝印网板放在散热器上,调好定位,检查网板孔位是否与散热器孔位一致	刮片、丝印网板、手套	➢ 检查导热硅脂是否合格 ➢ 注意刮刀力度要均匀,来回刷 2~3 次 ➢ 丝印导热硅脂厚度 0.2~0.3mm ➢ 导热硅脂要涂抹均匀
4	LED 灯板的安装	➢ 将 LED 灯珠条放置在已印刷好导热硅脂的散热器上,注意方向 ➢ 将螺丝按孔位顺序锁紧在散热底座上	静电手环、螺钉旋具、电动螺丝刀	➢ 调试好电动批的力矩 ➢ 戴静电手环,注意工具不能碰到 LED 灯板 ➢ 灯板完好固定于散热器组件之上,无松动
5	焊接护套线	➢ 对进行焊接的电线裸铜部分需预先上锡 ➢ 确保 LED 铝基板与线缆焊接牢固、美观,无漏焊、虚焊、脱焊等不良现象	恒温焊台、防静电手环	➢ 焊接时注意烙铁的温度与焊接时间
6	防水螺母	➢ 在灯壳的防水接头上插入一根护套线 ➢ 焊接护套线之后,外面端留约 1cm;拧紧防水螺母 ➢ 电源 AC 输入端必须和气密防水塞方向一致	扳手	➢ 线皮端与内侧面对挤 ➢ 焊接完毕后清理干净 LED 灯板及散热器上的残留杂物 ➢ 气密防水塞必须拧紧

179

（续）

序号	步骤名称	安装步骤或检验要求	工具	注意事项
7	PC 透镜、防水胶圈	➢ 将防水胶圈扣紧在 LED 灯板固定位置上,注意力度,一定要孔位——对应 ➢ 检查 PC 透镜外观,保证干净无损 ➢ 将 PC 透镜平整放在灯壳的相应位置,保证胶圈不变形 ➢ 检查防水胶圈是否安装好,防止胶圈滑被挤压、移位等情况出现 ➢ 要求调整风批扭力,分两次锁紧 ➢ 螺钉要锁紧,透镜与散热器之间不能有任何间隙 ➢ 透镜的方向性要一致	电动螺丝刀	➢ 清理散热器,尤其是 LED 灯珠及 LED 灯珠附近的清洁 ➢ 防水胶条一定要放到位,不能有偏差。不能装反防水胶圈 ➢ 第一次预锁紧螺钉,第二次锁紧螺钉。锁螺钉的顺序对角平衡锁定 ➢ 注意在装配过程中,不允许刮花表面
8	LED 驱动电源的安装	➢ 将电源固定在支架的相应位置 ➢ 将电源盒与灯壳的接头线公母端正确对接好,锁紧螺母	电动螺丝刀	➢ 通电测试电源是否合格
9	支架的安装	➢ 将支架卡在灯壳的侧边,对应的螺钉孔上	电动螺丝刀	➢ 注意表面不要刮花,控制好锁紧螺钉的力度,防止滑牙
10	隧道灯成品	➢ 功率、PF 值都在规格内 ➢ 耐压须过 AC1500 ➢ 暗灯,死灯,亮度不均,色差大,外观性能符合出货要求,功能性参考(成品检验规范) ➢ 检查是否有漏放配件、包装无破损等		➢ 灯体不可有变形、毛边等不良 ➢ 结构件不可组装不到位、错装、少装现象 ➢ 主体件不可有破损、氧化、刮花等不良 ➢ 灯体外观不可有脏污现象

注：LED 模组是指焊接好 LED 的灯板。

LED 隧道灯质量要求：
➢ 安装前使用风枪将螺纹孔内的的铝屑吹除干净，同时也要将散热底座清理干净。
➢ 关键元器件和材料必须与型式试验合格产品一致。
➢ 制作的首件必须与工程部提供的样板相符合。
➢ 元件必须焊接整齐（尽量贴近线路板），无漏焊，无错焊。
➢ 导热硅脂必需抹匀。灯珠导热片一定要紧贴铝基板面。
➢ 焊线要牢固和规范，不可有线头露出焊点外，焊点要求饱满光滑。
➢ 将防水接头按锁紧在灯壳上，注意锁紧力度防止密封圈挤出外面。
➢ 外盖螺栓要拧紧。控制好锁紧螺钉的力度，防止滑牙。
➢ 老化时间不得低于 4h。
LED 隧道灯生产工序如图 8-7 所示。

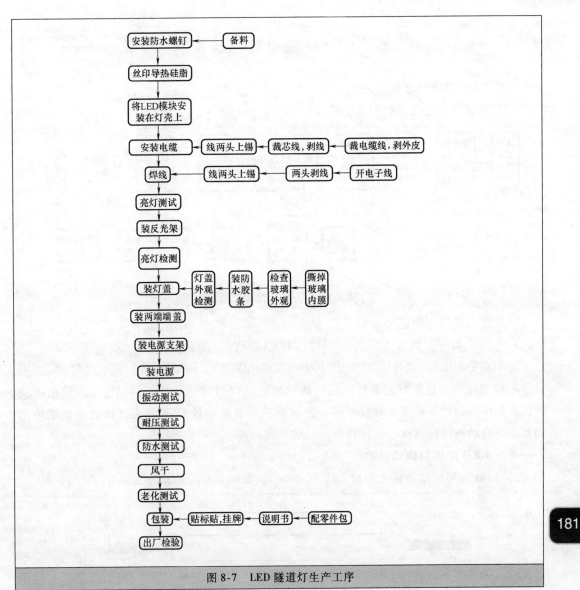

图 8-7　LED 隧道灯生产工序

LED 隧道灯生产工序注意事项：

➢ 库仓管理员和领料人员必须配戴无绳防静电手环，来发领 LED 灯珠。

➢ 焊好件的铝基板板一定要放好、放稳，并保持铝基板板面的整洁与灯珠的完好。

➢ 导通电之前，要确认电压是否相符，在未知被测电压之前，不得接电测试。

➢ 电铬铁必须接地良好。注意工具不能碰到 LED 灯珠。

➢ 涂好导热硅脂，将散热器放在灯壳背面对应位置，保证硅脂与灯壳紧密配合。

➢ LED 铝基板与线缆焊接牢固、美观，无漏焊、虚焊、脱焊等不良现象。

➢ 拧螺栓时，要齐头并进，不能一次性先拧紧一个。遇到四个螺钉以上的工件组装，分两次锁紧，并且注意锁螺钉的顺序：先对角或两端开始，再从中间逐渐到扩大到四周，第一次锁紧力度控制在规定扭力的 1/2，第二次按第一次顺序全力锁紧，在锁螺钉的过程中注意工具不能刮花或撞伤零件表面。

☆☆ 8.7 LED 隧道灯检验要求 ☆☆

★1. LED 隧道灯老化要求

LED 隧道灯老化要求如图 8-8 所示。

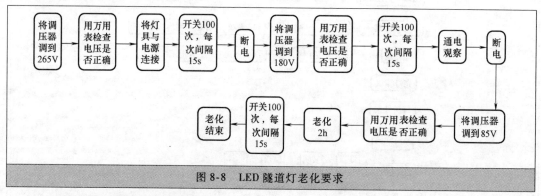

图 8-8 LED 隧道灯老化要求

LED 隧道灯耐压测试要求如下：

➤ 相线 L 与中性线 N 之间用 1440V（$2U + 1000V$），测试 10mA，测试时间 60s。

➤ 相和中性线 L、N 与外壳之间用 1440V（$2U + 1000V$），测试 10mA，测试时间 60s。

➤ 按测试参数设置好设备将产品的地线与测试仪的接地端输出端相连，启动耐压测试仪，高压棒与产品的零、相线相连；完成后将产品的中性线 N 与测试仪的接地端输出端相连，启动耐压测试仪，高压棒与产品的相线相连。

★2. LED 隧道灯测试说明

1）LED 隧道灯交流输入端输入线为三芯线，如图 8-9 所示。分别为 L、N、PE 测试

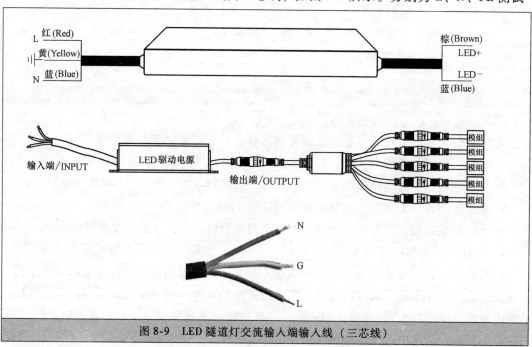

图 8-9 LED 隧道灯交流输入端输入线（三芯线）

时，请按 LED 隧道灯电源规格书要求接线及通电。

注：测试前一定要确定好电源的输入端与输出端，以免误将耐压测试仪的输入电压直接施加在输出端上而烧毁电源。

2）测试时输入电压请确保在 LED 隧道灯电源规格书要求范围内，严禁输入电压超出规定范围。

3）通电测试前，确认 LED 隧道灯与耐压测试仪所有线缆均已连接正确：保证 LED 隧道灯交流输入端输入线，恒流输出线与灯具（或负载）充分接触，防止产生接触不良而导致测试结果不准，严重时，有可能造成产品损坏。

4）进行输入、输出高压测试时，请将耐压测试仪高压输出端务必接在 LED 隧道灯交流端输入线的 L、N 上，低压端与 LED 隧道灯交流端输入线的地线连接，且务必充分连接。进行耐压测试时，请务必确保测试电压在 LED 隧道灯电源规格书要求范围内，严禁测试电压超过标准要求。

注：

① 测试前，须将耐压测试仪电压调整为 0V，测试电压在 5～10s 内，由 0V 调整到所要求的测试电压。勿将测试电压瞬间加到待测试的 LED 隧道灯上。

② 进行输入对地测试时，请将耐压测试仪高压输出端务必接在 LED 隧道灯交流输入端输入线的 L、N 上，低压端接在 LED 隧道灯交流输入端输入线的地线或电源侧盖螺钉上，且务必充分连接。

5）在对 LED 隧道灯进行老化时，请务必保证 LED 隧道灯交流输入端输入线与老化架各连接线充分接触，并将输入电压控制在 LED 隧道灯所允许的输入电压范围内，且须防止出现连续的大幅度电压跳动。

★3. LED 隧道灯防水测试要求

LED 隧道灯防水测试要求如图 8-10 所示。

➢ 干净的清水、水流速率 12.5l/min±5%、喷水口内径为 $\phi6.3$mm、测试样品距离喷嘴 2.5～3m、从每个可行的角度对灯具喷射不少于 30min。

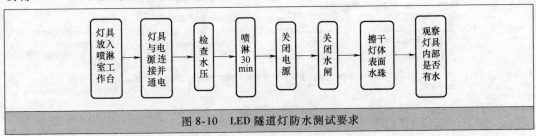

图 8-10 LED 隧道灯防水测试要求

LED 隧道灯振动测试要求如图 8-11 示。

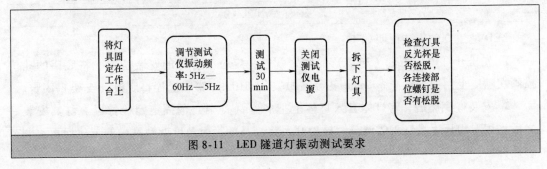

图 8-11 LED 隧道灯振动测试要求

☆☆ 8.8　LED 隧道灯安装 ☆☆

　　LED 隧道灯有吸顶式、吊杆式、座式、壁挂式等多种安装方式，操作更加简便。适应不同工作现场照明的需要。LED 隧道照明基本情况长隧道按照双洞单向行驶方式布设灯具，隧道照明分入口段，过渡 1、2、3 段，基本段及出口段；灯具功能分加强灯、全日灯及应急灯三种。双侧布灯，灯具安装高度为 5.5m。

　　当采用单相供电时需要三线制，其接线方式如图 8-12 所示。

　　当采用三相供电时，要求采用 TN-S 系统，即三相五线制，其接线方式如图 8-13所示。

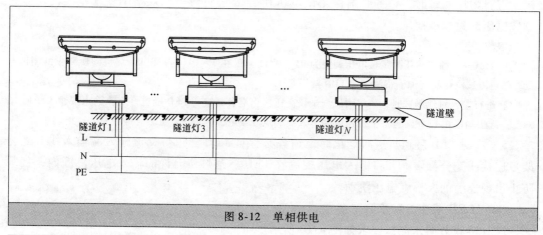

图 8-12　单相供电

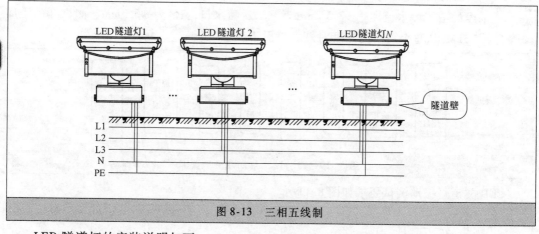

图 8-13　三相五线制

　　LED 隧道灯的安装说明如下：

　　➤ 先松开灯体与底座（支架）的固定螺栓，定位于合适的安装位置。将底座的孔位描画在基座上用冲击钻开 ϕ12mm 孔径。再安装 ϕ10mm 膨胀螺栓将底板（支架）固定。

　　➤ 安装好底座后，将灯体套入灯体上把底座（支架）的固定螺栓拧紧。灯具安装好之后，用专用板手将灯头的调节螺栓松开，将灯具的投射角度调到准确的方位后再将调节螺栓拧紧。

➢ 先把供电电缆从旁边的接线盒出，再套上金属软管后把灯头部分的电缆与供电电缆连接好，再用绝缘防水胶布包好。LED 隧道灯的安装示意图如图 8-14 所示。

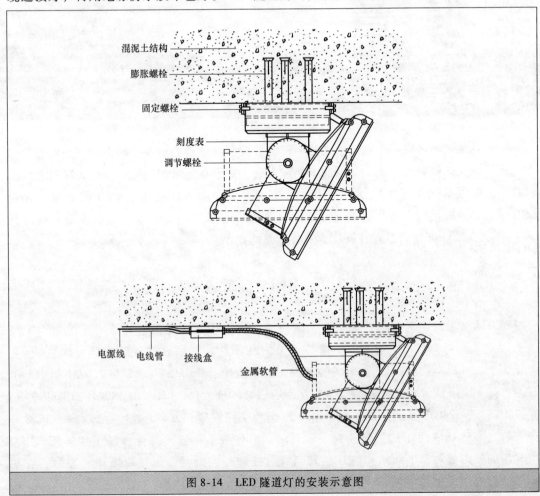

图 8-14　LED 隧道灯的安装示意图

第**9**章

LED 景观灯具电路设计

随着我国的经济发展，城市景观照明逐渐受到各级政府的重视，城市景观照明的总体水平有了很大的提高与发展。从以前单纯追求亮，到现在追求美。从一般性光源到融入高科技手段的照明灯具，其设计的手法也日趋多样化。由于近些年来 LED 的发展，大量 LED 景观灯具的使用，使我国城市的城市景观越来越璀璨美丽起来。本章节主要介绍几种常用 LED 景观灯具的原理、设计、安装方面的知识。

☆☆ 9.1 LED 点光源 ☆☆

LED 点光源是一种新型的装饰灯，通过控制器可以对点光源进行点对点控制，实现七彩渐变、跳变、流水、追逐、扫描等效果。LED 点光源的底座一般为铝材料或塑料，外罩为 PC。LED 点光源有内控和外控两种，工作电压有 DC 12V、DC 24V、AC 24V、AC 220V 等。常用的 LED 点光源专用芯片有 TM1803、TM1804、UCS8904、UCS1903B、WS2801S、WS2803S、WS2821A 等。LED 点光源采用高亮度 LED，具有低功率，超长寿命等特点，广泛应用于建筑物轮廓、游乐园、广告牌、街道、舞台等场所的装饰。LED 点光源的外形如图 9-1 所示。LED 点光源有内控和外控两种，形状有圆形、方形、五角形、四角形、箭头、面包形等。本节主要介绍外控的 LED 点光源。图 9-1 所示的点光源，是由 LED 光源组成的 LED 点光源屏，可以实现一些简单的文字及动画。LED 点光源灯体为压铸铝、车铝、航空铝等；灯罩为 PC 材料的聚脂棱镜透光罩；散热片设计为铝壳体；橡胶密封圈。

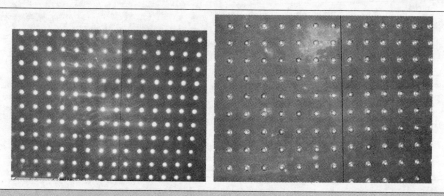

图 9-1 LED 点光源的外形（LED 点光源组成点阵屏）

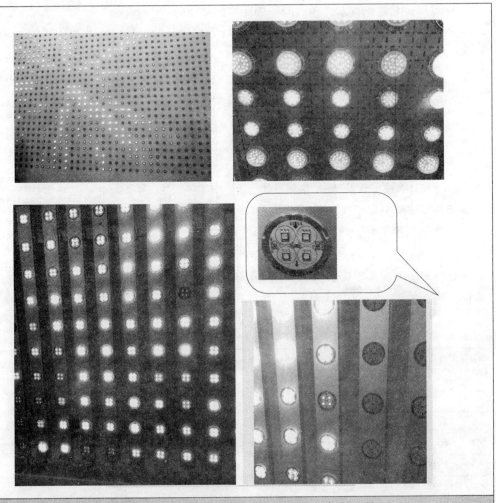

图 9-1　LED 点光源的外形（LED 点光源组成点阵屏）（续）

注：

① LED 点光源，有红、黄、绿、蓝、白、紫、青、七彩等颜色，通过微芯控制，可实现渐变、跳变、色彩闪烁、随机闪烁、渐变交替、追逐、扫描、流水等流动颜色变化，具有单色、双色、七彩色渐变、跳变等多种色彩组合选择。

② LED 点光源是户外全天候型，外壳采用抗紫外线 PC 材料，耐冲击、不易破碎。具有防水性能、低耗能、寿命长、防水、防尘，达到 IP65 以上标准。

★1. LED 点光源的设计

本节以 UCS8904 为例，来设计 LED 点光源。

（1）芯片 UCS8904 的简介

UCS8904 是 4 通道 LED 高阶灰度级联驱动控制专用电路，通过外围 MCU 控制实现户外大屏高阶灰度的全彩效果。采用多种专利技术，在强化性能指标的同时加强了对高压冲击及静电的防护，同时还增加了多种抗干扰技术，非常适用于对稳定性要求较高的工程。主要应用于 LED 点光源、LED 线条灯、LED 软灯条、LED 户内外屏等。其特点如下：

➢ 单线数据传输，可无限级联。

187

➢ 整形转发强化技术，两点间传输距离超过20m。

➢ 65536级真灰度，采用高阶灰度实现技术，端口时钟可达100MHz，端口扫描频率1kHz/s。

➢ 数据传输速率800kbit/s，可实现画面刷新帧频60帧（200点）、30帧（400点）。

➢ 芯片VDD内置5V稳压管，输出端口耐压大于24V。

➢ 采用预置18mA/通道恒流模式。高恒流精度，片内误差≤1.5%，片间误差≤3%。

➢ 上电自检亮蓝灯功能。

➢ S-AI单线传输抗干扰专利技术，可大幅降低及滤除辐射干扰和传导干扰。

➢ 静电及浪涌防护增强技术。

UCS8904采用DIP8、SOP8两种封装形式，其引脚图如图9-2所示。UCS8904引脚功能见表9-1。

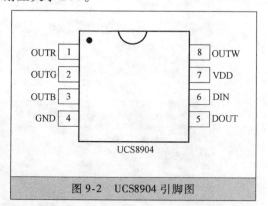

图9-2 UCS8904引脚图

表9-1 UCS8904引脚功能

序号/引脚号	引脚符号	功能说明	备注
1	OUTR	Red PWM 输出端	红
2	OUTG	Green PWM 输出端	绿
3	OUTB	Blue PWM 输出端	蓝
4	GND	接地	电源负极、信号地
5	DOUT	显示数据级联输出	
6	DIN	显示数据输入	
7	VDD	电源	电源正极
8	OUTW	White PWM 输出端	白

芯片UCS8904采用单线通信方式，采用归零码的方式发送信号。芯片UCS8904在上电复位以后，接收从芯片UCS8904的DIN端输出的数据，当接收的数据够64bit后，芯片UCS8904的DOUT端口开始转发数据，供下一个芯片提供输入数据。在转发之前，UCS8904的DOUT口一直拉低。此时芯片将不接受新的数据，直到芯片UCS8904的OUTR、OUTG、OUTB三个PWM输出口根据接收到的64bit数据，发出相应的不同占空比的信号，该信号周期约1ms。如果芯片UCS8904的DIN端输入信号为RESET信号，芯片将接收到的数据送显示，芯片UCS8904将在该信号结束后重新接收新的数据，在接收完开始的64bit数据后，通过芯片UCS8904的DOUT口转发数据，芯片UCS8904在没有接收到RESET码前，芯片UCS8904的OUTR、OUTG、OUTB引脚原输出保持不变，当接收到1ms以上低电平RESET码后，芯片UCS8904将刚才接收到的64bit PWM数据脉宽输出到芯片UCS8904的OUTR、OUTG、OUTB引脚上。芯片UCS8904的级联方法如图9-3所示。

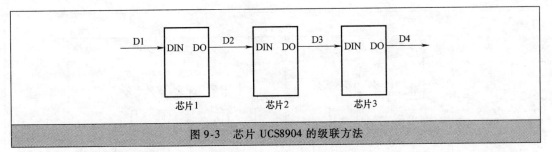

图 9-3　芯片 UCS8904 的级联方法

（2）UCS8904 的应用

UCS8904 的应用电路如图 9-4 所示。

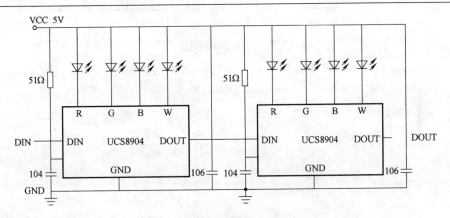

a) 供电电源电压为5V

在图 9-4a 中采用恒流方式，可以保证在电压不断下降的同时达到亮度及色温保持不变的理想效果。

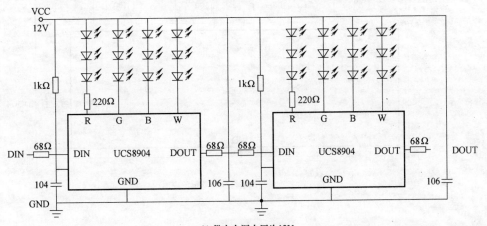

b) 供电电源电压为12V

189

　　芯片 UCS8904 在 12V 供电时，建议在芯片 UCS8904 的信号输入及输出端各串一个 68Ω 的电阻防止带电拔插或电源和信号线反接等情况下损坏芯片 UCS8904 的输入及输出端。

图 9-4　UCS8904 的应用电路

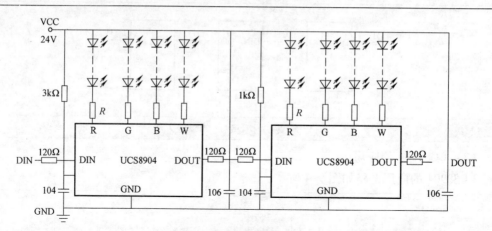

c) 供电电源电压为24V

芯片 UCS8904 在 24V 供电时,建议在芯片 UCS8904 的信号输入及输出端各串一个120Ω 的电阻防止带电拔插或电源和信号线反接等情况下损坏芯片 UCS8904 的输入及输出端。

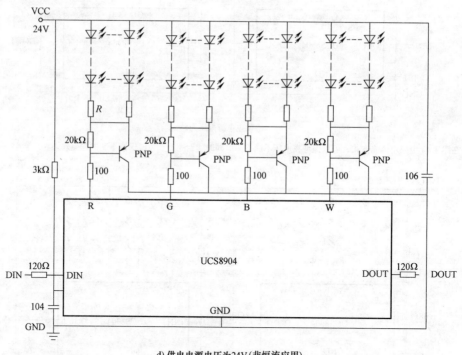

d) 供电电源电压为24V(非恒流应用)

图 9-4 UCS8904 的应用电路(续)

注:① 晶体管为 PNP 型,选用常规的小功率晶体管,如 9012,8550 等。

② 芯片 UCS8904 在 24V 供电时,建议在芯片 UCS8904 的信号输入及输出端各串一个120Ω 的电阻防止带电拔插或电源和信号线反接等情况下损坏芯片 UCS8904 的输入及输出端。

③ 电源电压24V,控制 LED 灯的数量在 (2 并及以上)×(4 ~ 6) 串时,芯片 UCS8904 不能工作在恒流状态。

（3）配置不同的电源电阻 R

UCS8904 可以配置成 DC 6～24V 电压供电，电源与地之间电容的 104pF 尽量靠近芯片的引脚，且要求其离回路最近。UCS8904 内置稳压管，但根据输入电压不同，应配置不同的电源电阻 R，该阻值列表见表 9-2。

表 9-2　电源电阻 R 阻值表

序号	电源电压（供电电压）	电源接口与 VDD 间连接电阻
1	DC 5V	51Ω
2	DC 12V	1kΩ
3	DC 24V	3kΩ

（4）分压电阻

UCS8904 芯片 OUT 输出端口上的电阻可以根据其串接的 LED 数来自行调节，经电阻和 LED 灯串接降压后，OUT 端口处的电压应不超过 4V，这样能降低芯片的功耗，减少发热量。其分压电阻的大小见表 9-3。

UCS8904 输出端能保持恒流是依靠芯片 UCS8904 输出端（OUTR、G、B、W）电压能随电源电压变化或负载变化进行自动调节，以保持输出电流不变。

UCS8904 输出端电压的自动调节是有一定范围的，最低可到 0.6V，最高调节上限没有多大限制，但会受芯片 UCS8904 最大功耗 P_D 的限制。UCS8904 的 P_D 为 400mW，长时间较大功耗工作时不要超过 250mW，否则可能导致芯片 UCS8904 损坏。

表 9-3　分压电阻选值表

序号	电源电压	灯珠数目	分压电阻				封装类型			
			R	G	B	W	R	G	B	W
1		1 串（18mA）	340Ω	0Ω		270Ω				
2	DC 12V	2 串（18mA）	235Ω		0Ω				0805	
3		3 串（18mA）	220Ω							
4		4 串	688Ω			420Ω			1206	
5	DC 24V	5 串	580Ω	0Ω		250Ω	1206		0805	
6		6 串	480Ω			80Ω	1206		0805	

（5）UCS8904 应用注意事项

UCS8904 能正常和稳定的工作，良好的外围元件和产品设计是 UCS8904 稳定工作的基础。基于以上出发点，以保证产品的稳定可靠，在生产过程中严格按照以下要求：

➤ 在芯片 UCS8904 级联应用时，芯片 UCS8904（点）与芯片 UCS8904（点）之间有效共地才能保证信号正常传输。

➤ 在点光源应用时，采用 2 芯（24V 正，24V 负）+2 芯（D，GND）的连接方式。

注：若采用单 3 或 4 芯头连接时，务必注意连接头中 24V + 和数据线 D 都在一个接头里，要避免连接头密封不良漏水（或安装时未插紧）以及防水头非对位强行接插，以上情况会造成 24 + 和数据线 D 短路，可能会烧毁芯片 UCS8904。

➢ 电源 12V、24V 供电时每个芯片 UCS8904 的 DIN 输入及 DOUT 输出都务必串接电阻阻值在 68Ω 或 120Ω 以上的保护电阻，并且电阻位置应最靠近芯片 UCS8904 的输入输出端。

注：12V 供电时信号输入输出端务必各串接 68Ω 以上电阻。24V 供电时信号输入输出端务必各串接 120Ω 以上电阻。

➢ UCS8904 VDD 端内置稳压管，不用再加 78L05，在 12V（24V 供电时）及 VDD 端之间务必要串接一个电阻。

注：24V 供电此电阻取值为 3kΩ，12V 供电时此电阻选 1kΩ，电阻功率选 1/4W 即可。

➢ UCS8904 应用时，在画 PCB 时要注意信号地（GND）线，地线应尽量画粗，过细的地线可能会由于电流瞬间冲击可能造成较大干扰，引起信号数据误判，出现抖动等非正常现象。

➢ 在 PCB 上布线时，关键走线，如信号线（DIN，DOUT），5V 和 GND 线相互间及与其他走线间应保持较大的距离，以尽量减少因制板工艺腐蚀不良问题造成暗连线时出现传输不稳定现象。

➢ 在 PCB 上布线时，关键过孔，如信号线（DIN，DOUT），5V 和 GND 线上的过孔，孔径务必大于 0.6mm 以上，并且至少并打 2 个以上过孔，以减少线路板过孔沉铜工艺不良时出现传输不稳定现象。

➢ 为减少高频干扰，每个 UCS8904 的电源与地之间都要并联一个电容 104，电容 104 应该最靠近 UCS8904 的电源和地，并且要求电源线应该先经过电容 104 再到 UCS8904。

➢ UCS8904 是恒流输出，务必注意 RGB 输出端上串联的分压电阻的选用。恒流输出芯片选用分压电阻和恒压输出芯片选用限流电阻的取值方式完全不同。选值不当可能损坏芯片。

注：UCS8904 的分压电阻选值见表 9-3。

目前也有 DMX512 全彩点光源，DMX512 是并联应用单线传输三通道 LED 驱动输出控制专用芯片，兼容并扩展 DMX512（1990）信号协议，可以接 DMX512/1990 协议的控制器（或控台）控制，非常适用于大型户外景观工程及高要求场合的应用。芯片内含电源稳压电路、时基电路、信号解码模块、数据缓存器、内置振荡器，三通道恒流驱动器默认输出电流 19mA，同时用户也可以通过外挂 REXT 电阻调节所需的电流。每一输出通道皆可输出 8 位（256 级）灰阶的可调线性电流。

DMX512 LED 点光源的控制芯片有 TM512、TM512-AX、TM512D、TM512L、TM512X、TM512-X 等。

目前也有封装成 5050 灯珠带 IC 的，如 TM1914D、TM1914S、WS2812B 等。

★2. LED 点光源工艺流程图

LED 点光源工艺流程图如图 9-5 所示。

LED 点光源工艺中的注意事项：

➢ 将电源线连接在电路板上，极性的不能接反。信号线的输入、输出不能焊错焊反。焊接引出线时，注意线头不能分叉或突出焊盘外，更不能线头搭到其他焊盘上。

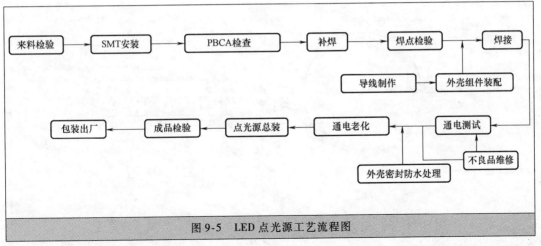

图 9-5　LED 点光源工艺流程图

➤ 在底座或面罩的凹槽内先均匀注入一圈 705 或其他硅胶，有密封垫圈的，凹槽也需要均匀注胶，再将面罩与座密合；注胶凹槽外露的，还需在密合后均匀打一圈胶填平凹槽以保美观。打胶时，注意胶量的控制，既要饱满又不能有流溢。

➤ 将电路板放入点光源外壳槽内，将电路板的定位孔与底座的螺钉孔对位，并用电动螺钉旋具旋好固定螺钉，如无法安装固定螺钉的，应用胶将电路板固牢。

➤ 底座为金属的，注意绝缘。固紧面罩的螺钉，几个方向力度要均匀，用力要适度。

★3. LED 点光源的控制及安装

目前 LED 点光源的有单色、RGB 两种，RGB 分为内控与外控两种。内控 LED 点光源是 AC 220V 供电，外控 LED 点光源是 DC 24 供电。要实现 LED 点光源的控制，要加 LED 点光源控制器。

（1）外控 LED 点光源控制器连接

外控 LED 点光源控制器连接示意图如图 9-6 所示。

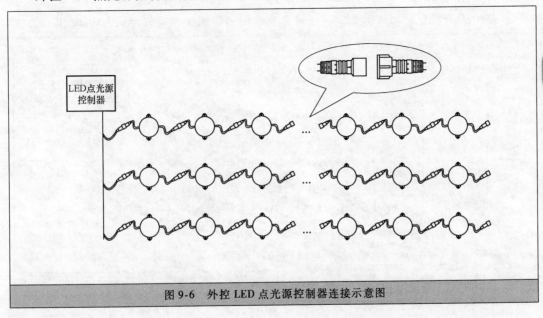

图 9-6　外控 LED 点光源控制器连接示意图

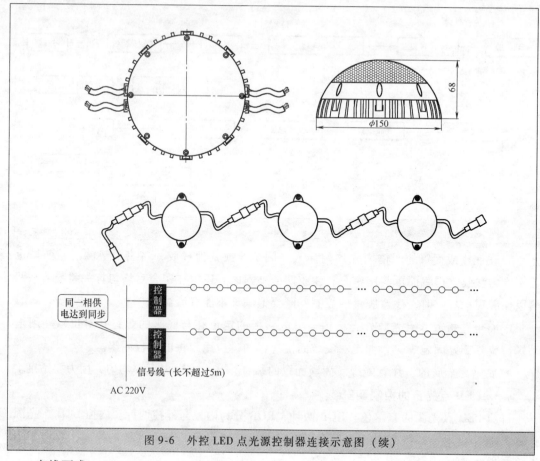

图 9-6　外控 LED 点光源控制器连接示意图（续）

出线要求：

➢ 外控七彩时，外控信号线时为 3 芯公母接，3 芯公接头为信号输入端，3 芯母接头为信号输出端。2 芯公接头为电源输入端，2 芯母接头为电源输出端。

➢ LED 点光源电源可以分组提供，电源支线用多芯铜线，横截面积 4.0mm² 以上。

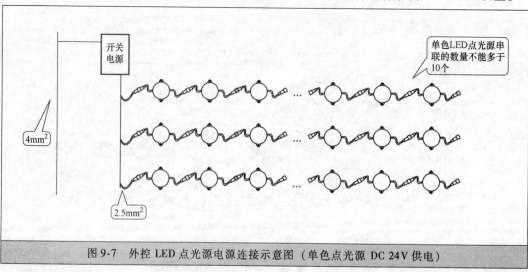

图 9-7　外控 LED 点光源电源连接示意图（单色点光源 DC 24V 供电）

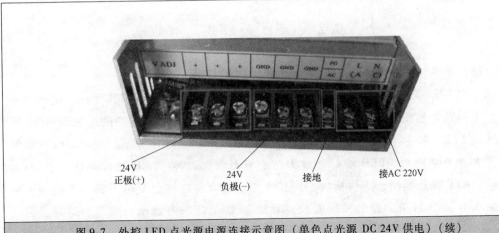

图 9-7　外控 LED 点光源电源连接示意图（单色点光源 DC 24V 供电）（续）

（2）单色点光源 AC 220V 供电

单色点光源 AC 220V 供电的连接示意图如图 9-8 所示。

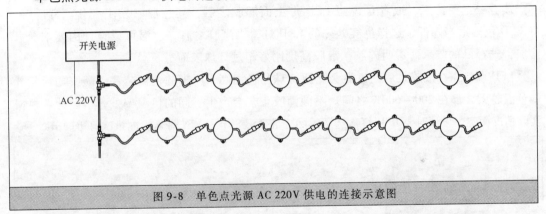

图 9-8　单色点光源 AC 220V 供电的连接示意图

出线要求：

➢ 单色或内控时，2 芯公母接，公接头为输入端，母接头为输出端。

➢ 2 芯电缆线，同颜色电缆线对应连接，并确认连接可靠无接触不良现象。

（3）LED 点光源的安装说明

➢ 先将点光源固定牢固，然后在安装的位置进行定位，之后用冲击钻在安装位置钻孔，装上胶粒，用自攻螺钉固定。

➢ 将连接线可靠连接，如单端出线时，只要将点光源与开关电源输出线相互连接。2 头出线公母连接时，点光源之间公母接头分别与开关电源或点光源控制器公母接头对接即可。

➢ 确认安装、连接无误，没有电气短路。将不用的连接头用防水胶带包好。然后将连接线或公母接头接入相应的开关电源或点光源控制器。

➢ 安装点光源数量较多时，一定要进行分支供电，分支供电一定要综合考虑每个分支电线或电缆线的电流负载和电源压降，才能选用大小合适横截面积及长度的电线或电缆线。

☆☆ 9.2 LED 硬灯条 ☆☆

LED 硬灯条是用 PCB 硬板（FR4）做组装线路板，用贴片 LED 进行组装的，可以根据需要的亮度不同而采用不同数量的灯珠或不同类型 LED 进行设计。其优点是比较容易固定，加工和安装都比较方便；缺点是不能随意弯曲，不适合不规则的地方。有 18 颗 LED、24 颗 LED、30 颗 LED、36 颗 LED、40 颗 LED、60 颗 LED 等多种规格。LED 硬灯条的外形如图 9-9 所示。LED 硬灯条分为防水与不防水两种。LED 硬灯条适用于酒店、超薄灯箱、KTV 娱乐场所、广告招牌、商场专柜，珠宝，首饰台及名贵钟表柜台等地方照明。防水型 SMD 灯条，表面采用灌胶。有的 LED 硬灯条由铝槽、端盖、高导热铝基板、PC 罩、LED 灯珠、电阻组成。LED 硬灯条要从专业的角度出发，对 LED 的特点、芯片性能、亮度、热力学等参数进行选择，结合其最佳光电转换效能，来设计 LED 硬灯条。

LED 硬灯条在灌胶容易发生色漂的问题，一般来说都是高于原 LED 灯珠的色温，这一点读者一定要注意。或者是说当 LED 灯上面灌胶之后，其色温已发生变化。方法一，将 LED 色温适当降低，选择色容差好的 LED 灯，当灌胶之后，色温可以设计的要求。方法二，选择好的胶水。透明硅胶，灌胶高度刚好超过灯珠表面。

LED 硬灯条在灌胶之后，色温会比原灯珠的色温高，原来的色温越高，灌胶之后相差的色温越大，都在 200~600K 之间。不同灌胶工艺会产生不同的色温偏差，请设计者根据实际情况而定。设计时要 LED 灯珠选用国际标准色温 3 个主 BIN 灯珠，同批次订单同 BIN 号。

196

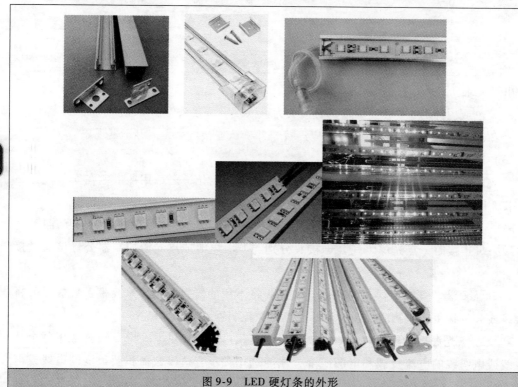

图 9-9 LED 硬灯条的外形

对于可以调光的 LED 硬灯条在设计时要注意 LED 芯片的大小、生产商，最好选择国外的芯片封装的 LED 灯珠。采用高亮进口原装科锐 LED 灯珠生产制作，亮度高，发热量少，免维护，安装方便，可随安装环境变化调整发光角度。

注：

① LED 硬灯条也有带 PC 罩，在 LED 硬灯条基础上增加 PC 罩，实现与 LED 荧光灯类似的功能。透光罩有透明、半透明、乳白和带透镜的款式。目前，最畅销的 LED 硬灯条当属于 V 形、U 形的 LED 硬灯条。

② 带透镜防水 LED 硬灯条是在防水 LED 硬灯条的基础上，增加防水透镜，然后进行灌胶一次成型。工作电压有 DC 12V 或 DC24V，颜色有红、黄、蓝、绿、白、暖白、紫色、粉红、RGB、琥珀色等。带透镜防水 LED 硬灯条有 SMD5050、5730、5630。

LED 硬灯条由 LED、电阻、PCB、DC 接头、胶水铝主体和胶水组成。LED 硬灯条 PCB 为电路，一般材料为 FR4 和铝基板，光源一般为 SMD3528 或 5050LED；电阻的作用为限流限压的作用，阻值由 LED 的电流决定。LED 硬灯条电路原理图如图 9-10 所示。

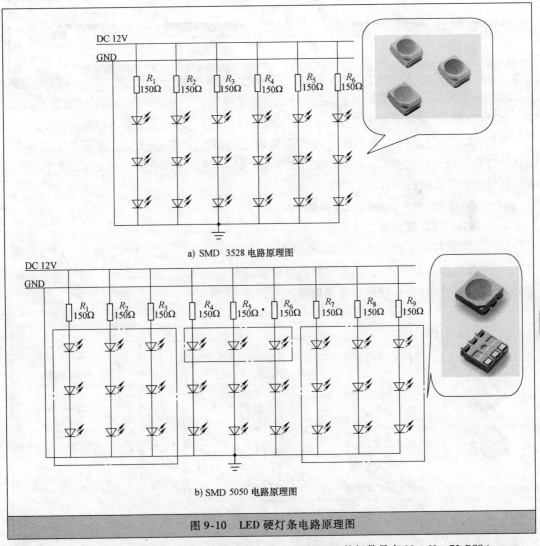

a) SMD 3528 电路原理图

b) SMD 5050 电路原理图

图 9-10　LED 硬灯条电路原理图

注：SMD3528 的灯数量有 30、60、96、120PCS/m，SMD5050 的灯数量有 30、60、72 PCS/m。

★1. 单色 LED 硬灯条

单色 LED 硬灯条一般是指白光的 LED 硬灯条，主要用于照明。目前主要的 LED 封装有 SMD3528 或 5050LED，工作电压为 DC 12V、DC24V。LED 硬灯条功率计算如下：

LED 灯带功率：
$$P = UI$$

式中，U 代表的是工作电压（如 DC12V 或 DC 24V），I 代表的是工作电流。

注：一般 3528 灯电流为 18～20mA，5050 灯电流为 58～60mA。限流电阻一般贴片 0805 或 1206 规格，具体配多大电阻，参照 LED 产品设计电流标准。

单色 LED 硬灯条的安装示意图如图 9-11 所示。

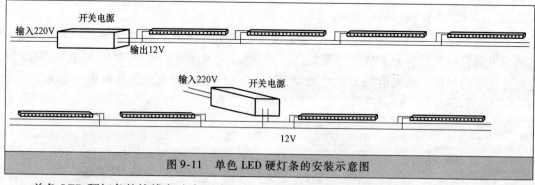

图 9-11　单色 LED 硬灯条的安装示意图

单色 LED 硬灯条的接线方法主要有 2 种，一种是串联，一种是并联。串联的长度不超过 3m，如果超过 3m，请从直流电源接线柱重新接线，否则会出现前面亮后面不够亮的情况。

单色 LED 硬灯条的功率不超过直流电源额定功率的 80%，开关电源可以驱动单色 LED 硬灯条的长度计算公式：（电源输出功率×0.8)/(每米硬灯条的功率×硬灯条长度)，串联和并联的计算方法一样。

注：在实际安装过程中，都是采用中间供电的方式。

★2. RGB LED 硬灯条

LED 全彩硬灯条采用超高亮 5050 贴片 LED（5050 灯珠通过三颗芯片发光，可做全彩效果)，工作电压为 DC 12V，通过控制器可以实现渐变、跳变、色彩闪烁、随机闪烁、渐变交替等效果。LED 全彩硬灯条电路原理图如图 9-12 所示。

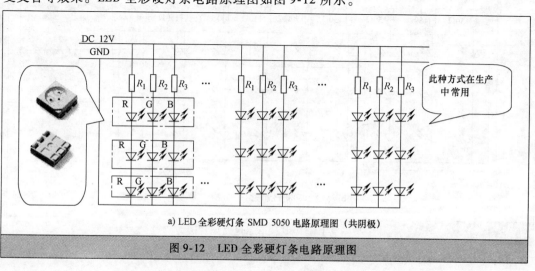

a) LED 全彩硬灯条 SMD 5050 电路原理图（共阴极）

图 9-12　LED 全彩硬灯条电路原理图

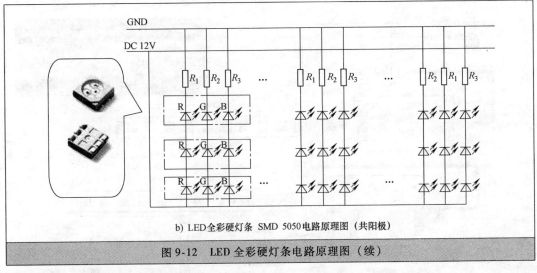

b) LED全彩硬灯条 SMD 5050电路原理图（共阳极）

图 9-12　LED 全彩硬灯条电路原理图（续）

RGB LED 硬灯条的生产流程：

印刷锡膏→贴片（LED& 电阻）→目检（QC）→过回流焊→低压点亮测试（QC）→组装（PCB& 铝主体）→老化测试→滴胶→老化测试→成品检查→出货最终检查（QC）→包装出货。

LED 全彩硬灯条的安装示意图如图 9-13 所示。LED 全彩硬灯条使用控制器来实现效果变化，而控制器的控制距离不一样。简易控制器的控制距离为 10~15m，遥控控制器的控制距离为 15~20m，最长 30m。如果 LED 灯带的连接距离较长，需要使用功率放大器来进行分接。本节中所用的控制器为 LT-3600RF，功率扩展器为 LF-3060 或 LT-3060-8A。

199

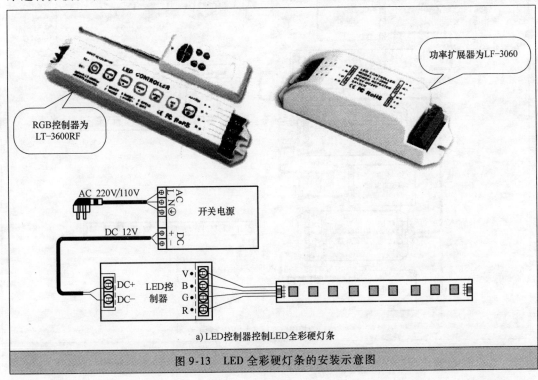

a) LED控制器控制LED全彩硬灯条

图 9-13　LED 全彩硬灯条的安装示意图

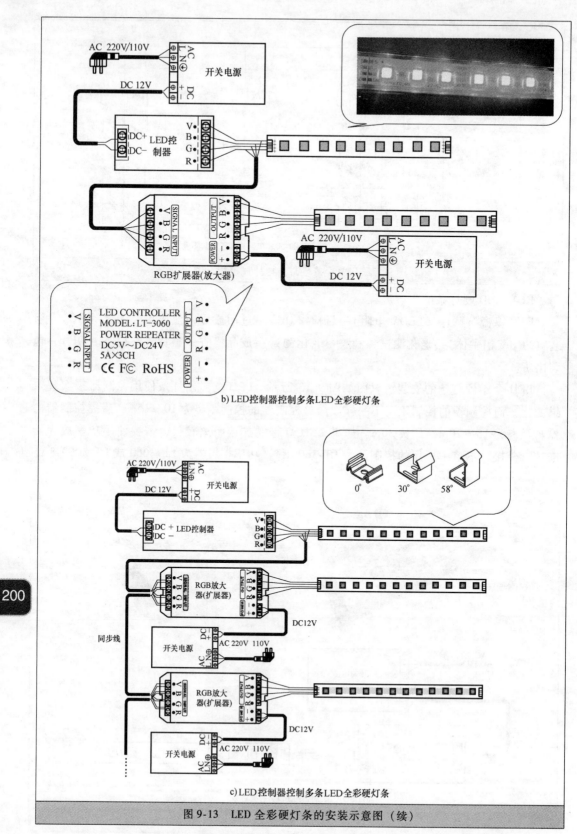

b) LED控制器控制多条LED全彩硬灯条

c) LED控制器控制多条LED全彩硬灯条

图 9-13　LED 全彩硬灯条的安装示意图（续）

目前，除了 RGB LED 硬灯条外，还有点对点的 RGB LED 硬灯条，点对点的 RGB LED 硬灯条原理与 RGB LED 硬灯条类似，不过是在 RGB LED 硬灯条基础上增加了驱动芯片，本节以 UCS2903B 为例，来设计点对点的 RGB LED 硬灯条。点对点的 RGB LED 的电路原理图如图 9-14 所示。

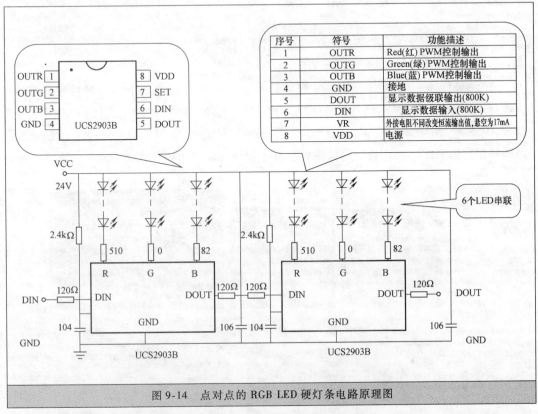

序号	符号	功能描述
1	OUTR	Red(红) PWM控制输出
2	OUTG	Green(绿) PWM控制输出
3	OUTB	Blue(蓝) PWM控制输出
4	GND	接地
5	DOUT	显示数据级联输出(800K)
6	DIN	显示数据输入(800K)
7	VR	外接电阻不同改变恒流输出值,悬空为17mA
8	VDD	电源

图 9-14　点对点的 RGB LED 硬灯条电路原理图

点对点的 RGB LED 硬灯条安装示意图，如图 9-15 所示。

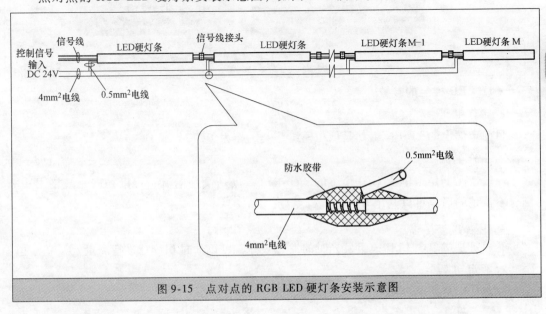

图 9-15　点对点的 RGB LED 硬灯条安装示意图

注：

① 通过防水接插件实现信号级联，电源线搭接在电源总线上。在信号线接专用控制器的情况下才能正常工作。点对点的 RGB LED 硬灯条引出的棕色电源线接 +24V，蓝色电源线接负极。

② 为保证信号不失真，信号线级联长度不能超过 512 个点，如工程长度超过 512 个点，则需要增加控制器。电源总线的线径根据单电源所接灯条数量而定。

☆☆　9.3　LED 模组　☆☆

　　LED 模组实际上将 LED（发光二极管）按一定规则排列在 PCB 上，然后用环氧树脂胶灌封，进行防水处理的 LED 产品。LED 模组的外形如图 9-16 所示。目前 LED 模组主要以 SMD 3528、SMD 5050、SMD 2835、SMD 5630、SMD 5730 封装的 LED 为主。LED 模组用于制作立体发光字、广告灯箱、招牌、标示及装饰，也可以作为光源使用。

图 9-16　LED 模组的外形

★1. LED 模组的参数

➤ 工作电压

目前市面上的 LED 模组都是低压模组，其工作为 DC12V 或 DC24V。

➤ 工作电流

一般情况下是指单个 LED 模组的工作电流，也是设计电流，可以在产品规格书中查阅，不清楚的话也可以利用万用表进行测量。

➤ 光通量

光通量是指单个 LED 模组发光时的发光效率，可以通过积分球进行测量。

➤ 额定功率

额定功率是指单个 LED 模组工作电压与工作电流之积。

★2. LED 模组电路设计

用 SMD 3528、SMD 2850、SMD 5630、SMD 5730 封装设计的 LED 模组电路原理图，工作电压为 DC 12 或 DC 24V，如图 9-17 所示。

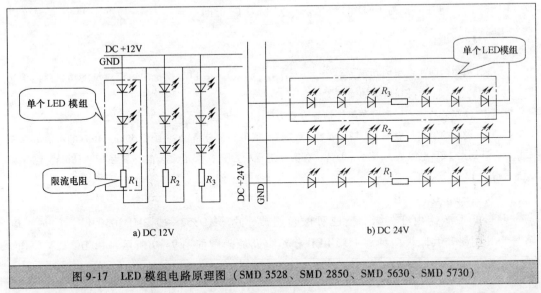

图 9-17　LED 模组电路原理图（SMD 3528、SMD 2850、SMD 5630、SMD 5730）

用 SMD 5050 封装设计的 LED 模组电路原理图，工作电压为 DC 12 或 DC 24V，如图 9-18 所示。

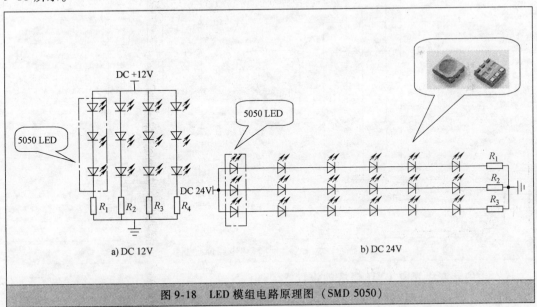

图 9-18　LED 模组电路原理图（SMD 5050）

★3. 限流电阻计算

限流电阻的作用是控制流过 LED 的电流大小，限流电阻阻值大一点，效果较好。但也不能将限流电阻的取值太大，取值太大会增大损耗及限流电阻发热严重。因为 LED 模组都是并联使用的。有了限流电阻存在，会使工作电压更加平滑，各并联支路 LED 模组的亮度也会更加均匀。

203

限流电阻阻值计算公式如下：

$$R = (U - nU_F)/I_F$$

式中 R 为限流的阻值。U 为 LED 模组的工作电压。U_F 为单个 LED 的正向压降，也就是 LED 的正向电压。n 为 LED 的数量。I_F 为 LED 的正向电流。U_F、I_F 这个两个参数可以参照 LED 的规格书。

注：

① LED 模组的限流电阻的功率 $P_阻$：$P_阻 = I^2_{\text{LED模组电流}} \times R$。在 LED 模组中限流电流的功率要大于计算出的功率，这样保证 LED 模组的安全工作。

② LED 模组的功率可以进行估算，估算方式为：$1.1 \times (P_{\text{单个LED的功率}} \times N_{\text{LED数量}})$。

③ LED 模组的工作一般为 DC 12V 或者 DC 24V，光源大部分是 3528 或者 5050，LED 的额定电流各不相同，普通的 LED 电流 I_F 一般为 20mA。在实际过程中白光、绿光、蓝光一般为 17～18mA，红光和黄光一般为 12～13mA。

★4. 七彩 LED 模组

七彩 LED 模组由红、绿、蓝三种颜色组成，由 SMD3528 或 SMD5050 LED 组成，电路分为共阴极与共阳极两种。七彩 LED 模组电路原理图如图 9-19 所示。由 DC 12V 供电。

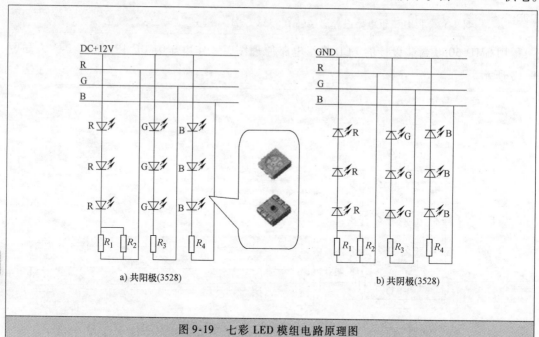

图 9-19　七彩 LED 模组电路原理图

★5. 全彩逐点光源 LED 模块的设计

全彩逐点光源 LED 模块采用塑料外壳，环氧封装，散热防水，稳定可靠，户内、户外均可使用。全彩逐点光源 LED 模块具有体积小、重量轻、功能强的特点。全彩逐点光源 LED 模块内含具有控制、驱动和通信功能的芯片，既能分段显示，又可以逐条级联通信，全彩逐点光源 LED 模块可以装入各种灯壳或灯罩中，简单方便。采用专用控制器后，可以实现色彩、文字、图片、视频显示。广泛用于建筑物及立交桥轮廓、广场、街道、车站码头、庭园、舞台及娱乐场所的装饰、亮化工程。本节全彩逐点光源 LED 模块采用

UCS2903B 作为驱动芯片，其功能原理图及电路原理图如图9-20所示。

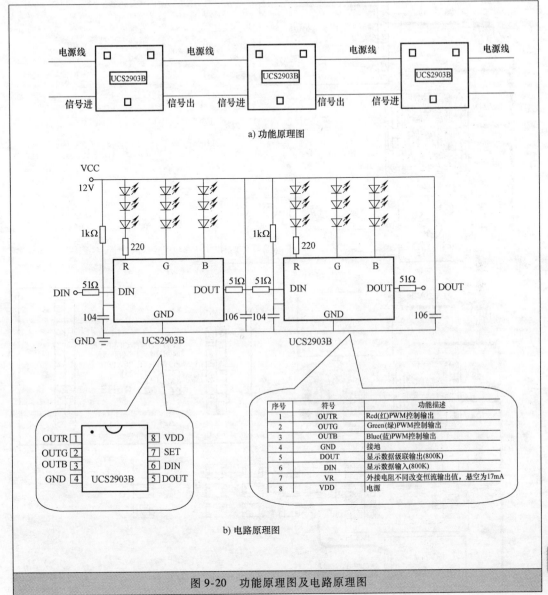

图 9-20　功能原理图及电路原理图

★6. 单色 LED 模组的控制

单色 LED 模组的控制，主要是调光。LED 模组进行调光，必须要有调光器，选用珠海雷特电子科技有限公司生产的恒压调光器（LT-3200-6A）对 LED 模组进行调光，LT-3200-6A 的工作电压范围为 DC12～48V，因 LED 模组的工作电压为 DC 24V，依照 LT-3200-6A 的规格书，工作电压为 DC 24V，输出功率为 150W。若功率超过 150W，也加功率扩展器，在这选用珠海雷特电子科技有限公司生产的 3 路恒压功率扩展器（LT-3060-8A）进行扩展（576W　DC24V）。LED 模组调光示意图如图9-21所示。

★7. 全彩逐点光源 LED 模块的控制

全彩逐点光源 LED 模块的控制示意图如图9-22所示。

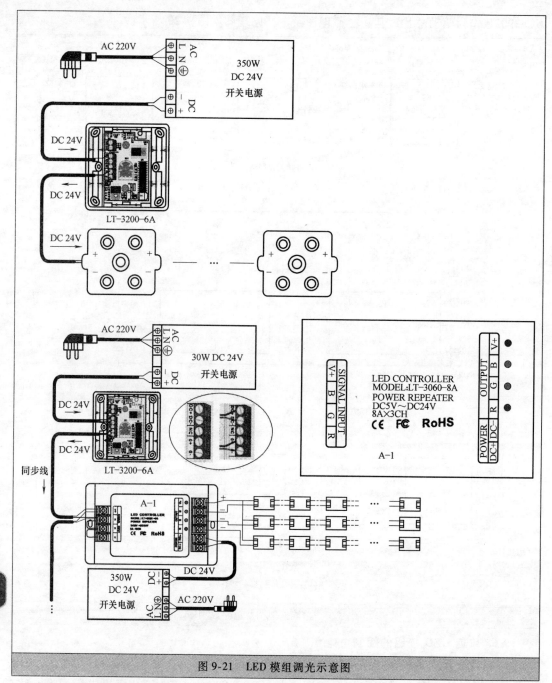

图 9-21　LED 模组调光示意图

★8. LED 安装注意事项

➤ 根据 LED 模组工作电压，选配相同输出电压的开关电源，在使用过程中做好开关电源防水措施。

➤ LED 模组为低电压产品（DC12V 或 DC24V），不能直接通交流 220V 使用。在开关电源输出端引所线到 LED 模组的距离的越短越好。

➤ LED 模组有正负极之分，安装时注意 LED 模组正负极分别与开关电源有正负板相对应。

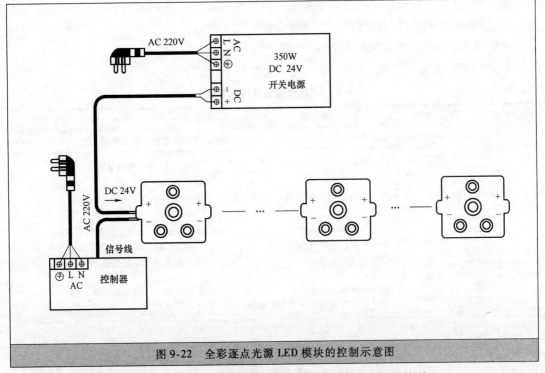

图 9-22　全彩逐点光源 LED 模块的控制示意图

> LED 模组初装时，采用双面胶使 LED 模组卡槽与安装底板粘贴。

> LED 模组安装时，尽量使 LED 模组，串联组数尽量少些，防止因电压下降影响LED 模组亮度。

注：LED 模组安装时，尽量多并联回路，从而保证电压和电流的分配合理。

> 不防水 LED 模组安装在室外时，一定考虑到雨水进入问题，要对安装的箱体进行防水处理。

> 安装时可根据安装位置的大小、结合 LED 模组发光的均匀性和亮度等实际情况对LED 模组的安装间距进行相应的调整。

注：LED 模组的安装数量在 50～100 组/m²。

> 排列 LED 模组的时候，一定要应注意 LED 模组发光的均匀性及亮度，防止出现光斑的现象。

> LED 模组用做发光字时，建议 LED 模组与发光字字体边的距离为 2～5cm，LED 模组与 LED 模组之间的垂直、水平距离为 2～6cm。

> 在 LED 灯箱中使用 LED 模组时，要根据箱体的厚度，来排列 LED 模组，这样才能保证 LED 模组发光的均匀性和亮度。

> LED 模组安装通电测试正常之后，LED 模组两边必须打玻璃胶，防止 LED 模组脱落。

> LED 模组连接线、电源输出引线必须固定在 LED 模组安装的底板上并打上玻璃胶，防止对 LED 模组产生遮光的现象。

注：LED 模组末端不用的连接线，剪断后要用电工胶布包好以防短路，并用玻璃胶固定。

➤ LED 模组在安装和使用过程中要做好防静电措施。

➤ LED 模组不能接触到强酸、强碱等腐蚀性化学物品。

★9. LED 模组的故障及解决方法

LED 模组的故障及解决方法见表 9-4。

表 9-4　LED 模组的故障及解决方法

序号	现象故障	问题的原因	解决方法
1	所有的 LED 闪烁	接触不良	松动处重新固定或接插
2	LED 昏暗	①LED 极性接反了 ②LED 太长 ③开关电源和 LED 电压标号不一致	①确保正、负极接线正确 ②减少 LED 的连接 ③确保开关电源与 LED 电压标号一致
3	部分线路的 LED 灯不亮	①接插方向是否正确 ②电源输出接线是否正确 ③电源线插反或接反	①拆出，重新正确方向接插 ②确保红色线接正极,黑色线接负极 ③查出部分插反的线路,重新连接
4	所有 LED 都不亮	①开关电源无电压输出 ②开关电源输出接线是否正确	①将市电接入开关电源输入端 ②电源接线正、负极是否正确

注：LED 模组采用低压输入，所以万万不可不经过电源而直接接入 220V，否则会造成整体模组烧毁。

☆☆　9.4　LED 数码管　☆☆

LED 数码管，又叫“LED 护栏管”。它是集先进的微电脑控制技术、三基色显示技术及 PC 外壳为一体，辅以 PCB 及相关电子元器件混合有序设计，以其丰富色彩、节能环保、轻便安全、易于安装的特点，深受广大消费者的青睐。LED 数码管常用来做楼体轮廓、KTV 门头或广告招牌以及公路和桥梁护栏亮化，可以做到七彩、跳变、渐变、追逐、流水、灰度、同步扫描、跑马、堆积、拖尾、拉带、闭幕、全彩飘逸、文字图案和新奇美丽的全彩变化等效果。若做成 LED 数码管屏，可以显示出各种炫丽的动画和花型，还可以播放视频、文字及图案。LED 数码管的外形如图 9-23 所示。

图 9-23　LED 数码管的外形

LED 数码管按控制方法分为内控和外控，内控 LED 数码管是将所需的程序直接写入 LED 护栏管的工作 IC 芯片内，接通电源后能直接跑出所设置的模式或花样。

注：内部 LED 数码管由板载单片机控制，每根 LED 数码管都是独立的，跟其他 LED 数码管无关联，其控制信号都是自发自收，在使用过程中即使任何一根或几根损坏，均不会影响整体效果。

外控 LED 数码管是指需要外置控制器，外置控制器又分为脱机系统和联机系统。联机系统是指依附于计算机而工作的控制系统，根据计算机的指令工作。脱机系统是直接控制，接电后就能输入控制信号驱动 LED 数码管。

注：外控 LED 数码管是将控制器外置，存在着信号的传输问题，要求信号在 LED 数码管上要级联，也就是信号要从上一根传到下一根，一根根的往下传。只要有一根 LED 数码管有问题，均会影响整体效果。

LED 数码管有单色、七彩等颜色，通过微处理器或电路控制，可以自动运行模式，选择指定的花样。同时控制几十、几百条甚至数千条的 LED 数码管的亮灭。一般 LED 数码管一根内的 LED 颗数是 96 粒、108 粒、120 粒和 144 粒。目前外形以 D 形管为主，使用电压有 DC 12V/24V、AC 220V。LED 数码管分为六段、八段、12 段、16 段和 32 段。LED 数码管主要是由结构部分与电路部分组成。结构部分由 PC 管、堵头、卡扣组成，电路部分由 PCB 板（电路板）、电子元器件和防水线头组成。

注：每段相当于一个像数点，如六段 108 珠，每个像数就是 108/6 = 18 粒灯珠。1m 16 段护栏管，就是 1m 的护栏管有 16 个像素点。单色管不需要控制器，没有变换效果，接通电源就一直发光，有红、绿、蓝、白、黄、紫等。如果要对单色管进行变化时，也就是需要控制器时，可以将 LED 数码管中的 R、G、B 都换成同一种颜色的 LED 灯。

外控数码管在这里不作介绍，下面主要 AC 220V 或 AC 24V 供电的内控数码管。

★1. 芯片 UCS3218 的简介

本节以 UCS3218 作为内控 LED 数码管的驱动芯片，来设计内控 LED 数码管，下面先介绍一下芯片 UCS3218 的功能与特点。UCS3218 是六段 LED 驱动控制专用电路，内部集成多种闪光模式。主要用于 LED 护栏灯、LED 灯箱及组合的 LED 系统等。它具有应用简单、产品性能优良、质量可靠等优势。UCS3218 具有以下特点：

➤ 无需外部控制，上电即有多种花样模式循环跑动。

➤ 1/2 扫描控制，单颗芯片即可控制 6 段 RGB LED。

➤ 输出端口耐压 24V 以上，外围元器件少，只需 2 个做扫描用的晶体管。

➤ 交流工频信号同步。

➤ 内置 5V 稳压管。

➤ 内置 LED 电源稳压功能（稳压值可调），可以轻松支持带黑屏的模式。

UCS3218 的引脚图如图 9-24 所示。其引脚功能见表 9-5。

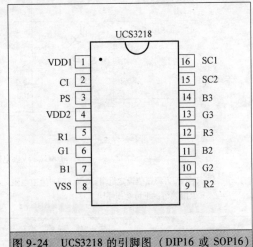

图 9-24 UCS3218 的引脚图（DIP16 或 SOP16）

209

表 9-5 UCS3218 的引脚功能

引脚号	符号	引脚名称	说明
1	VDD1	电源	电源正极
2	CI	同步时钟信号输入	
3	PS	稳压值设置端口,与 VDD2 一同使用	
4	VDD2	串电阻后接电源线,可稳定 PS 端设置的电压值	
5	R1	Red(红)PWM 控制输出	第 1 路
6	B1	Green(绿)PWM 控制输出	第 1 路
7	G1	Blue(蓝)PWM 控制输出	第 1 路
8	VSS	地	电源负极
9	R2	Red(红)PWM 控制输出	第 2 路
10	G2	Green(绿)PWM 控制输出	第 2 路
11	B2	Blue(蓝)PWM 控制输出	第 2 路
12	R3	Red(红)PWM 控制输出	第 3 路
13	G3	Green(绿)PWM 控制输出	第 3 路
14	B3	Blue(蓝)PWM 控制输出	第 3 路
15	SC2	扫描输出 2	
16	SC1	扫描输出 1	

注:上电为红、绿、蓝、白四色跳变,循环 2 次。内置有 10 多种基本花样,每种基本花样又包含多种颜色,同时又包含正跑和反跑。多种拖尾模式,有长拖尾、短拖尾、带底色小拖尾、双色拖尾、正反拖尾等。

★2. UCS3218 的应用电路

AC 220V 供电数码管电路原理图如图 9-25 所示。

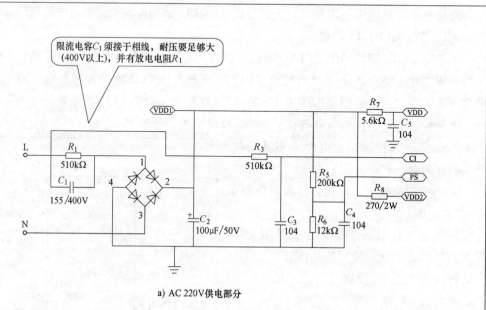

限流电容 C_1 须接于相线,耐压要足够大(400V以上),并有放电电阻 R_1

a) AC 220V供电部分

注:R_5、R_6 为稳压值设定电阻,R_8 为VDD2通道电阻,必须按上图可靠连接,否则VDD2端电压无法稳定,在220V应用的情况下可能损坏UCS3218。

图 9-25 AC 220V 供电数码管电路原理图

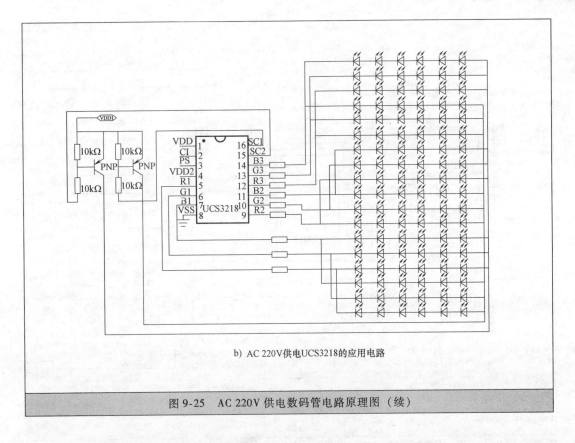

b) AC 220V供电UCS3218的应用电路

图 9-25 AC 220V 供电数码管电路原理图 （续）

AC 24V 供电数码管电路原理图如图 9-26 所示。

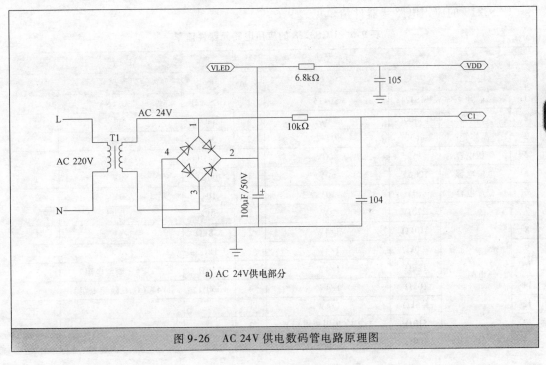

a) AC 24V供电部分

图 9-26 AC 24V 供电数码管电路原理图

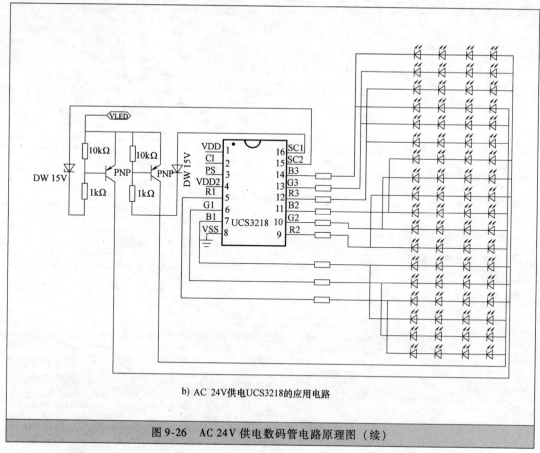

b) AC 24V供电UCS3218的应用电路

图 9-26 AC 24V 供电数码管电路原理图（续）

注：设计 LED 内控数码管时可以将 AC 220V 或 AC 24V 两个电路设计在一个 PCB 板。

UCS3218 的应用电路元器件清单见表 9-6。

表 9-6 UCS3218 的应用电路元器件清单

序号	名称	AC 220V			AC 24V		
		型号	规格	数量	型号	规格	数量
1	芯片	UCS3218	SO-16	1	UCS3218	SO-16	1
2	二极管	1N4007	M7	4	1N4007	M7	4
3	晶体管	8550	SOT-23	2	A92	SOT-23	2
4	降压电容	155	400V	1	1N4109	15V/1W	2
5	电解电容	100μF	50V	1	100μF	50V	1
6	瓷片电容	104	50V	2	104	50V	2
7	电阻	270Ω	2W	1	10kΩ	1/4W	3
8		510kΩ	1/4W	2	6.8kΩ	1/4W	1
9		200kΩ	1/4W	1	1kΩ	1/4W	2
10		12kΩ	1/4W	1	750Ω	1/2W（R 限流电阻）	3
11		10kΩ	1/4W	4	360Ω	1/4W（G、B 限流电阻）	6
12		5.6kΩ	1/4W	1			
13		510Ω	1/2W（R 限流电阻）	3			
14		160Ω	1/4W（G、B 限流电阻）	6			

★3. UCS3218 的应用电路注意事项

➤ PCB 布线 VSS 的走线尽量粗而短。

➤ 电源与地之间的电容务必靠近芯片 UCS3218 引脚且连线最短，电容值尽量大。

➤ 芯片 UCS3218 的 C_I 端对地电容（104）可以去除同步取样端的干扰，在设计 PCB 板上时务必要紧靠芯片 UCS3218 的 C_I 引脚且连线最短，否则会出现无法同步的现象。

➤ 芯片 UCS3218 的 PS 端的 104 也要尽量靠近芯片 UCS3218 的 PS 引脚。

➤ 同步取样线务必连接在降压电容之前，即在 AC 220 的进线焊盘上。

★4. 内控 LED 数码管的安装

内控 LED 数码管直接按 LED 数码管的电压接电就行了，内控 LED 数码管的安装，直接接在对应的电源上就行了。内控 LED 数码管的安装示意图如图 9-27 所示。

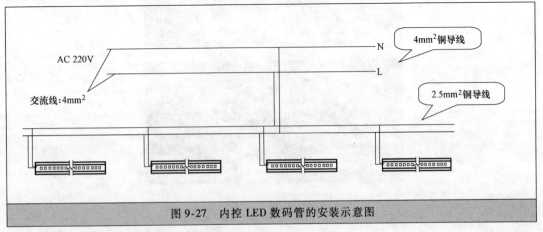

图 9-27　内控 LED 数码管的安装示意图

内控 LED 数码管简单故障及排除：

➤ 内控 LED 数码管整体都亮，只有某一内控 LED 数码管异常（不同步或不亮）。其故障原因可能是内控 LED 数码管供电不正常或损坏。排除方法是：一检查 LED 数码管电源线是否接好。二是 LED 数码管已损坏，更换 LED 数码管。

➤ 内控 LED 数码管，连续几米都不亮。其故障原因是公母对接线接触不良或开路。排除方法是：从开始 LED 数码管不亮的地方，检查公母对接线是否接好。更换最开始不亮之处前后的 LED 数码管，进行排查。

注：不同类型的 LED 景观灯具对线的要求匀有所不同。在最节省成本的前提下，高压部分（AC220V）一般采用国标 $2.5\,mm^2$，低压部分（AC36V 以下）一般采用国标 $4 \sim 6\,mm^2$ 多股线。

★5. LED 流星灯的设计

为了使户内、户外装饰达到 LED 流星、水滴效果，用 LED 数码管也能达到，为了降低成本，达到相同的效果。采用 TM1827 作为 LED 流水灯专用芯片，是固定花样 12 通道 LED 恒流驱动 IC。本产品内部自带振荡器，PWM 输出进行辉度渐变。芯片有同步输入和同步输出端，可接 AC 同步或多个芯片自同步。上电复位后，输出 PWM 波形，进行 12 通道的 LED 依次循环控制，实现流星、水滴效果。芯片内部自带 5V 稳压管，OUT 端口采用恒流 16mA 驱动。外围器件简洁、设计简单，适合装饰彩灯。本产品性能优良、质量可靠。LED 流星灯电路原理图如图 9-28 所示。外围元器件参数见表 9-7。

213

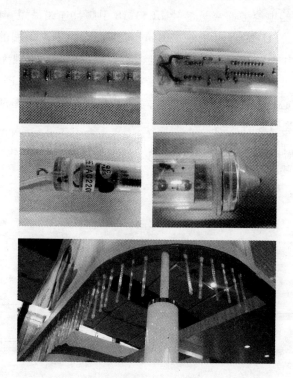

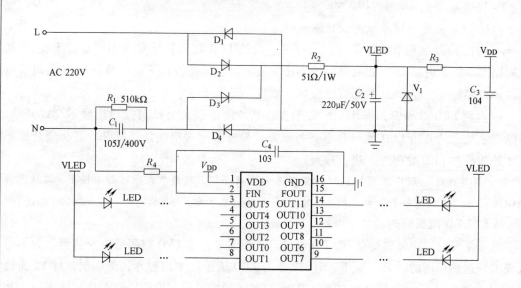

图 9-28 LED 流星灯电路原理图

表 9-7 外围元件参数

元件符号	最小值	典型值	最大值	备 注	单位
C_1	0.5	1		在一定交流电压下,提供的总电流取决于阻容电容	μF
R_1	100	510		C_1 的放电电阻	kΩ
R_2	0	51		限流电阻,可省略	Ω
C_2	100	220		稳压电容	μF
R_3				V_{DD} 稳压电阻,依据供电 V_{DD} 选择	
C_3		104		芯片 V_{DD} 稳压滤波电容,不可省	
C_4		103		FIN 输入滤波电容,不可省	
V_1			24	依据需要选择稳压值,注意稳压管的功率	V
R_4	50	100	100		kΩ

TM1827 应用电路如图 9-29 所示。

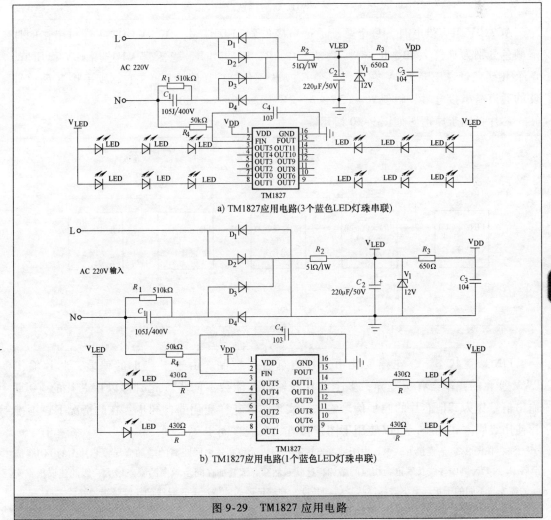

图 9-29 TM1827 应用电路

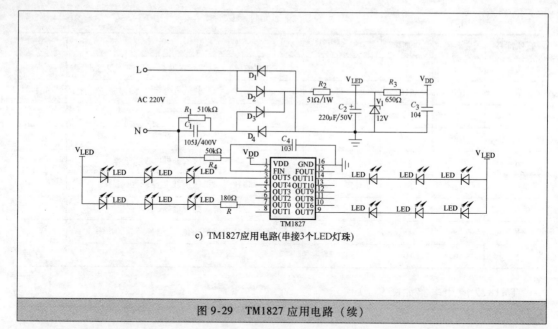

c) TM1827应用电路(串接3个LED灯珠)

图 9-29　TM1827 应用电路（续）

AC220V 阻容供电时，每个驱动通道串接 3 个 LED 灯珠，OUT0-OUT11 端口串接的灯珠颜色分别为 R、G、B、R、G、B、R、G、B、R、G、B，稳压管 V1 选用 12V 稳压值，单个 R 颜色灯珠压降为 2V 左右，单个 G 或 B 颜色灯珠压降为 3V 左右，则串接 R 颜色灯珠的通道需串接电阻，阻值 $R = (3V \times 3 - 2V \times 3)/16mA \approx 180\Omega$。

芯片自同步原理图如图 9-30 所示。

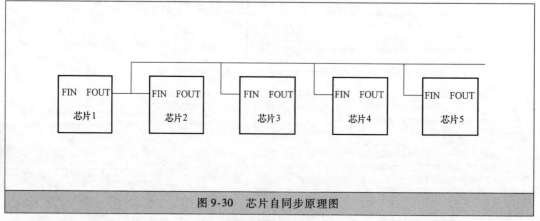

图 9-30　芯片自同步原理图

FIN 悬空状态下，花样变化由芯片内部自行控制。由于工艺上的偏差，芯片输出 PWM 变化的频率会有所差异，多个芯片的输出可能会不同步。此时可以用芯片的 FOUT 输出信号作为其他芯片的同步信号输入，实现芯片花样变化的自同步。在此情况下，不推荐使用级联方式同步，可以使用下图连接方式实现自同步。

注：在图 9-30 的连接方式中，由于随着连接芯片的数量和芯片之间距离的增加会导致芯片 1 的 FOUT 脚至各 IC 的 FIN 脚的导线长度也会相应的增加，这就必然会导致叠加在同步频率的噪声增大，因此建议根据实际的需要与不同的干扰环境下选择连接导线的长度，在满足要求的情况下，导线的长度越短越好。

LED 流星灯的安装示意图如图 9-31 所示。

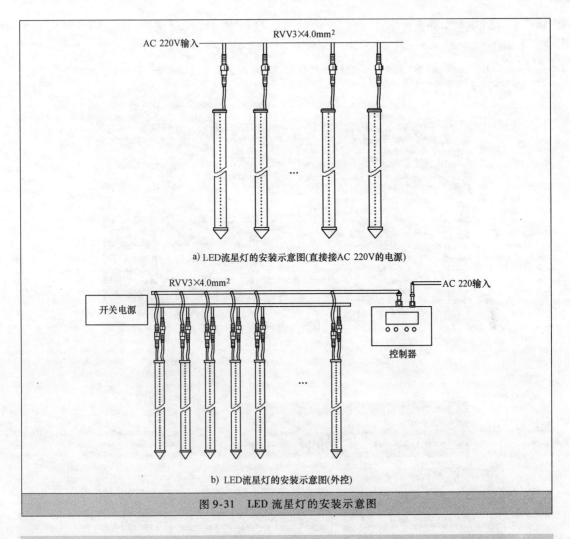

a) LED流星灯的安装示意图(直接接AC 220V的电源)

b) LED流星灯的安装示意图(外控)

图9-31 LED 流星灯的安装示意图

☆☆ 9.5 LED 灯带 ☆☆

217

LED 灯条（LED Strip），因形状就象一根带子，再加上主要元件是 LED，所以又称为 LED 灯带。LED 柔性灯条，又称为 LED 软灯条，其结构主要由 FPC、LED、贴片电阻、防水硅胶、连接端子等材料组成。市面上 LED 软灯条主要用的灯珠为 SMD 3528（$3.5mm \times 2.8mm$）、SMD 5050（$5.0mm \times 5.0mm$），LED 软灯条灯珠为 SMD 3528 规格有 30PCS/m、60 PCS/m、120 PCS/m，其尺寸大小为 $2mm \times 8mm \times 5000mm$。LED 软灯条灯珠为 SMD 5050 规格有 30 PCS/m、60 PCS/m，其尺寸大小为 $2mm \times 10mm \times 5000mm$。LED 软灯条的外形，如图 9-32 所示。柔性 LED 灯带厚度仅为一枚硬币的厚度，不占空间，宽度为 5mm、6mm、8mm、10mm、12mm、15mm，长度一般为 5m/卷；不同的用户可以有不同的规格，可以随意剪断，也可以任意延长而发光不受影响。一般来说，3528 系列的 LED 灯带，其连接距离最长为 20m，5050 系列的 LED 灯带，最长连接距离为 15m。

目前也是软灯带铝槽的，就是软灯带安装在铝槽中，类似 LED 硬灯条。卡槽有 3528

软灯带、5050 软灯带两种。用于安装 5050 软灯带铝槽内径尺寸为宽 10mm，外径尺寸为宽 14.5mm、高 4mm。

注：LED 灯条又分 LED 柔性灯条与 LED 硬灯条。LED 柔性灯条最小裁减单位 5cm。

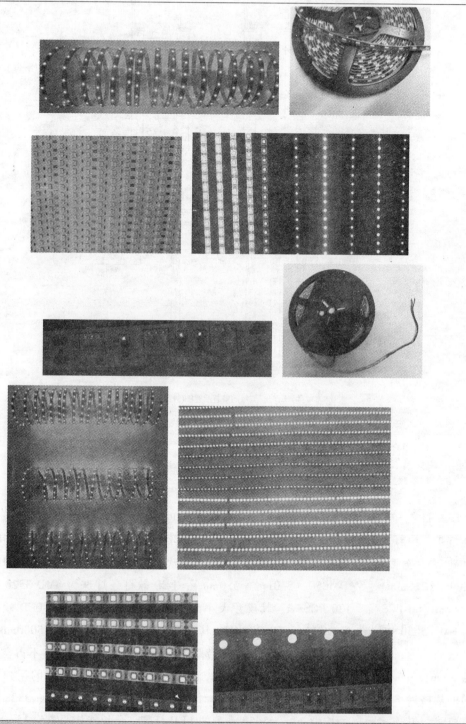

图 9-32　LED 软灯条的外形

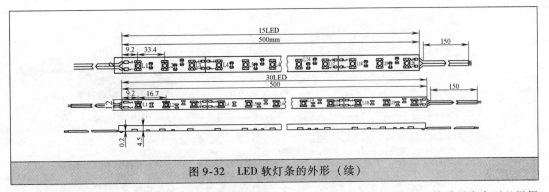

图 9-32　LED 软灯条的外形（续）

注：LED 灯带的焊盘宽度和间距是根据所采用的 LED 尺寸规格来确定的，具体采用多大可以根据 LED 灯带的功率以及分担到电阻上的功率来确定。

★1. 单色 LED 柔性灯条的设计

柔性 LED 灯带常用在广告装饰中，可以组合各种图案。柔性 LED 灯带工作电压有 DC 12V 或 DC 24V，防水类别有滴胶防水、套管防水、灌胶防水。SMD 3528、5050 软灯条的电路原理图如图 9-33 所示。LED 灯带由 3528、5050 封装的 LED 加上不同阻值的电阻，大部分是 3 个灯一组，所以安装的时候量好长度，剪的时候要找准焊点剪下。

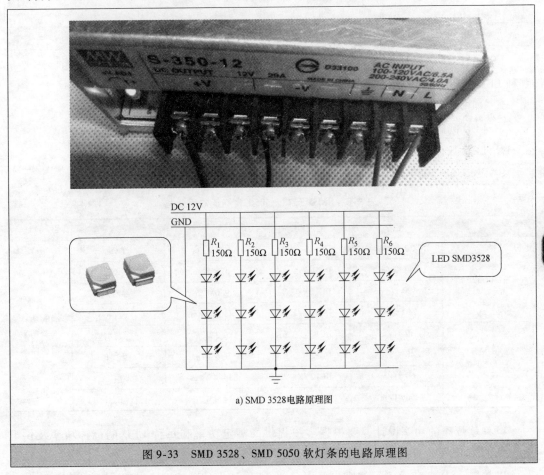

a) SMD 3528电路原理图

图 9-33　SMD 3528、SMD 5050 软灯条的电路原理图

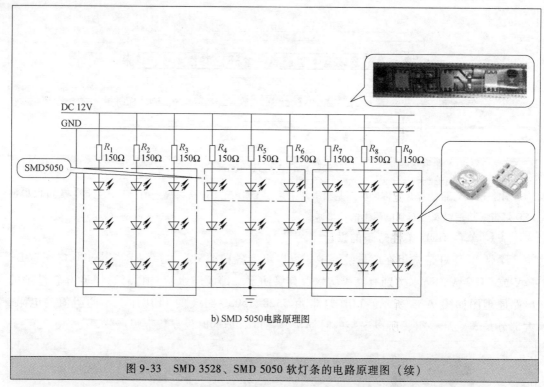

b) SMD 5050电路原理图

图9-33 SMD 3528、SMD 5050 软灯条的电路原理图（续）

LED 软灯条需要根据具体的软灯条长度、LED 数量和剪切位置来划分间距，不管是哪种 LED 灯带，其物理结构的排布都是根据以下公式计算而来：

➢ （LED 软灯条长度–剪切位置宽度×剪切数)/LED 数量 = LED 间距
➢ LED 间距/2 = 贴片电阻与 LED 间距
➢ LED 数量/3 = 贴片电阻数量

SMD 3528、5050 软灯条常用规格见表9-8。

表9-8 SMD 3528、5050 软灯条常用规格

型号	规格	电压/电流	功率	颜色	防水类别
贴片3528	30 灯/m	DC12V/0.2A	2.4W/m	红/黄	不防水 滴胶防水 套管防水 灌胶防水
	60 灯/m	DC12V/0.4A	4.8W/m	黄/蓝	
	120 灯/m	DC12V/0.8A	9.6W/m	绿/白	
	240 灯/m	DC12V/1.6A	19.2W/m	暖白	
贴片5050	30 灯/m	DC12V/0.6A	7.2W/m	红/黄/蓝	
	48 灯/m	DC12V/0.8A	9.6W/m	绿/白	
	60 灯/m	DC12V/1.2A	14.4W/m	白	
	60 灯/m	DC12V/1.2A	14.4W/m	七彩（R、G、B）	

LED 软灯条的功率设计，要根据客户提供的额定功率和每种 LED 的标称功率及供电电压来计算 LED 软灯条的规格和颗粒数。

以常规 LED 灯带为例，如客户要求每米 LED 灯带的功率为 2.4W，LED 要求用 3528

规格、12V供电，则LED的颗粒数计算方法如下：

➢ 每组LED灯带功率：$12V \times 20mA = 0.24W$

➢ 共需LED灯带的组数：$2.4W/0.24W = 10$

➢ LED颗粒数：$10 \times 3 = 30$（颗/m）（如果采用3颗LED加一颗电阻R的串并联电路结构）

注：一般的电路结构是三颗LED加一颗贴片电阻串联成一组分电路，再和其他组分电路一起并联组合成一组整体的LED灯带串并联电路（常规LED灯带的电路结构为串并联电路）。

★2. RGB LED柔性灯条的设计

RGB LED柔性灯条由红、绿、蓝三种颜色组成，由SMD3528或SMD5050 LED组成，电路分为共阴极与共阳极两种。RGB LED柔性灯条电路原理图如图9-34所示。由DC 12V供电。

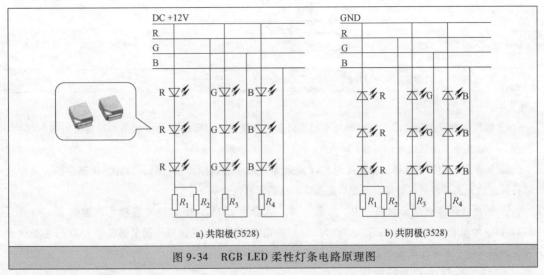

图9-34　RGB LED柔性灯条电路原理图

注：1个SMD5050相当于3个SMD3528，也就是RGB LED柔性灯条用SMD 3528需要9个，用SMD5050只要3个。

LED软灯条的间距的设计，要根据LED软灯条长度、LED的颗粒数来确定。然后按照LED灯带的电路结构进行平均分配，计算出来的间距就是LED的实际间距。

计算公式为：（总长度/组数）/3 = LED间距（剪切宽度和剪切数量包含在内）

如LED软灯条的长度为450mm，LED数量为36颗，采用的是3颗LED加1颗电阻R的电路结构，则LED的间距为：

$$(450/(36/3))/3 = 125mm$$

★3. LED柔性灯条工艺流程

LED柔性灯条工艺流程，如图9-35所示。

目前LED软灯带，其灯珠主要有3528、5050、5050RGB，在焊接过程中（特别是回流焊接过程中），其焊接的参数曲线，一定要按照LED灯规格书执行。锡膏要用中温度的，锡膏的厚度可以用锡膏测厚仪测试。

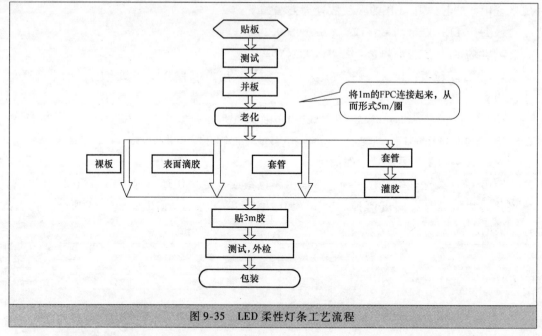

图 9-35　LED 柔性灯条工艺流程

注：

① 锡膏测厚仪是利用激光非接触三维扫描密集取样技术，将印刷在 PCB 板上的锡膏（红胶）厚度、面积、体积等分布测量出来的设备。

② 锡膏是一种灰色膏体，是伴随着 SMT 应运而生的一种新型焊接材料。锡膏是由焊锡粉、助焊剂以及其他的表面活性剂、触变剂等加以混合，形成的膏状混合物。

③ 锡膏以焊接温度分为高、中、低温三种，熔点为 260℃ 以上的锡膏被称为高温锡膏。熔点为 240℃ 以下的锡膏被称为中温锡膏。熔点为 138℃ 的锡膏被称为低温锡膏。低温锡膏在 LED 行业受到欢迎，起到保护不能承受高温回流焊的焊接原件和 PCB 的作用。

LED 柔性灯条检验标准见表 9-9。

表 9-9　LED 柔性灯条检验标准

序号	检验项目	检验标准	检验方法	缺陷等级
1	FPC、LED、电阻、焊接	➤ FPC 表面无脏污、无起泡、变形；线路无损伤、断裂、折痕等，焊盘无颗粒锡珠、无假焊、虚焊 ➤ LED、电阻焊点光滑、焊点饱满，无锡尖、锡包、少锡等 ➤ LED 灯珠无损伤、刮痕、烫伤、污渍等 ➤ LED 无空焊、短路、偏移、浮高、极性反等 ➤ 电阻无反白、空焊、偏移、浮高、立碑等 ➤ FPC 表面 FPC 串联正负极要与灯珠正负极一致、无反向 ➤ FPC 段与段之间的焊盘锡要饱满，无锡尖、少锡、假焊、虚焊的情况 ➤ FPC 并联的连接线不能太紧，其长度要留有 FPC 板活动位移的余地 ➤ 并联 FPC 板不能有短路、焊盘锡要饱满，锡要完全覆盖连接线头 ➤ 并联 FPC 板正极与负极串联起来的，不能存在同极性相串联	目视	MA

（续）

序号	检验项目	检验标准	检验方法	缺陷等级
2	灌（封）胶	➢ 硅胶套管灯条表面无脏污、划伤、破损、开口 ➢ 管内 LED FPC 板摆放整齐，顺畅，无打结、弯曲的情况 ➢ 灌胶灯条无起泡、供起、无开裂，厚度要均匀	目视 手动	MA/CR
3	组装（FPC 板套硅胶套管）	➢ FPC 板套硅胶套管时不能有极性装反或板弄脏、折断等 ➢ 并联线头要接牢，不能有松动，且并联的 FPC 之间的间隔要 8mm 以上，不能太近，防止碰线短路	目视 手动	MA/CR
4	通电试亮	➢ FPC 板套好硅胶管时需试亮，有异常时须及时维修，维修好后再次试亮，无异常方可进入灌胶工序 ➢ 单色 LED 灯条通电不能有不亮或微亮的情况，当有微亮时须查看有没虚焊假焊及灯珠坏的情况 ➢ RGB 软灯带通电后各细分组都能正常点亮，无不亮、微亮或所亮的颜色不一致 ➢ 每批次抽样老化 4h，无电气不良现象（如焊盘松脱，连接线脱焊等） ➢ 变曲、缠绕及震动破坏实验后，LED 灯带无电阻、灯珠、连接线脱焊、松脱等异常情况 ➢ 高低温极限耐温实验（-20~80℃）后，没有脱焊、死灯等情况		

LED 柔性灯条安装常见问题见表 9-10。

表 9-10　LED 柔性灯条安装常见问题

序号	常见问题	原因分析	解决方法
1	LED 柔性灯条不亮	➢ 电源线没接好 ➢ 电源故障 ➢ 信号线没接	➢ 重新连接电源线 ➢ 更换新的电源 ➢ 重新连接控制器信号线
2	LED 柔性灯条不亮，PCB 板发热	➢ 短路 ➢ 输入电压超过灯条工作电压	➢ 找到短路点，查明短路地方 ➢ 输入工作电压要与灯条电压一致
3	LED 柔性灯条亮度不一致	➢ 输入电压低于工作电压 ➢ 压降大	➢ 工作电压要与灯条电压一致 ➢ 在产生压降大的地方，增加新的电源
4	LED 柔性灯条缺色	➢ 死灯 ➢ 程序错误	➢ 更换 LED 柔性灯条 ➢ 重新更换程序
5	LED 柔性灯条乱闪	➢ 程序错误 ➢ IC 损坏/接触不良	➢ 重新更换程序 ➢ 更换新的 LED 柔性灯条

★4. 单色 LED 柔性灯条安装

单色 LED 柔性灯条连接示意图如图 9-36 所示。

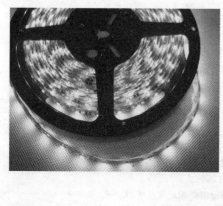

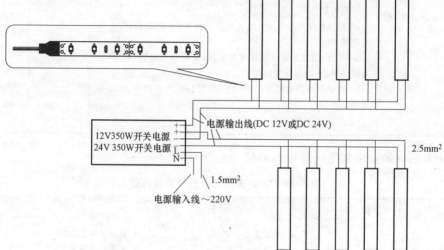

电源输出线(DC 12V或DC 24V)

12V350W开关电源
24V 350W开关电源

2.5mm²

1.5mm²

电源输入线～220V

开关电源 200W
DC 12V

图 9-36 单色 LED

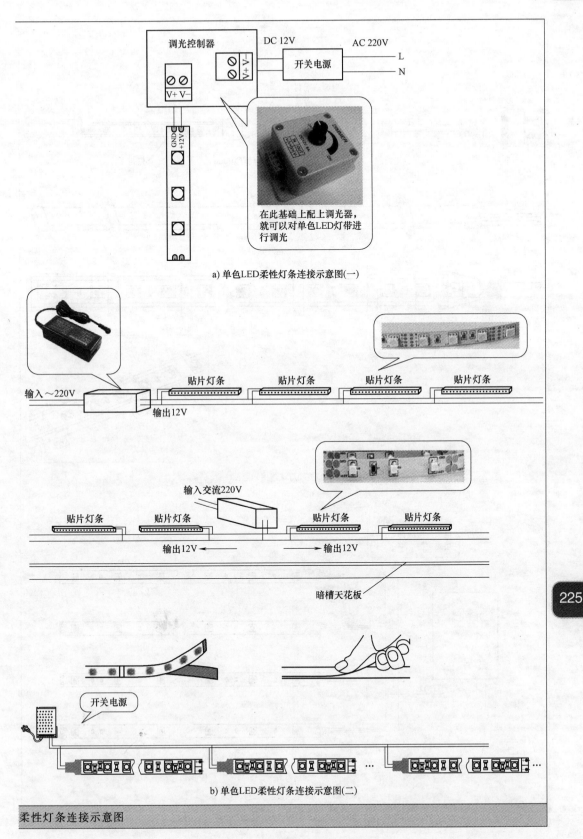

a) 单色LED柔性灯条连接示意图(一)

b) 单色LED柔性灯条连接示意图(二)

在此基础上配上调光器，就可以对单色LED灯带进行调光

柔性灯条连接示意图

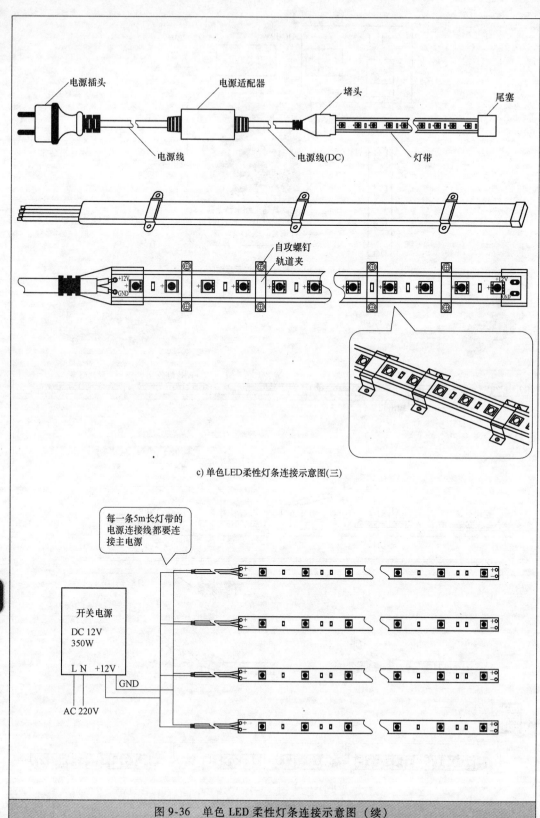

c) 单色LED柔性灯条连接示意图(三)

图 9-36　单色 LED 柔性灯条连接示意图 （续）

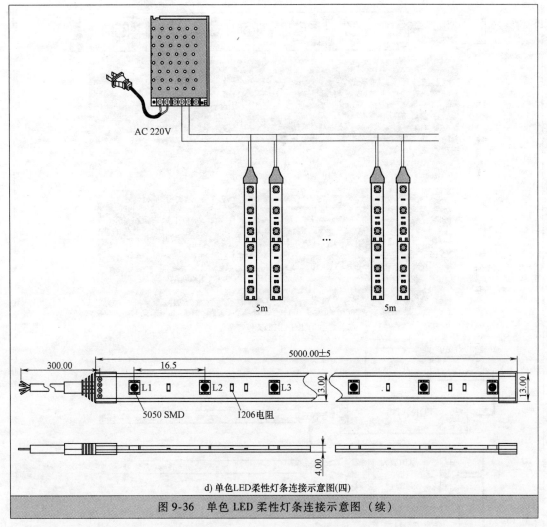

d) 单色LED柔性灯条连接示意图(四)

图 9-36 单色 LED 柔性灯条连接示意图 （续）

注：

① 贴片软灯条背面配备 3m 双面胶，每 3 个 LED 可以沿着上面切线任意截断（长度为 5mm），不损坏其他部分。

② LED 灯带一般电压为 DC 12V，要使用开关电源供电，电源的大小根据 LED 灯带的功率和连接长度来定。一般用功率比较大的开关电源做总电源，然后将 LED 灯带输入电源全部并联起来，统一由总开关电源供电。

RGB LED 柔性灯条连接示意图及介绍如图 9-37 所示。本节中所用的控制器为 LT-3600RF，功率扩展器为 LF-3060 或 LT-3060-8A。

LED 全彩灯条采用恒流 IC 进行，具有单点单控、256 级灰度、像素间距小、耗电小、热量低，宽视角等特点。5050RGB 贴片灯珠贴装于 FPCB（柔性线路板）上，耐折易弯曲防水等级达到 IP68，每卷长度为 5m，灯条用 3M 胶纸或者卡扣螺钉固定，采用低电压直流供电安全方便，多种发光颜色，色彩绚丽。电源功率的大小根据灯条的功率与连接长度来定（切勿让电源超负荷运行，请为电源留有 20% 的余量）。LED 全彩灯条可以显示视频动画、图像、文字等多种字符、效果多样化可自由编辑。

227

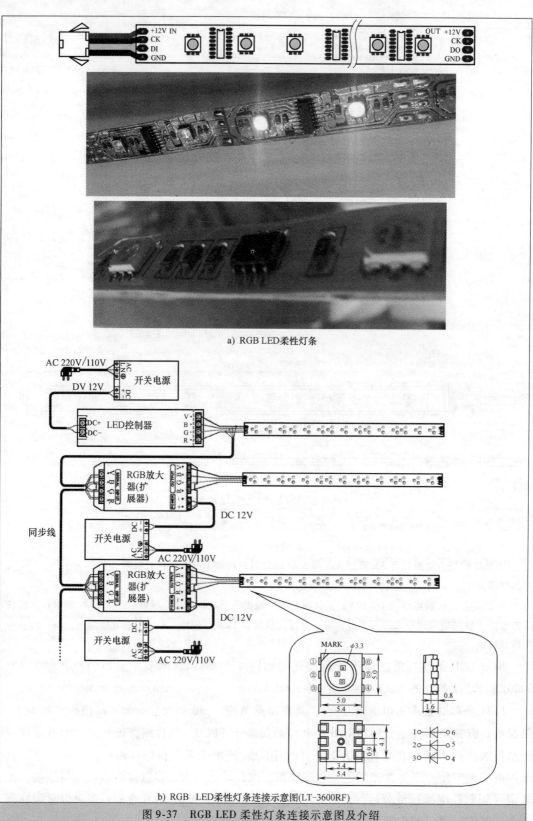

a) RGB LED柔性灯条

b) RGB LED柔性灯条连接示意图(LT-3600RF)

图9-37 RGB LED 柔性灯条连接示意图及介绍

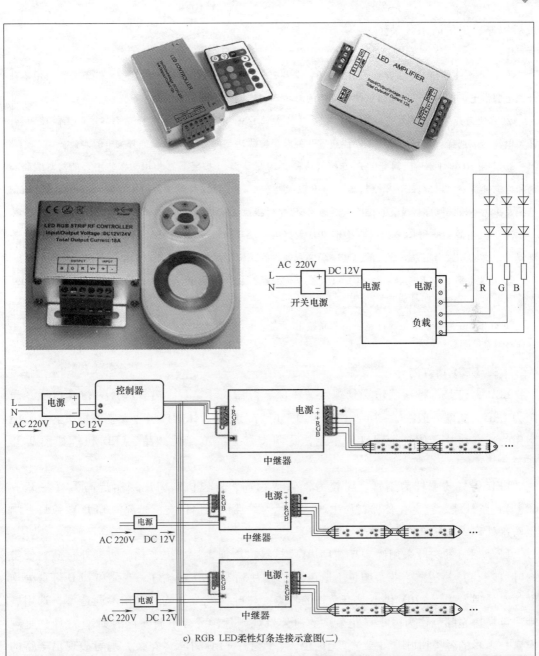

c) RGB LED柔性灯条连接示意图(二)

图 9-37　RGB LED 柔性灯条连接示意图及介绍（续）

➤ 室内安装

LED 灯带用于室内装饰时，由于不必经受风吹雨打，所以安装就非常简单。每款 LED 灯带的背后都贴有自粘性 3M 双面胶，安装时可以直接撕去 3M 双面胶表面的贴纸，然后把灯条固定在需要安装的地方，用手按平就好了。

➤ 户外安装

户外安装由于会经受风吹雨淋，如果采用 3M 胶固定的话，时间一久就会造成 3M 胶粘性降低而致使 LED 灯带脱落，因此户外安装常采用卡槽固定的方式。另配备防水胶，以巩固连接点的防水效果。

注：

① LED 柔性灯条不可直接接入市电 110V 或者 220V 使用，否则将会烧毁灯条，灯条必须使用单独开关电源供电，电源功率选择根据使用灯条的总功率和连接长度确定。

② 一般为开关电源的功率 > RGB 控制器（放大器）输出功率 > 灯条的总功率。单色无需控制器。开关电源功率选择：灯条的总功率不能超过开关电源标称功率的 70%，以保证开关电源寿命。

③ 七彩 RGB 灯条由于需配上 RGB 控制器和 RGB 放大器（扩展器）使用，在使用之前需对线路布局和方向确认好，以确保 RGB 控制器和 RGB 放大器（扩展器）安装位置合适；安装时不可将红绿蓝信号线及黑色正极线顺序接反，否则将会烧毁 RGB 控制器及 RGB 放大器（扩展器）。

④ 开关电源功率和 RGB 控制器及 RGB 放大器（扩展器）功率请严格按照开关电源的功率 > RGB 控制器（放大器）输出功率 > 灯条的总功率顺序选择，安装完毕后请仔细检查线路。

⑤ 开关电源、RGB 控制器及 RGB 放大器（扩展器）使用范围必须通风干燥良好，以免影响散热，如果开关电源、RGB 控制器及 RGB 放大器（扩展器）装户外必须加装防水电箱。

⑥ 灯条 5m 为一个单位，首尾正负并联接电方式，每 5m 处接电，这样可以保证 LED 亮度均匀，稳定性好。

★5. LED 树灯简介

LED 树灯是一种新型仿真景观灯。环保、寿命长、美观。树杆叶片为仿真材质，光源为 LED，高度一般在 2～7m，广泛应用于广场、庭院、休闲广场、大堂等场所。它节能耐用的特点弥补了传统景观灯的不足，是同类灯具的革命性产品。LED 树灯如图 9-38 所示。

LED 树灯的主杆为钢管，树枝为钢管或钢筋，外包仿真树皮采用抗高温（-35～60℃）、紫外线、抗老化环保材质生产，叶片为柔性抗老化材质，光源为 LED 颗粒灯，均做防水处理，低压低耗寿命长。

LED 树灯的树叶采用优质高纯度 PVC 材料，添加柔性、抗老化、防紫外材质，使得树叶（花朵）易清洁，花朵颜色不退色。光源为 5mm LED 颗粒灯，花朵和 LED 灯珠处均做防水处理，采用 220V 供电，寿命长的特点。树叶（花朵）均可采用不同造型，选用各种浅色易透光颜色作为树叶（花朵）的白天景观颜色，配合不同颜色的 LED 灯珠，呈现丰富、多彩的各类树叶（花朵）。无论白天、晚上，LED 树叶（花朵）均可表现出丰富的艺术及灯光效果。

注：

① LED 树灯 220V 交流电压输入，LED 树灯的光源实际电压为直流 12～54V（内置变流器），节能环保，可保证使用的安全性。LED 树灯不同于其他的 LED 产品，直流低压可以减少在室外由于天气原因所造成的损坏，再加置光源上双层热缩套管的保护可以有效避免风力和水流的侵害。

② 叶片和 LED 颗粒灯固定在每个枝条上，施工方只要按照产品本身的连接槽固定，再将枝条和主杆上相对应的电源线插接头连接即可，坚固便捷。LED 树灯的维护较之其他景观灯简洁方便，只需要把损坏灯串取下，装上新的灯串即可。

图 9-38　LED 树灯

第**10**章

LED 室外照明灯具设计

---------- ☆☆ **10.1 LED 洗墙灯** ☆☆ ----------

★1. LED 洗墙灯简介

LED 洗墙灯主要是做建筑装饰照明用的，也用来勾勒大型建筑的轮廓。LED 洗墙灯的外形大部分为长条形，也称为 LED 线条灯。LED 洗墙灯的技术参数与 LED 投光灯大体相似，目前，LED 洗墙灯利用呼吸器解决灯具内外平衡压差及防水问题。LED 洗墙灯常规功率有 18W、24W、36W、48W 等。LED 洗墙灯的工作电压有 AC 220V、AC 110V、DC 24V 和 DC12V。LED 洗墙灯的外形如图 10-1 所示。LED 洗墙灯的颜色有红、黄、蓝、绿、白、暖白、琥珀、RGB，常用尺寸有 300mm、500mm、600mm、1000mm、1200mm，发光角度有 15°、30°、45°、60°、90°、120°等。LED 洗墙灯采用专用抗老化导热硅胶密封处理，专业的安装支架，可以随意调节灯具投射角度，并可横向调节，安装方便快捷。内控 LED 洗墙灯，无需外接控制器，可以内置多种变化模式。外控 LED 洗墙灯，需要配置外控控制器方可实现颜色变化。

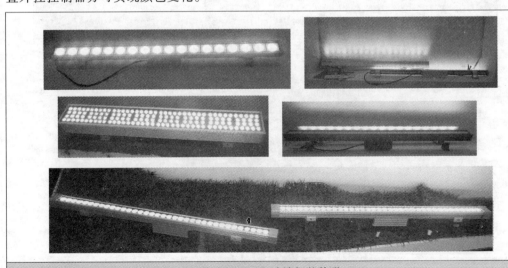

图 10-1　LED 洗墙灯的外形

注：目前，LED 洗墙灯灯体采用铝合金挤压成型，一体化的散热结构设计，比普通结构增加散热

面积 80％ 以上，设计中增加了气流散热通道，确保了 LED 的光效及使用寿命。外控 LED 洗墙灯系统主要由控制器、同步线缆、洗墙灯和开关电源组成。

★2. LED 洗墙灯的组装流程

LED 洗墙灯的组装流程表见表 10-1。

表 10-1　LED 洗墙灯的组装流程表

序号	工序名称	工具或材料	工艺要求或检测标准	备注
1	来料测试	灯板、外壳	➢ 目视检查铝基板无变形及 LED 破损、脱帽等不良现象 ➢ LED 周边以及铝基板面不能有锡珠 ➢ 灯板发光测试不可有暗灯、死灯、色差等不良现象 ➢ 检查外壳是否有划伤、磨损、缺损、裂纹、变形等不良现象	作业过程中须轻拿轻放
2	刷导热硅脂	灯板、外壳	➢ 检查灯板上的导热凝浆，不可有歪斜、错位、不均匀等不良现象	
3	装透镜	灯板、外壳、透镜	➢ 将防水透镜安装在 LED 管上 ➢ 安装完毕后，在透镜支架底部涂抹一圈 RTV 胶，安装防水透镜时用少许力压一下，使防水透镜与线路板充分接触 ➢ 透镜有方向区分，不能装反了 ➢ 安装透镜时应佩戴指套，并注意保护透镜以及 LED 管	
4	电源线装电缆固定头	半成品、电缆固定头	➢ 取电缆固定头，将其部件拆开先将底部螺帽穿入电源线装于灯体上；再取防水圈套入电源线 ➢ 取胶瓶在电缆固定头的底部螺帽与电源线接触处打一圈硅胶后，将防水圈装入螺帽连接头内 ➢ 取电缆固定头的顶部螺母穿入电源线配合螺帽连接头拧入 ➢ 取呆扳手将电缆固定头拧紧	不可漏打硅胶，电缆固定头一定要拧紧
5	电源线焊接	半成品、电源线	➢ 连线和电源线焊点表面平整光滑 ➢ 灯板组件不可有锡珠、焊渍、漏焊、假焊、包焊、空焊等不良现象 ➢ 灯体内公母线长度不能超过 10mm	
6	半成品功能测试		➢ 连接测试电源，打开电源开关，输入电压调节合适的电压 ➢ 插上对插线，将测试连接夹子夹住洗墙灯的电源线；红色夹子为"＋"接棕色，黑色夹子为"－"接蓝色	

（续）

序号	工序名称	工具或材料	工艺要求或检测标准	备注
7	灌防水胶	半成品、防水胶	➤ 在进行灌胶作业时,拿取或移动产品需轻拿轻放,避免产品受外力损伤 ➤ 防水胶的量根据要 LED 洗墙灯长度及相关尺寸来定 ➤ 保证洗墙灯必须要水平放平,才能保持胶体表面水平,灌胶后的透镜要高出胶体 7~8mm ➤ 将灌好胶的洗墙灯放置在通风无尘的环境 24h 风干	
8	锁灯体压条	半成品、灯体压条、玻璃	➤ 取 2PCS 灯体压条压住钢化玻璃装于灯体上,再取电批将螺钉锁在灯体压条锁紧于灯体上 ➤ 将要放置玻璃的洗墙灯两长侧边均匀的打上玻璃胶 ➤ 玻璃胶均匀涂完后,盖上玻璃,并把玻璃左右轻微挪动,使玻璃跟外壳接触良好	安装玻璃时要防止打破及脏污
9	端盖及装支架	半成品、端盖、支架	➤ 取刀片将超出两端的硅胶条割除,再取加工好的端盖装于灯体的两端 ➤ 取端盖置于作业台面上,再取端盖硅胶垫装于端盖槽位内 ➤ 取 4PCS 圆头十字螺钉分别装入端盖上的螺钉孔位内 ➤ 取硅胶瓶于端盖槽位内的端盖硅胶垫上打上端盖粘接硅胶 ➤ 最后将灯体两端盖再次组装	
10	电源安装	半成品、电源、支架	➤ 所有线芯的焊接处都应藏进灯壳的电源放置腔内 ➤ 取电动螺丝刀将螺钉锁在电源上,将电源锁紧于灯体上	
11	IP 测试	LED 洗墙灯成品	➤ 目视确认浸水槽内有无水泡冒出,如无水泡冒出即可取出灯体置于台面上 ➤ 泡时水时间 30min ➤ 取气枪将洗墙灯灯体上的水吹干	
12	成品老化	LED 洗墙灯成品	➤ 检查无死泡、死灯、闪烁、暗灯等现象 ➤ 打开总电源开关,记录开始老化的时间,老化时间为 48h,注意检查产品有无短路、少色、冒烟、死灯等不良现象	
13	外观检查及清洁	LED 洗墙灯成品	➤ 灯体不可有变形、毛边等不良 ➤ 结构什不可组装不到位、错装、少装现象 ➤ 主体件不可有破损、氧化、刮花等不良 ➤ 玻璃不可有组装不到位、破损等不良 ➤ 灯体外观不可有脏污现象 ➤ 所有外漏胶须清理干净	
14	功能检测	LED 洗墙灯成品、智能电量测试仪、耐压测试仪	➤ 功率、PF 值都在规格内 ➤ 高压须过 AC 1500V	
15	包装		➤ 检查是否有漏放配件、包装无破损等 ➤ 检查产品摆放,产品规格	

★3. LED 洗墙灯的检测标准

LED 洗墙灯的检测标准见表 10-2。

表 10-2　LED 洗墙灯的检测标准

序号	检测项目	检验内容	标准要求/缺陷描述	检验方法/工具
1	产品外观	整体结构	➢ 无明显的划伤、模印、油污、氧化、灰尘及影响性能外观的披锋、缩水、缺料等 ➢ 检查透镜本身是否有气泡、物、刮伤、缩水、夹水纹、污痕等 ➢ 灯珠和透镜无偏移、无破损、灌胶饱满，灯内无引起发光不良的杂质和异物等 ➢ 灯壳为铝合金，检查时注意灯壳本身是否有污痕、划伤、砸伤、利边锐角、磨损、压花等 ➢ 部件齐全，装配位置正确，符合产品要求 ➢ 各相关尺寸(长、宽、高)须符合产品图纸要求 ➢ 导线、导线线松紧符合产品要求 ➢ 产品重量符合设计要求或国家相关标准 ➢ 灯具的外形尺寸应符合制造商的规定	卡尺、钢尺、计量器、目视
		产品标签	➢ 额定电压、功率、使用环境额定温度、IP等级、灯具型号、生产厂家等 ➢ 标记应字迹清晰，标志不脱落和卷曲 ➢ 标签上印有清晰的生产日期 ➢ 标签上没有油渍或任何灰渍	目视
		防护等级	➢ 根据 GB 4208—2008《外壳防护等级(IP 代码)》中的要求检测 ➢ 驱动无进水，灯无进水。灯能正常点亮且参数在要求范围内 ➢ 防护等级不低于 IP 65	淋水台
2	电性能参数	功率	➢ 在规定测试条件下，功率不能超过 ±10% ➢ 实际功率因数与标称功率因数之差不应大于 0.05	智能电量测试仪
		光通量	➢ 在规定测试条件下，亮度值超规格 ±5% 不接受 ➢ 红色波长范围 615 ~ 650nm，绿色波长范围 500 ~ 540nm，蓝色波长范围 450 ~ 480nm	光谱仪、积分球
		光强、光束角	➢ 在规定测试条件下，光强分布曲线、等光强曲线、光强分布数据符合设计要求 ➢ 窄光束角 LED 洗墙灯，光束角应不大于 30° ➢ 对于中光束角 LED 洗墙灯，光束角应大于 30°小于 90° ➢ 宽光束角 LED 洗墙灯，光束角应不大于 90° ➢ 光束角不大于 30°的灯的平面内扫描角度间隔不应超过 1° ➢ 光束角大于 30°的灯的平面内扫描角度间隔不应超过 3°	分布光度计
		漏电电流	➢ 对地漏电流应不超过 1mA(交流有效值)	漏电测试仪
		绝缘电阻	➢ 不同极性带电部件、带电部件和表面、带电部件和金属部件之间的最小绝缘电阻均大于 50MΩ	绝缘测试仪
		抗电强度	➢ $2U + 1000V$(交流有效值)的试验电压 1min 不发生绝缘击穿或闪络	耐压测试仪

（续）

序号	检测项目	检验内容	标准要求/缺陷描述	检验方法/工具
3	光学参数	照度	➤ 照度分布、等照度曲线符合设计要求	分布光度计
		色温	➤ 在规定测试条件下,色温值不符合规格 ±5% 要求不接受	光谱仪、积分球
		显色指数	➤ 在规定测试条件下,显色指数值不符合规格 ±2Ra要求不接受	光谱仪、积分球
		发光角度	➤ 发光角度符合设计要求	分布光度计
4	温升		➤ 正常使用时达到热平衡后,表面温度不超过75℃	
5	电磁兼容		➤ 浪涌冲击按照国家标准 GB 17626.5—2008 测试 ➤ 电源电流的谐波含量测量按照国家标准 GB 17625.1—2012 测试	
6	可靠性试验	开关电试验	➤ 在灯具正常工作条件下,开1min和关30s作为一次开关循环,依此连续进行开关试验500次	老化房
		振动试验	➤ 将灯具放到振动台振动30min,检验灯具各零部件有无松动、脱落,灯具是否能正常工作	振动试验
		跌落测试	➤ 产品无击碎、破裂及严重变形,配件无松脱	跌落试验机
		功能检验	➤ 在进行可靠性测试中按灯具使用说明书检验灯具的功能项	

☆☆ 10.2 LED 投光灯 ☆☆

LED 投光灯使指定被照面上的照度高于周围环境的灯具,又称聚光灯。通常 LED 投光灯能够瞄准任何方向,并具备不受气候条件影响的结构。适用于厂区、体育馆、码头、广告牌、建筑物、草坪、园艺设计亮化工程等投光和装饰照明所需要的场所。LED 投光灯的外形如图 10-2 所示。LED 投光灯既可以单个安装使用,也可以多灯组合起来集中安装在 20m 以上的杆子上,构成高杆照明装置。LED 投光灯的光从高处投射下来时,环境的空间亮度高,光覆盖面大,给人一种白天的感觉,有较高的照明质量和视觉效果。

注:

LED 投光灯通过内置微芯片的控制,在小型工程应用场合中,可不使用控制器实现渐变、跳变、色彩闪烁、随机闪烁、渐变交替等动态效果,也可以通过 DMX 的控制,实现追逐、扫描等效果。

★1. LED 投光灯特点

➤ 光学配光,无眩光,无光染,方向性强,均匀度高。

➤ 大功率 LED 芯片集成封装或单颗大功率 LED。

➤ 恒压恒流驱动,稳定的整流,恒压恒流驱动电源,瞬时启动,功率因素 0.95 以上,电源效率高,安全可靠。

➤ 灯具外壳最佳一体化的散热功能,外观设计大方、新颖。

➤ 反光罩表面阳极氧化,与光源紧密贴合"一体",出光效率高。

图 10-2　LED 投光灯的外形

> 表面采用静电喷塑处理，耐高温，耐气候性好，色彩丰富。
> 灯体为高压压铸铝，结构紧凑，牢固耐腐蚀。
> 可靠硅橡胶密封，耐 150℃以上高温，不老化，灯体密封性好，防水防尘。
> 发光色彩丰富，具有红、绿、蓝、黄、白等多种颜色。

★2. LED 投光灯光源介绍

　　LED 投光灯的光源目前主要有三种方式，其一是单颗 LED 光源与防水透镜并采用灌防水胶的方式。防水透镜的外形如图 10-3 所示。防水透镜采用高精度、非球面光学设计，选用德国原装进口光学级 PMMA 原料，保证在足够的注塑成型时，降低产品缩水率。发光角度有 5°、8°、10°、15°、25°、30°、38°、45°、60°、80°、90°、120°等。在选用 LED 投光灯灌封胶时，先考虑灌封胶稳定性、可靠性，能够在户外各种复杂环境使用，必须受得起高温、低寒、酸碱雨、风雪、阳光爆晒等长期考验，达到良好的耐侯性。

　　注：

　　① 将治具固定在 LED 投光灯灌胶的台面上，然后把 LED 投光灯放在治具里面进行固定。

　　② 设置好胶水的比例，灌胶开始，先测试一下胶水是否有质量问题。

　　③ 没有质量问题，开始批量灌胶。

　　其二是集成光源的方式，这是一种常见的方式，在这里不作介绍。其三是单颗大功率 LED 光源与铝基板或铜基板相结合的方式，这种方式主要采用的 LED 灯为科锐公司的

3535 或 2525。LED 光源与铝基板结构方式如图 10-4 所示。

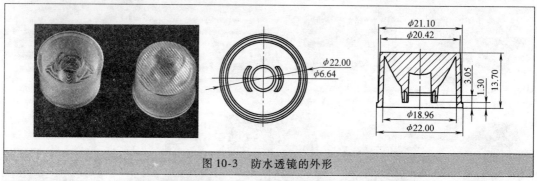

图 10-3　防水透镜的外形

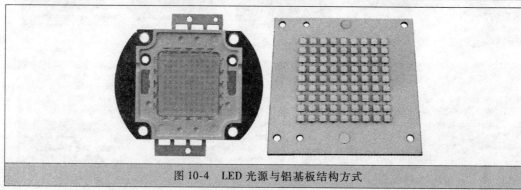

图 10-4　LED 光源与铝基板结构方式

注：导热膏应选择导热系数大于 3.0 以上的（如道康宁、信越），建议使用钢网均匀的刮涂导热膏，导热膏的厚度控制在 0.1mm 左右。

★3. LED 投光灯的检测标准

LED 投光灯的检测标准见表 10-3。

表 10-3　LED 投光灯的检测标准

序号	检测项目	检验内容	标准要求/缺陷描述	检验方法/工具
1	结构确认	订单/BOM 核对	➤ 模组式：电源、LED 灯板、透镜、连接线、透镜防水圈、呼吸器、灯板或透镜固定螺钉等部件规格需一致 ➤ 集成式：电源、LED 灯板、反光杯或反光罩、光源灯座或固定座、连接线、防水压条、呼吸器、螺钉等部件规格需一致 ➤ 不缺少配件（少密胶圈、少打胶、少配件） ➤ 螺钉锁不到位，滑扣，漏装螺钉，非不锈钢螺钉 ➤ 偏移，缝隙≤1mm ➤ 产品表面应无划伤、凹凸不平的现象，灯体内外应无尖角和毛刺 ➤ 喷涂件表面色泽应均匀一致，涂膜光滑，厚度均匀，无流挂、堆积、露底、皱纹等影响外观的缺陷 ➤ 涂漆色泽均匀，无气孔、无裂缝、无杂质；涂层必须紧紧的粘附在基础材料上 ➤ 焊接部位应平整、牢固，无焊穿、虚焊、飞溅等现象	目视
		转动测试	➤ 固定支架螺钉固定不可松动 ➤ 订单/技术资料要求可转动的角度不达标	

（续）

序号	检测项目	检验内容	标准要求/缺陷描述	检验方法/工具
2	功率	功率测试	➢ 测试功率符合订单及技术要求 ➢ 按国家标准执行,功率不能超过设计功率的 ±10%	功率测试仪/智能电量测试仪
3	功能测试	点亮测试	➢ DS = 1m 目视 10s 可见色差,暗灯不允许 ➢ 死灯,死组,灯不亮 ➢ 低电流测试灯暗或者不良	目视
4	接地电阻	接地电阻测试	➢ 接地电阻应小于 0.5Ω(美规 0.1Ω)或者按国家地区具体安规要求执行	接地电测试仪
5	泄露电流	泄漏电流测试	➢ 泄漏电流交流应小于 0.5mA,直流应小于 1mA 或者按国家地区具体安规要求执行	泄漏电流测试仪
6	照度、光效、光通量	照度分布测试	➢ 在暗室中,输入相应额定电压与频率之电源使灯具正常工作,将灯具发出的光投射到距灯具等体平面 2.0m 的墙上,应能很明显观察到矩形的照度分布 ➢ 色容差不超过 7SDCM ➢ 额定相关色温≤3500K,初始光效(lm/W)不低于 90 ➢ 额定相关 3500K < 307 额定相关色温 ≤5000K,初始光效(lm/W)不低于 95 ➢ 额定相关 5000K < 307 额定相关色温 ≤6500K,初始光效(lm/W)不低于 100	光分布测试仪或照度计
7	气密测试	气密测试架	➢ 取下呼吸器,将气管接入密合,1min 后无冒泡现象,OQC 确认生产 100% 检验及记录	
8	淋水测试	淋水测试架	➢ 第一批生产,1 个月以上没有生产或者样板抽样 1PCS 送实验室淋水测试 ➢ 按国家标准 GB 7000.1—2015 中 9.2 节的规定进行	
9	安规测试	耐压测试、电磁兼容测试	➢ 按国家标准要求相应频率、电压、电流,测试时间测试无击穿现象(AC 1.5kV、5mA/60s)灯具无击穿报警现象 ➢ 输入电流谐波应符合 GB 17625.1—2012 的规定 ➢ 无线电骚扰特性应符合 GB 17743—2007 的规定 ➢ 电磁兼容抗扰度应符合 GB/T 18595—2014 的规定	耐压测试仪
10	防水防尘等级测试		➢ 防尘和防水试验按 GB 7000.1—2015 中 9.2 节的规定进行 ➢ 防尘和防水等级应至少为 IP65	
11	外部接线和内部接线		➢ 采用 60N 的拉力,进行 25 次试验 ➢ 0.25N·m 的扭矩进行试验,位移 $S \le 2mm$ ➢ 不可拆卸的软缆或软线和连接引线,用作灯具与电源连接方法时,其正极应标红色,负极应标黑色 ➢ 内部接线应适当安置或保护,使之不会受到锐角、铆钉、螺钉及类似部件损坏 ➢ 输入线 3mm×1.0mm² 橡胶线,输出线 2mm×1.0mm² 橡胶线	
12	高低温测试		➢ 在(-40℃ ~ +65℃)±2℃ 正常供电条件下,让 LED 投光灯工作 30min,不得有暗灯、死灯出现 ➢ 启动时间 $t \le 3s$;功能、外观正常,无不符合安规的现象	高低温箱

239

（续）

序号	检测项目	检验内容	标准要求/缺陷描述	检验方法/工具
13	震动测试		➢ 加速度 2G,X、Y、Z 各震动 10min,角度 10°,不允许有暗灯、死灯出现,不允许螺钉松脱、掉漆、破裂 ➢ 按照国家标准 GB/T 2423.10—2008 规定的方法进行扫频试验	震动测试仪
14	温升测试		➢ 测试 LED 外壳温度常规 58℃ 以下 ➢ 铝基电路板温度不得超过 65℃	测温仪
15	盐雾测试		➢ 35℃/5% 的盐雾放置 48h,散热器或固定支架没有明显生锈	盐雾测试机
16	开关次数	寿命测试	➢ 开 30s 关 30s 循环 10000 次,能正常工作	开关寿命机
17	灼热丝测试	灼热测试	➢ 透镜进行 650℃ 的灼热丝试验,火焰移开后样品 30s 内必须熄灭,薄棉纸不能起火	
18	跌落测试	水泥地面	➢ 水平自由跌落顺序为一点三棱六面共 10 次 ➢ 重量 10kg 以下跌高度为 80cm ➢ 重量 10~16kg 跌落高度为 70cm ➢ 重量 17~26kg 跌落高度为 50cm ➢ 重量 27~46kg 跌落高度为 35cm ➢ 重量 47~70kg 跌落高度为 25cm ➢ 重量为 70kg 以上跌落高度为 15cm ➢ 跌落完后(保丽龙)外箱无严重破损,产品无变形,碰伤,功能测试正常	电子秤、跌落测试机
19	抽检		➢ 功率、色温、光通量、光效达到设计 ➢ 耐压测试、泄漏测试符合相关国家标准 ➢ 测试完成后应测 LED 投光灯的各组件应无机械损伤且不得出现任意一颗 LED 异常的情形	泄漏电流测试仪、光分布测试仪或照度计、耐压测试仪
20	包装		➢ 装箱单与实物符合(标识、箱内物品的数量、规格、名称、数量等) ➢ 产品合格证(加盖合格 PASS 及日期) ➢ 产品说明书(订单要求中性包装的用中性说明书)安装要求,接线要求,字体书写,产品规格正确 ➢ 产品附件有无(与订单要求核对) ➢ 包装要求,材质,层数符合包装图纸 ➢ 外箱不允许有破损,变形,潮湿 ➢ 箱体脏污,外观以 1m 可见则不合格 ➢ 外箱标识清新,书写工整,外箱内容包括但不局限于:规格型号,品名,日期,数量,重量,环保标识,小心轻放,易碎,防水,防压标志等 ➢ 运输包装要求按《产品运输包装操作规范》执行	目视、电子秤、打包机

注：LED 投光灯检测标准有 GB 7000.1—2007《灯具　第 1 部分：一般要求与试验》、GB 7000.7—2005《投光灯具安全要求》、GB/T 7002—2008《投光照明灯具光度测试》。

─────── ☆☆ **10.3　LED 水底灯** ☆☆ ───────

LED 水底灯，又称为 LED 水下灯，外型和有些地埋灯差不多，多了安装底盘，底盘是用螺钉固定，外观小而精致，美观大方。LED 水底灯是指就是装在水底下的灯，因安装在水底下面，需要承受一定的压力，采用不锈钢材料，8～10mm 钢化玻璃、优质防水接头、硅胶橡胶密封圈，弧形多角度折射强化玻璃，防水、防尘、防漏电、耐腐蚀。LED 水底灯的外形如图 10-5 所示。LED 水底灯配合 DMX512 控制系统能达到多种颜色变化效果。LED 水底灯规格一般直径为 80～160mm，高度为 90～190mm。LED 水底灯工作电压必须严格控制在人体安全电压以下，如 AC/DC 12V、24V 等电压。材料一般为不锈外钢面板，具有防强腐蚀、抗冲击力强的优点。可长期浸没水底工作，防护等级高达 IP68；采用低压直流电源供电，安全可靠。

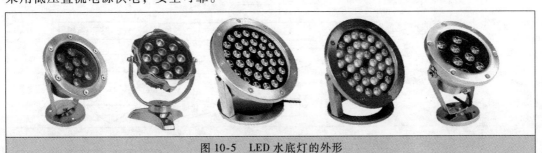

图 10-5　LED 水底灯的外形

注：

① LED 水底灯功率有 1W、3W、4W、6W、9W、12W、15W、18W、36W 等，颜色有红、绿、蓝、黄、紫、白、暖白光、七彩等，也可用渐变（内控或外控）、DMX512 控制，可实现刷墙、流水、追逐、扫描等效果。

② LED 水底灯采用全不锈钢面板、铝灯体、钢化玻璃不锈钢支架，确保散热好、防水性能高，IP68 防水。

③ 国标明确规定，对游泳池、喷水池、嬉水池等类似场所的水下照明灯具，应为防触电保护Ⅲ类灯具。其外部和内部线路的工作电压应不超过 24V。

★1. LED 水底灯组装流程图

LED 水底灯组装流程图如图 10-6 所示。

★2. LED 水底灯组装注意事项

LED 水底灯组装注意事项见表 10-4。

表 10-4　LED 水底灯组装注意事项

序号	工序名称	注　意　事　项	备注
1	焊接 LED 灯珠	➤ 焊接之前，要用万用表测试大功率灯珠，分清大功率灯珠正负极 ➤ 焊接灯珠前，要在铝基板灯珠两引脚焊盘中心处涂导热硅脂 ➤ 焊接 RGB 灯珠时，要分清 RGB 颜色，红色(R)、绿色(G)、蓝色(B)	
2	剥护套线	➤ 剥护套线时不要伤及导线绝缘层，同时也不伤及导线线芯 ➤ 导线上锡时不要损伤绝缘层，注意上锡导线长度	剪线长度要控制好，长度合适
3	安装透镜	➤ 在防水透镜底部涂抹一圈 RTV 胶，安装防水透镜时用少许力压一下，使防水透镜与线路板充分接触 ➤ 安装防水透镜胶水涂均匀，防水透镜要平整	
4	灌胶	➤ 硅胶比例要正确，调配时应注意定量需求 ➤ 灌硅胶时，注意不允许注入防水透镜里面	

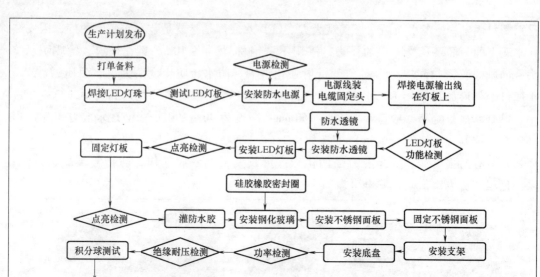

图 10-6　LED 水底灯组装流程图

☆☆ 10.4 LED 地埋灯 ☆☆

LED 地埋灯（LED 地埋灯）寿命长，有多种颜色可供选择；易于控制，可实现红、黄、蓝、绿、白、七彩跳变、渐变等功能，具有亮度高、能耗低、光线柔和、无眩光、灯具效率大于 85% 的特点。

LED 地埋灯灯体为压铸或不锈钢等材料，坚固耐用，防渗水，散热性能优良；面盖为 304# 精铸不锈钢材料，防腐蚀、抗老化；硅胶密封圈，防水性能优良，耐高温；高强度钢化玻璃，透光度强，光线辐射面宽，承重能力强；所有坚固螺钉均用不锈钢；防护等级达 IP67；可选配塑料预埋件，方便安装及维修。市面上常用的 LED 地埋灯如图 10-7 所示。

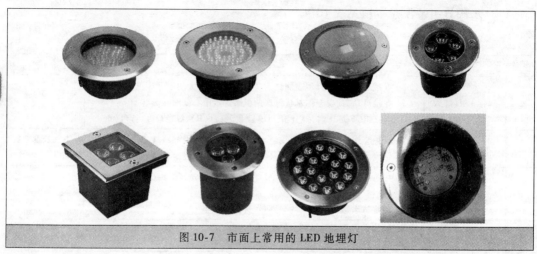

图 10-7　市面上常用的 LED 地埋灯

大功率 LED 地埋灯的输入电压为 AC 220V 或 DC 24V，光源可采用标准小功率（$\phi5$ 或 SMD 2835、5730、5630）和大功率 1W 光源、COB 光源，广泛用于绿化带、公园、草坪、庭院照明、步行街、停车场、广场夜景照明等。LED 地埋灯的玻璃一定要钢化，去应力，强度上要能承受 2EJ 的冲击力，厚度 5~10mm。胶圈的硬度以 35 为宜，胶圈设计成 U 型，可以直接套在玻璃上。防水透镜一定要和钢化玻璃有一定距离，从而影响出光质量。

常用的 LED 地埋灯有 7 种尺寸规格、5 种电压和 3 种灯罩可供选择。7 种尺寸规格为 $\phi60mm \times h80mm$、$\phi68mm \times h80mm$、$\phi68mm \times h87mm$、$\phi90mm \times h102mm$、$\phi100mm \times h102mm$、$\phi110mm \times h102mm$ 和 $\phi110mm \times h110mm$。5 种电压为 DC 12V、DC 24V、DC 100V、DC 120V 和 DC 240V。3 种灯罩为斜角边缘和玻璃透镜、平角边缘和玻璃透镜、斜角边缘和曲线玻璃透镜。LED 地埋灯外壳选择厚度超过 3mm 的压铸铝外壳，灯壳与 LED 直接或间接接触面积超过 80% 以上。防水透镜周围灌胶（导热灌封硅胶），只要灌胶到防水透镜 1/2 部分就行。LED 埋地灯电源用防水电源，防水等级 IP67 以上。

★1. LED 地埋灯的组装流程图

LED 地埋灯的组装流程图如图 10-8 所示。

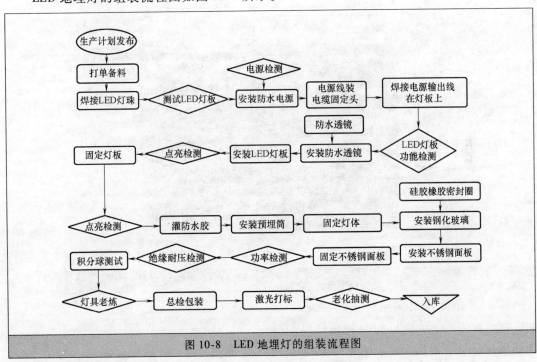

图 10-8　LED 地埋灯的组装流程图

★2. LED 地埋灯安装

（1）安装 LED 地埋灯要与土建工程配合，如挖沟、预埋线管等工作。其施工安装线路按照设计图纸进行。

（2）将电源进出线从预埋线管底部的孔中穿出，再将预埋件放入地面预埋孔内固定，外部夯实或者在周围浇筑混凝土使其固定。

注：选择尽可能高的预埋件，防止积水足够多时淹到灯体。LED 地埋灯防水等级要达到 IP68。

★3. LED 地埋灯灯体安装及电气连接

（1）采用交流电供电的 LED 地埋灯，将交流电源的相线与 LED 地埋灯引出线的红（棕）线相连接，中性线与 LED 地埋灯引出线的蓝线相连接，将保护地线与 LED 地埋灯的黄、绿线相连接（如果有黄、绿线时）。交流电供电的 LED 地埋灯电路原理如图 10-9a 所示。

现在市面上的交流供电 LED 地埋灯，是将变压器和 LED 地埋灯驱动板放在灯体内，利用过零检测技术，实现所有 LED 地埋灯驱动板的同步。LED 地埋灯驱动板如图 10-9b 所示。

注：过零检测指的是在交流系统中，当波形从正半周向负半周转换时，经过零位时系统作出的检测。过零检测都要使用光耦，对光耦要求并不高，一般的光耦就可以胜任，如 TLP521、4N25、PC187等，过零检测的作用可以理解为给主芯片提供一个标准，这个标准的起点是零电压。

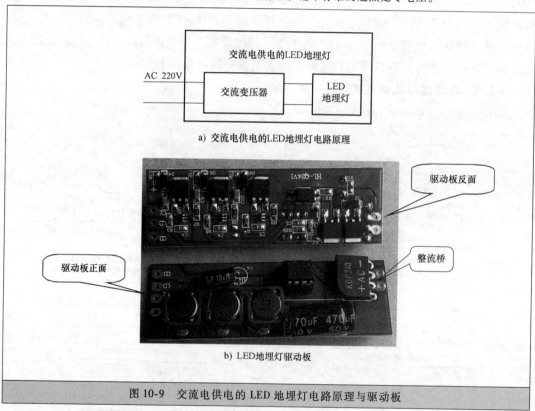

a) 交流电供电的LED地埋灯电路原理

b) LED地埋灯驱动板

图 10-9　交流电供电的 LED 地埋灯电路原理与驱动板

（2）采用直流电供电的 LED 地埋灯，将电源的正、负极与 LED 地埋灯引出线的正、负极连接即可。直流电供电的 LED 地埋灯电路原理如图 10-10 所示。

（3）在安装 DMX 全彩型 LED 地埋灯时，每隔 60 个灯之后，需要在第 60 个和第 61 个灯之间加接一个功率放大器。

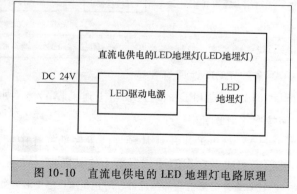

图 10-10　直流电供电的 LED 地埋灯电路原理

（4）将交流端进出线与 LED 地埋灯引出线相连接，连接牢固后，做好接头处的绝缘、防水处理，采用防水接线盒进行。

（5）连接完毕、检查无误后，将 LED 埋地灯灯体装入筒内用螺钉固定，再依次将密封圈、钢化玻璃和压板装上，用螺钉拧紧。

（6）全部安装完毕后，接通电源，灯具就可以工作。

注：

① LED 地埋灯的电源线要求采用经 VDE 认证的防水电源线，以保证 LED 地埋灯的使用寿命。

② LED 地埋灯安装前，应准备一个 IP67 或 IP68 的接线装置，用于连接外部电源输入与 LED 地埋灯的电源线接。

☆☆ 10.5　LED 庭院灯 ☆☆

LED 庭院灯是户外照明灯具的一种，通常是指 6m 以下的户外道路照明灯具，其主要部件由 LED 光源、灯具、灯杆、法兰盘、基础预埋件 5 部分组成。LED 庭院灯主要应用于城市慢车道、窄车道、居民小区、旅游景区，公园、广场等公共场所的室外照明，能够延长人们的户外活动的时间，提高财产的安全。LED 庭院灯的外形如图 10-11 所示。安装

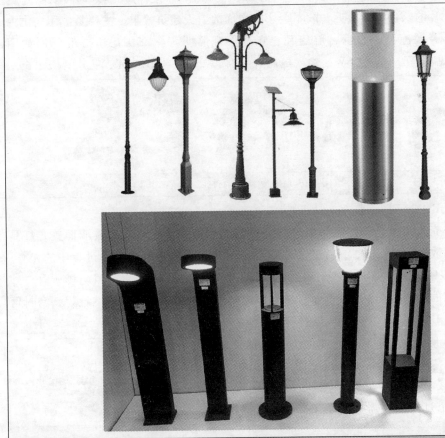

图 10-11　LED 庭院灯的外形

LED 庭院灯前，需要根据厂家提供的标准法兰盘尺寸，使用常规 M16 或 M20 螺杆焊接成基础笼，然后在安装地点挖掘合适尺寸的坑洞，把基础笼放置其中，水平矫正后，使用水泥混凝土浇灌，以固定基础笼，3～7 天后水泥混凝土充分凝固，即可安装庭院灯。LED玉米灯在 LED 庭院灯中使用比较多。

注：

① LED 光源系统主要由散热、配光、LED 模组组成。

② LED 庭院灯灯杆主要材质有等径钢管、异性钢管、等径铝管、铸铝灯杆和铝合金灯杆。

③ LED 庭院灯灯杆常用的直径有 $\Phi60$、$\Phi76$、$\Phi89$、$\Phi100$、$\Phi114$、$\Phi140$、$\Phi165$。

④ LED 庭院灯灯杆根据高度和所用场所的不同，所选材料厚度分为壁厚 2.5mm、壁厚 3.0mm、壁厚 3.5mm。

⑤ 法兰盘是 LED 庭院灯灯杆与地面安装的重要构件。

☆☆ 10.6 LED 室外照明特殊灯具简介 ☆☆

★1. LED 瓦楞灯

传统建筑的片瓦屋面的瓦片排布方式是凹曲形的瓦片一片扣在另一片上，两片瓦之间月牙形的缝隙便是 LED 瓦片灯的安装空间，把 LED 瓦片灯的两条薄片插入即可。LED 瓦片灯的颜色与瓦片的颜色十分接近，故不会影响屋面的白天建筑效果，主要是应用在仿古建筑瓦片照明、公园凉亭、别墅、琉璃瓦、青瓦景观照明等。LED 瓦楞灯的外形如图 10-12 所示。常见功率为 3W 或 6W，输入电压为 AC85～260V 或 DC24V，防水等级 IP65。

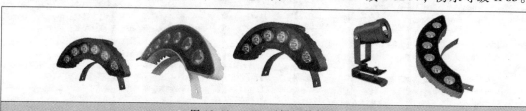

图 10-12 LED 瓦楞灯的外形

★2. 户外 LED 上下照壁灯

LED 壁灯外壳采用高级氧化喷涂铝型材和整体模压加工工艺，钢化玻璃面盖，灯具内部有优质铝材散热器，确保了良好的散热效果，有效地减少了 LED 使用过程中的光衰。户外 LED 上下照壁灯主要用于户外景观照明、墙柱、廊柱、酒店外墙等照明场所。户外 LED 上下照壁灯的外形如图 10-13 所示。采用滚边等新工艺，确保外壳整体性好，密封可靠，防水防尘达 IP65。

246

图 10-13 户外 LED 上下照壁灯的外形

第11章

LED 室内照明特殊产品及调光系统简介

────── ☆☆ **11.1 LED 天花灯** ☆☆ ──────

　　LED 天花灯采用导热性极高的铝合金及相关结构技术设计生产的一种新型天花灯。LED 天花灯主要在商业照明领域使用，现在已向家居照明领域渗透。LED 天花灯在商业照明中使用较广的规格有 1 颗、3 颗、5 颗、7 颗、9 颗、12 颗、15 颗等，每颗灯珠的功率是 1W。由于安装或使用的地方不一样，其 LED 天花灯功率大小主要取决于使用者要求的亮度、照射距离、安装处的宽度等。LED 天花灯不同于 LED 射灯，主要是以散射光源为主，照射面积广，光线大多柔和，光斑均匀。LED 天花灯的外形如图 11-1 所示。色温 7000~8000K 的 LED 天花灯，主要用于钻石、铂金、银器、水晶照明。色温 5600~6300K 的 LED 天花灯，主要用于用于彩金、玉器、翡翠照明，色温 2700~3200K 的 LED 天花灯，主要用于用于黄金、玛瑙照明。

图 11-1　LED 天花灯的外形

注：LED天花灯的配光方式有光面透镜（强光），网纹透镜（半强光）、珠面透镜（柔光）三种。

★1. LED天花灯的特点

➤ LED天花灯尺寸小、抗振动、冲击阻力大、使用寿命长。

➤ 采用大功率高亮度的LED制作的LED天花灯产品寿命更长，尺寸更小，而且设计灵活，已成为传统白炽灯泡和卤素灯的替代产品。

➤ LED天花灯的单色性良好，常用颜色包括红、绿、黄和橙色。LED不含光谱中的紫外线和红外线辐射，而有害汞金属元素含量也较少，有利于环保。

➤ LED天花灯采用直流电压驱动，即使在低电压、低电流条件下也能保持高亮度。在相同的照明应用中，LED天花灯完全可以达到要求，节能效率更高。

★2. LED天花灯部件的选购要点

➤ LED天花灯的散热器

LED天花灯的散热器的主流方案有整体式散热器方式、每颗灯珠都带有一个散（导）热柱方式及外加风扇散热方式等。目前主要使用有整体式散热器或鳍片式散热器，散热器的大小、散热器铝材的质量会影响到LED散热的速度，同时也会影响到LED天花灯的价格。

注：LED灯珠散热的快慢决定了LED天花灯的光衰程度和使用寿命。LED灯珠长时间在高温状态下工作，因节温高，光衰会很快，寿命很短，因此LED天花灯亮度会越来越差，达不到重点照明的效果。

➤ LED天花灯的驱动电源

驱动电源质量的好坏决定了整灯的寿命，目前LED灯珠使用寿命在50000h以上是没任何问题的，如果驱动电源损坏了的话，LED天花灯也不工作。驱动电源内部使用的电子元器件、设计方案决定了驱动电源的效率、功率因素、稳定性、温升值、使用寿命。从驱动电源的大小、重量及是否是隔离电源等方面，可以初步判断LED天花灯价格高低。

➤ LED灯珠的品牌和封装

LED灯珠质量决定LED天花灯照明效果，LED灯珠封装工艺影响LED灯珠质量、散热等关键因素。LED灯珠芯片有美国芯片、日本芯片、中国台湾芯片、中国大陆芯片等。不同品牌LED灯珠，价格差异较大，达到的照明效果也不一样。选购时可以通过咨询制造商。了解LED灯珠生产厂家决定采用什么芯片。

注：价格特别低的LED天花灯选购时必须注意，一些小的生产厂家会使用大厂芯片生产线打下的残次品来生产，这样的LED灯珠色温一致性差、亮度低、寿命短。

★3. LED天花灯的设计

LED天花灯目前主要应用于商业照明、家庭照明、办公照明、特殊照明等领域。这些照明领域对于灯具的各项指标都有较高的要求，在对LED天花灯开发或设计时，主要从配光、光污染、显色指数等方面考虑。

LED天花灯灯具本身的基本作用是散热及光源的电气连接，从使用的角度看，用户最关心的是LED天花灯是否能够达到照亮设计的范围及舒适度。配光曲线是所有灯具的生命线。LED天花灯配光曲线跟LED天花灯灯体的选材、灯体深度、透镜及反光系统有关。可以通过LED天花灯的配光曲线了解LED天花灯投射的光斑质量，计算LED天花灯的效率与空间内任意点的照度值及计算空间区域内的照度分布情况。

LED 天花灯还要注意光污染问题。现在的生活环境里人们十分强调有关光强度及光闪烁的管制，因为这些灯光会产生光污染，引起人们的不适应或产生危险。LED 天花灯在这方面的表现也是相当完美的，无眩光、无频闪。

LED 室内照明应用最重要参数之一是显色指数。色温也是很重要的参数，会对商品的展示效果产生影响。色温可以创造一种环境的效果，让商品增加价值感。LED 可以根据不同的环境调节不同的光色，因此 LED 天花灯在这些领域更有优势。

★4. LED 天花灯的组装流程图

LED 天花灯的组装流程图如图 11-2 所示。

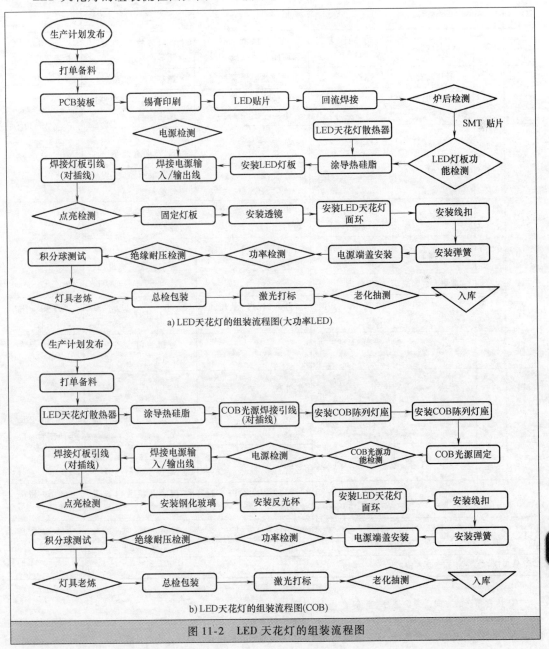

a) LED天花灯的组装流程图(大功率LED)

b) LED天花灯的组装流程图(COB)

图 11-2　LED 天花灯的组装流程图

LED 天花灯的组装流程表（大功率 LED）见表 11-1。

表 11-1　LED 天花灯的组装流程表（大功率 LED）

序号	步骤符号	步骤名称	检验工具/手段	检查项目	控制重点	处理方式
1		铝基板刷锡膏	目视	覆盖面积、位置	焊盘区域均匀刷满锡膏	
2	○	贴 LED 灯珠		位置、极性	正负极、偏位小于 0.5mm	
3		焊接灯珠		锡点、位置	避免虚焊、偏位小于 0.5mm	
4	◇	试亮检验	功率计、万用表、测试夹具	试亮，检测 LED 灯珠明暗是否一致	各灯珠均亮，明暗没有明显变化	通知品管主管
5		铝基板安装	螺钉	与散热器锁紧拧固	螺钉无松动、滑丝	
6	○	焊接电源输出线	目视	电源输入线 N、L电源输出线 +、–	极性、锡点符合设计要求或样品	通知 PIE/车间主管
7		安装透镜		外观、透性光	无刮花，裂纹，透光均匀，无明显暗亮	
8		装车铝件（散热器）		外观	外观没有刮花，没有明显色差	
9		首件检验	目视、游标卡尺、积分球、功率计	电参数、光参数、光均匀性	按成品检验内容进行控制	通知品管主管
10	◇	电参数测试	功率计、测试夹具	工程规范要求	按工程规范要求	
11		光电参数测试	积分球			
12	○	老化	老化台、调压器	灯闪、死灯、温升、电压及时间	灯闪、死灯、温升	通知 PIE/车间主管
13	◇	测试	积分球、功率计	光参数、电参数	与初始值比较变化小于 3%	通知品管主管
14		清洁	目视	外观	产品表面应干净、无刮花、脏污的现象	通知 PIE/车间主管
15	○	贴标贴		标贴内容、位置、种类	与设计要求或样品一致	
16		包装		打包装	打包装后，产品无松动，堆码不得超过四层	
17	◇	成品检测	目视、游标卡尺、积分球、功率计	按成品检验内容进行控制	按成品检验内容进行控制	通知品管主管
18	▽	入库	目视	数量、防护、实物	数量准确、实物、客户名称应与订单一致	通知仓库主管

符号说明：○—加工　◇—检验　▽—存储

注：

① 注意弹簧的方向，弹簧是否变形等。

② 各种灯珠，锡膏的过回流焊温度不一样，一定要按厂家要求。

③ 固定散热器和尾盖的螺钉一定不能高出尾盖，在装内圈的时候把握好力度，小心拧坏灯珠。

★5. LED 天花灯的检验标准

LED 天花灯的检验标准见表 11-2。

表 11-2　LED 天花灯的检验标准

序号	检验名称	检验项目	检测条件或标准	备注
1	标志	方法位置	➢ 标志方法、位置符合公司产品设计的要求或国家标准	
		耐久性	➢ 用醮有水的湿布轻轻擦拭 15s，等其完全干后再用醮用汽油的湿布擦拭 15s，试验完成后标志依然清晰	
2	工作环境		➢ 室内温度：-25 ~ +45℃； ➢ 相对湿度：不大于 90%（25℃ ±5℃）；	正常工作和燃点
3	外形尺寸		➢ 灯具外形尺寸与钳入式尺寸的配合。 ➢ 符合相关国家标准的规定	
4	外观		➢ 灯具表面应平整、光洁，无划伤等缺陷 ➢ 灯具内外应无尖角和毛刺 ➢ 灯具的所有零件均应定位安装，确保牢固可靠，没有松动现象 ➢ 转动件应能灵活转动，接触良好，无轴向窜动 ➢ 焊接部位应平整、牢固，无虚假焊等现象 ➢ 散热器底座不能有铝屑、变形 ➢ 切面不能有披锋或不平整 ➢ 透镜内不能有异物或松动 ➢ 透镜无发黄、杂质、胶迹 ➢ 前盖及透镜盖表面异色点符合设计要求 ➢ 灯具表面烤漆汽泡或麻点符合设计要求 ➢ 前盖及散热器无破裂、变形	
5	安全		➢ 一般的性能、安全及相应的试验符合 GB 7000.1—2015 的规定 ➢ 线扣可承受 35 磅吊重 1min，位移 S≤1.6mm ➢ 恒流源输出线可承受 60N、25 次拉力测试，位移 S≤2mm	
6	控制装置		➢ 控制装置安全及性能要求应符合 GB 19510.14—2009、GB/T 24825—2009 的规定 ➢ LED 模块安全及性能要求应符合 GB 24819—2009、GB/T 24823—2009 的规定 ➢ 光生物安全要求应符合 IEC 6247 及 GB/T 20145—2006 的规定 ➢ 电源输入线线径不得低于 0.5 ~1mm²	
7	电磁兼容		➢ 电磁兼容要求应符合 GB 17743—2007 ➢ 输入电流谐波应符合 GB 17625.1—2012 的规定	
8	功率		➢ 实际消耗的功率与额定功率之差不应大于 10% ➢ 实测功率 P <5W，PF≤0.5 ➢ 5W < 实测功率 P <15W，PF≥0.7 ➢ 实测功率 P >15W，PF≥0.9	额定电源电压

（续）

序号	检验名称	检验项目	检测条件或标准	备注
9	光参数		➢ 显色指数:Ra≥80,R9 >0 ➢ 初始光效≥90lm/W ➢ 初始光通量(lm)不低于额定值90% ➢ 色温:冷白 RL(4000K <色温≤6500K),其光效≥70lm/W ➢ 暖白 RN(色温≤4000K),其光效≥60lm/W ➢ 2000h 光通量维持率≥95% ➢ 5000h 光通量维持率≥90%	
10	LED 结温		➢ 对称中心位置的 LED 的结温不超过 60℃	额定工作条件
11	高压测试绝缘电阻泄漏电流		➢ 4000V 5mA 60s(无击穿、报警、没有电弧产生) ➢ Ⅱ类灯具带电部件和灯具的金属部件之间施加 4U + 2750V ➢ 绝缘电阻 DC500V 为 4MΩ ➢ 泄漏电流≤1mA	通过
12	产品标志（标牌）		➢ 灯具在明显位置固定产品标牌(符合 GB/T 13306—2011《标牌》规定) ➢ 灯具的标志应清晰,无缺划、断划、少字等现象 ➢ 制造厂厂名、厂址 ➢ 产品名称及型号 ➢ 产品编号及生产日期 ➢ 主要技术参数 ➢ 产品标准号、相关认证标志	
13	包装外箱标志		➢ 产品名称、型号及数量 ➢ 出厂年月 ➢ 外形尺寸(mm × mm × mm):长 × 宽 × 高 ➢ 毛重:kg ➢ "防湿"、"禁止翻滚""防压"、"防摔"等字样或标志(图形应符合 GB/T 191—2008《包装储运图示标志》的规定) ➢ 制造厂名和地址 ➢ 安全标志准用证号	
14	技术文件		➢ 产品合格证 ➢ 产品使用说明书(说明书符号 GB/T 9969—2008《工业产品使用说明书 总则》的规定)	
15	贮存		➢ 贮存环境为温度 − 25 ~ +40℃ ➢ 存放在干燥、清洁及通风良好、无腐蚀性介质的仓库内	

★6. LED 天花灯的安装

1）LED 天花灯安装步骤

LED 天花灯安装步骤见表 11-3。

表11-3　LED天花灯安装步骤

序号	步骤名称	步骤说明	示意图	备注
1	开孔	用开孔器在天花板上开一合适的安装孔		开孔尺寸参照LED天花灯外形的开孔尺寸
2	接电源线	将接好的电源线的外置电源放入安装孔内		
3	弹簧卡	将弹簧卡压向箭头方向,使其垂直于灯体面板,然后装入安装孔内		
4	安装灯具	确定弹簧卡到位,灯具面盖紧贴天花板		灯具不能被隔热衬或类似材料覆盖,以免影响灯具散热
5	安装完毕	将LED天花灯的灯体完全装入天花板内		

2）LED天花灯的安装示意图

LED天花灯的安装示意图如图11-3所示。

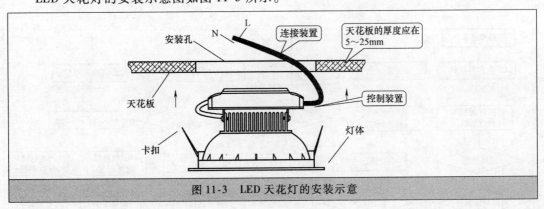

图11-3　LED天花灯的安装示意

─────── ☆☆ **11.2　LED象鼻射灯** ☆☆ ───────

★1. LED象鼻射灯简介

LED象鼻射灯可以完全取代传统射灯,采用原装进口灯珠,显色指数高,在寿命期间内色温一致稳定,光线明亮通透,采用先进光学系统,有效聚拢周围光线,使焦点更加明亮清晰，色彩更加自然，光感舒适高雅；专业外观设计，质感金属外壳时尚简约，体积小巧、美观大方；并与传统接口完全互换，安装替换方便快捷。适用于高档购物中心、酒店、专卖店、商务中心、展览厅、餐厅等场所的基础照明和重点照明。LED 象鼻射灯可以 360°自由空间旋转，90°纬度随意伸缩。LED 象鼻射灯外形如图 11-4 所示。

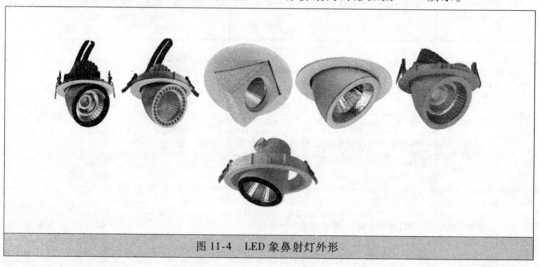

图 11-4　LED 象鼻射灯外形

★2. LED 象鼻射灯组装流程图

LED 象鼻射灯组装流程图如图 11-5 所示。

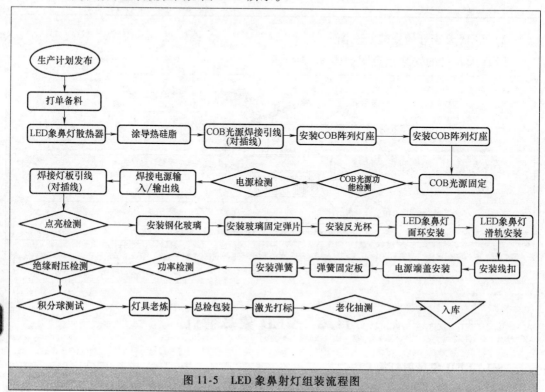

图 11-5　LED 象鼻射灯组装流程图

★3. LED 象鼻射灯电气强度与绝缘电阻测试

LED 象鼻射灯电气强度与绝缘电阻测试见表 11-4。

表 11-4　LED 象鼻射灯电气强度与绝缘电阻测试

电气强度			
非 SELV	实测值	结论	测试分析结果
不同极性的载流部件之间			
电源的输入端与输出端之间			
电源输入端与外壳之间			
SELV			
不同极性的载流部件之间			
载流部件与安装表面之间			
载流部件与灯具的金属部件之间			
绝缘电阻			
非 SELV	实测值	结论	测试分析结果
不同极性的载流部件之间			
电源的输入端与输出端之间			
电源输入端与外壳之间			
SELV			
不同极性的载流部件之间			
载流部件与安装表面之间			
载流部件与灯具的金属部件之间			

★4. LED 象鼻射灯温度测试

LED 象鼻射灯温度测试见表 11-5。

表 11-5　LED 象鼻射灯温度测试

低温恒定温度/℃		低温恒定湿度（%）	
低温保持时间/min		降温时间/min	
高温恒定温度/℃		高温恒定湿度（%）	
高温保持时间/min		升温时间/min	
LED 灯珠负极/℃		铝基板/℃	
铝基板与散热器接触面/℃		散热器/℃	
箱内通电情况	一直通电	电压/V	
循环次数	50 次		

★5. LED 象鼻射灯检测

LED 象鼻射灯（COB）检验标准见表 11-6。

表 11-6　LED 象鼻射灯（COB）检验标准

序号	检验项目	内　容　叙　述	检验方法或检验工具	判定标准或要求
1	散热器	➤ 散热器与外环表面无划痕 ➤ 不得有刮花、变形,如有刮花,其长不得超过 3mm,宽不得超过 0.25mm,散热器表面需做抛光处理,用手摸不会划伤手 ➤ 散热器与反光杯的连接处无缝隙,无松动 ➤ 散热器本体散热片无变形,歪斜 ➤ 散热片之间的螺钉孔区域无破损	目视	➤ 划痕长度 < 3mm,数量 < 3 个 ➤ 黑点数目 < 2 个,直径 < 1mm ➤ 除黑点、划痕、脏污外,其他不良一律拒收 ➤ 散热片变形拒收
2	灯体	➤ 不得有刮花、脏污现象,否则视为不合格 ➤ 不得有变形、掉漆的现象 ➤ 灯体的烤漆颜色要一致	目视	➤ 划痕长度 < 1mm,数量小于 2 个 ➤ 黑点数目 < 2 个,直径 < 1mm ➤ 脏污、异物无法清除者拒收
3	反光杯	➤ 反光杯无破损、无异色、抛光不良 ➤ 反光杯底部无明显变形、凹坑、划痕 ➤ 反光杯无破损,表面无脏污	目视	➤ 破损一律拒收,抛光不良,在反光环背面区为允收,其他拒收 ➤ 底部凹坑数量 < 2 个,划痕长度 < 3mm
4	功率	➤ 测试功率符合设计要求及技术要求 ➤ 实际消耗的功率与标称值相比应不大于的 110% ➤ $P_m > 15W$ 时,最小功率因数值应大于是 0.9 ➤ $3W < P_m \leqslant 15W$ 时,最小功率因数值应大于是 0.7	智能电量测试仪	➤ 功率不能超过设计功率的 ±10% ➤ 实测功率因数应不低于标称值 0.05
5	功能测试	➤ 点亮测试 ➤ 不能出现明显的亮暗变化 ➤ LED 象鼻射灯可以 360° 自由空间旋转,90° 纬度随意伸缩	变频电源	➤ COB 光源出现死灯,死组,COB 光源不亮 ➤ 低电流测试灯暗或者不良 ➤ LED 象鼻射灯不可以 360° 自由空间旋转,90° 纬度随意伸缩
6	安规测试	➤ 绝缘电阻在电压为 500V,绝缘电阻 ≥50MΩ ➤ 泄漏电流交流应小于 0.5mA,直流应小于 1mA 或者按国家地区具体安规要求执行 ➤ 按技术要求相应频率、电压、电流,测试时间测试无击穿现象 4000V AC 5mA 60s	接地电阻测试仪、泄漏电流测试仪、耐压测试仪、绝缘测试仪	

（续）

序号	检验项目	内 容 叙 述	检验方法或检验工具	判定标准或要求
7	电磁兼容	➤ 无线电骚扰特性应符合 GB 17743—2007《电气照明和类似设备的无线电骚扰特性的限值和测量方法》的要求 ➤ 输入谐波电流应符合 GB 17625.1—2012《电磁兼容 限值 谐波电流发射限值（设备每相输入电流≤16A）》的规定 ➤ 电磁兼容抗扰度应符合 GB/T 18595—2014《一般照明用设备电磁兼容抗扰度要求》的要求		➤ 电源供应商提供的电源电磁兼容测试报告 ➤ 委托专业检测机构出具测试报告 ➤ 灯具电磁兼容要与电源配合一起测试
8	光生物安全	➤ 光生物危害应符合 GB/T 20145—2006《灯和灯系统的光生物安全性》的要求		
9	光学测试	➤ LED 光通量、色温、显示指数、光效率，符合订单及技术参数 ➤ 初始光通量应不低于额定光通量的 90%，不高于额定光通量的 120% ➤ 光束角≤30°时，实测光束角与宣称光束角的偏差应不超过 3° ➤ 光束角＞30°时，实测光束角与宣称光束角的偏差应不超过宣称值的 10%	积分球/分布光度计	➤ 光束角不应大于 60° ➤ 初始显色指数应不低于 80° ➤ 光效要求≥60lm/W ➤ 至少点燃 30min 后，对灯的光电和颜色参数进行测量 ➤ 配光不均匀，出现严重的黑斑、暗区 ➤ 光晕边界多重阴影，光斑死板，杂影、虚影明显 ➤ 色容差≤5
10	震动测试	➤ 加速度 2G、X、Y、Z 各震动 10min，角度 10°，不允许有暗灯、死灯出现，不允许螺钉松脱、破裂	震动测试仪	➤ 出现暗灯、死灯 ➤ 螺钉松脱、破裂
11	开关次数	➤ 以 15s 点灯，15s 关灯次数不低于 40000 次（开发） ➤ 以 15s 点灯，15s 关灯次数不低于 500 次（生产）	开关寿命测试仪	➤ 不能出现死灯或电源损坏
12	高低温测试	➤ 将 LED 象鼻射灯置于高温箱内，供电工作，温度升高至 45℃，持续 8h ➤ 将 LED 象鼻射灯放入低温箱中，供电工作，温度降低至 −25℃，持续 8h	高低温箱	➤ 测试其电性能，应与实验前保持一致 ➤ 测试其光学性能，应与实验前保持一致
13	包装	➤ 装箱单与实物符合 ➤ 产品合格证 ➤ 产品说明书 ➤ 包装要求，材质，层数符合包装图纸 ➤ 外箱不允许有破损，变形，潮湿 ➤ 外箱标识清新，书写工整，外箱内容包括但不局限于：规格型号品名，日期，数量重量，环保标识，小心轻放，易碎，防水，防压标志	目视	➤ 装箱要求与客户要求一致 ➤ 按公司包装要求执行 ➤ 在内包装盒上标明额定电压、工作电压范围、额定功率、额定频率、产品型号，额定光通量、生产日期 ➤ 如果有特殊要求还要内装盒上显色指数、光效、中心光强、功率因数等信息 ➤ 能效标签信息

——————☆☆ **11.3 LED 酒店照明灯简介** ☆☆——————

酒店作为人们旅途中的短暂停歇的地方，是旅途中暂时的"家"。无论何种类型的酒店，都需要给顾客营造宾至如归的感觉，让其心灵得以栖息，获得满足。通过周到的服务，完善的配套设施，让客户感受比家更便捷的生活。

酒店大厅体现一个酒店档次和消费者品味是否匹配比较关键的地方，布局用灯要奢华大气。照明设计需注意高照度、高显色性、装饰性的发光顶或灯槽与豪华灯饰相互结合，简繁搭配，这样才能突出重点，增强空间的立体感，衬托出主厅的豪华气派。酒店大厅主光源一般选用比较大型的 LED 水晶灯或 LED 吊灯，灯具一般位于酒店入门正中央的位置。可以选择 LED 斗胆灯或者 LED 筒灯作为酒店大厅的辅助光源，把整个大厅照亮。色温不宜选择的太低，3000～4300K 最好，显色指数 Ra≥80。在离地面 1m 的水平面上，设计照度要达到 500lx。

服务台照度一般取 750～1000lx，较高的亮度能使服务总台在大堂区域内成为视觉焦点，引导客人快速走向这里，突出其重要性。照明设计需注意高照度，高显色性能避免眩光。大堂吧是宾客小憩的休闲区域一般取 100～150lx 较低的亮度。较低的亮度给人营造舒适、放松的气氛，便于酒店客人会客聊天和自己在此渡过悠闲的时光。

走廊灯具布置可以采用比较现代的布光方式。常见的方式就是使用灯条、灯带两侧布光，或者在走廊中间加入 LED 天花灯或 LED 筒灯构成光照效果。如果走廊有一些艺术展示的挂品，挂品的光亮效果由 LED 射灯来完成。装饰的处理不要沿着走道的长度均匀的布置，保持有节奏的变化，需对墙面的装饰画以及房门局部进行重点照明，这样做不仅仅是增加兴趣，更能帮助客人确定他的房间的位置，增强酒店的文化底蕴。

客房是以休息为主的，在该空间的照明设计中，要考虑营造出一种居家的感受，以低照度和光线柔和的照明构成宁静、舒适的气氛。客房灯具布置在酒店的灯光可以参照普通家庭卧室布光的方式，让酒店客房具有家的温馨。在一些无法安装吸顶式灯具的客房中，LED 台灯和 LED 壁灯就成了好的选择。在具有天花结构的客房里，可以采用一些灯体高度薄的 LED 天花射灯及 LED 筒灯，来提供适当的床头照明及墙面照明。

一些高档酒店客房照明设计更倾向于客人的内心感受，采用智能控制系统调光，如灯具采用晶闸管调光或其他调光方式。灯光选择可根据不同区域采用不同角度嵌入式 LED 射灯，在有写字台的房间内，应该提供合适的桌面照明，桌面照度可达 300lx。对一般的阅读照明采用可移动的 LED 落地灯或 LED 台灯。床头的照明灯具宜采用晶闸管调光或其他调光方式。

卫生间的灯光布局相对于其他地方的灯光布局略有不同。卫生间的照明色调以柔和均匀为宜，用灯光呈现卫生间的清爽、洁净。洗手盆、马桶和镜前的照明可用 LED 筒灯或 LED 射灯完成局部照明，镜子上方或两侧可设置 LED 镜前灯，为面部提供柔和的光线，可使客人在私人空间内能细致地观察自己的容貌及肤色。洗手间内 LED 灯具均应具备防水防潮功能。

餐厅光线应尽量贴近自然，足以让客人看清菜单与彼此的脸，但又不会影响私密的气氛。中餐厅照明的整体气氛应该是正式的、友好的，要求光色统一协调，照度均匀，避免照度对比过强所带来的视觉混乱及情绪波动。宴会厅是酒店的重要礼仪场所，智能灯光控制系统使整个宴会厅显得高贵典雅，厅中多层次多角度的水晶吊灯、隐光灯带、筒灯、壁灯可分别进行调光控制，使用大厅富丽堂皇，大放异彩。

电梯在酒店中使用频率极高，人员出入频繁，照度一般控制在 150～200lx 范围内，选用暖白光，保证与其他空间的连贯性。采用功能性与装饰性结合的照明方式，消除电梯厅的平淡与枯燥。

酒店外墙照明一般不宜采用大面积泛光照明，通常酒店考虑采用点、线、面结合的照明方式。酒店 LED 点光源及 LED 轮廓灯改变以往使用传统大功率投光灯直接照亮墙面的照明手法，减少了泛光照明对客房内住客的影响。同时可以通过电脑程序控制显现几何图形或是中、英文字。LED 投光灯可以针对大楼顶部建筑结构、部分墙面等区域，提供局部照明效果，让建筑本身更具有多变化、多层次的照明场景。

☆☆ 11.4　常用调光系统简介 ☆☆

LED 照明灯具也对调光控制提出了一些挑战。如果 LED 照明灯具和调光器不配套，可能造成灯光闪烁或熄灭，并可能对调光器或 LED 驱动电路造成损坏。要确定调光器与 LED 照明灯具是否配套，首先要确定 LED 照明灯具需要哪种类型的控制器，目前市场上有五种普通型 LED 照明设备调光控制器，如前沿切相控制器（FPC）、后沿切相控制器（RPC）、1～10V DC、DALI（数字可寻址照明接口）、DMX512（或 DMX）。

★1. 晶闸管调光

LED 灯具可以通过晶闸管的方式进行调光。目前大多数照明厂商都是采用自己的调光器和灯具驱动电源做调光测试，将适合调光器自己的调光产品推向工程市场，导致工程中经常出现用晶闸管调光系统与后切相调光驱动不匹配的情况。由于调光方式的不匹配，导致调光过程灯具闪烁。调光方式严重不匹配，会迅速损坏调光电源或调光器。目前已有的公司开发了兼容 TRIAC 的 LED 驱动电源，在调光的性能上有所改善，但是也存在效率低下和 LED 灯具偏色的现象，这一点在选择 LED 驱动电源时一定要注意。

注：目前智能调光系统，主要有路创、邦奇、奇胜、ABB、快思聪、永林、河东等。

LED 室内灯具晶闸管调光方式存在的问题见表11-7。

LED 室内灯具晶闸管调光方式介绍如下：

前沿切相控制调光采用晶闸管电路，从交流相位 0 开始，输入电压斩波，直到晶闸管导通时，才有电压输入。其原理是调节交流电每个半波的导通角来改变正弦波形，从而改变交流电流的有效值，以此实现调光的目的。目前，晶闸管调光器仍占据了绝大部分的调光系统市场。

表 11-7 LED 室内灯具晶闸管调光方式存在问题

序号	存在问题	原因	解决方案
1	调光不能调到最低亮度或调到最低亮度时闪烁	调光器功率过大或调光器有标明最小负载要求	采用一拖三或一拖四(即调光器多接几个灯具)
2	调光感觉不平稳	不能无极调光	更换调光器为无极调光器
3	调光调到50%以下就开始闪烁	电源的输出电压与灯具中 LED 灯珠串数不匹配	根据灯具中 LED 灯珠串数标准参数匹配电源输出电压
4	不能调光	调光器与电源不匹配	更换调光器为前切调光器

注:前沿调光器具有调节精度高、效率高、体积小、重量轻、容易远距离操纵等。晶闸管调光大量存在关断后 LED 仍然有微弱发光的现象存在,成为目前在晶闸管调光过程中要注意的现象。

后沿切相控制调光采用场效应晶体管(FET)或绝缘栅双极型晶体管(IGBT)设备制成,俗称"MOS 管调光器"。MOSFET 是全控开关,既可以控制开,也可以控制关,故不存在晶闸管调光器不能完全关断的现象。

注:MOSFET 调光电路比晶闸管调光电路更适合容性负载调光,但其成本高及电路复杂、不稳定,因此 MOS 管调光技术发展缓慢。MOS 管调光一般只做成旋钮式的单灯调光开关,小功率的后切相调光器不适用于工程领域。

LED 室内灯具晶闸管调光方式接线示意图,如图 11-6 所示。

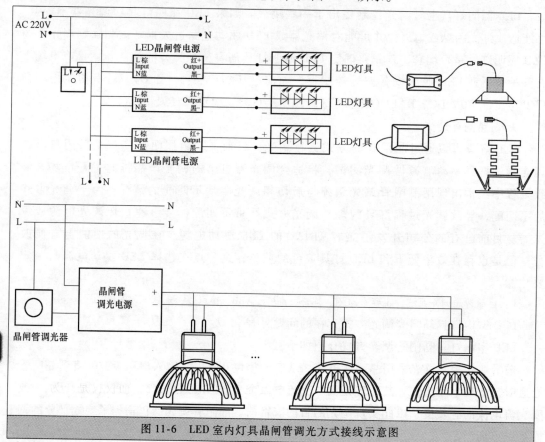

图 11-6 LED 室内灯具晶闸管调光方式接线示意图

晶闸管调光开关电源，由珠海市圣昌电子有限公司生产，其接线示意图如图11-7所示。功率有60W、100W、150W、200W，输出电压有12V、24V、36V、48V。

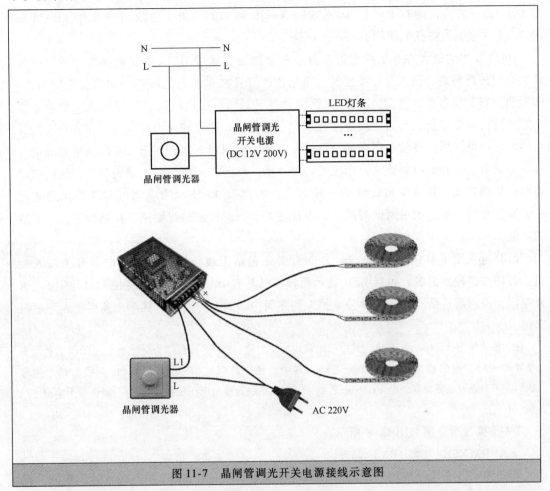

图 11-7　晶闸管调光开关电源接线示意图

注：晶闸管调光开关电源可以对 LED 模组、发光字进行调光。安装电源时必须考虑间隔，电源与电源四面之间必须有 20cm 的间距，称为安全使用间距！如安装在配电箱内，必须有风扇排热。保证电箱内的环境温度小于 50℃。

★2. DALI（数字可寻址照明接口）调光

DALI 是数字可寻址照明接口（Digital Addressable Lighting Interface）的缩写。DALI 作为 IEC 60929 标准的一部分为照明元件提供通信规则。DALI 是一个数据传输的协议，它定义了照明电器与系统设备控制器（如感应器、网关等）之间的数字通信方式，它不是一种新的总线，但它支持开放式系统。设计应用 DALI 最初目标是为了优化一个智能型的灯光控制系统，该系统具备结构简单、安装方便、操作容易、功能良优，不仅可用于一个房间内的灯光控制，还可以与大楼管理系统（BMS）对接。DALI 系统与 BMS、EIB 或 LON 总线系统不同，不是将它扩展成具有各种复杂控制功能的系统，而仅仅是作为一个灯光控制子系统应用，通过网关接口集成于 BMS 中，可接受 BMS 控制命令，或回收子系统的运行状态参数。

261

DALI 最早问世于 20 世纪 90 年代中期，商业化的应用开始于 1998 年。目前在欧洲 DALI 作为一个标准已经被镇流器大厂商所采用。灯光控制总线封闭协议的有 Clipsal Bus 和 Dynet，开放协议的有 DALI、DMX512、X—10 和 HBS。由于协议的开放性，DALI 和 DMX512 在中国被广泛的使用。

DALI 技术的最大特点是单个灯具具有独立地址，通过 DALI 系统软件可对单灯或任意的灯组进行精确的调光及开关控制，不论这些灯具在强电上是同一个回路或不同回路。即照明控制上与强电回路无关，DALI 系统软件可对同一强电回路或不同回路上的单或多个灯具进行独立寻址，从而实现单独控制和任意分组。这一理念为照明控制带来极大的灵活性，用户可根据需要随心所欲地设计满足其需求的照明方案，甚至在安装结束后的运行过程中仍可任意修改控制要求，而无须对线路做任何改动。由于系统结构简单，无需照明控制箱或调光箱，并可保留传统的布线方式，因此 DALI 技术的应用可实现简化安装程序，降低布线成本，缩短调试时间，实现许多基于回路控制的智能照明控制系统无法实现的功能。

LED 也采用了 DALI 接口调光。控制设备还包括无线电接收器和继电器开关输入接口。各种按键控制面板，包括 LED 显示面板都已具有 DALI 接口，这将使 DALI 的应用越来越广，控制器从最小的一间办公室扩大到多间房间的办公大楼，从单个商店扩大到星级宾馆。

注：输入端为 3×1.0mm 芯线，其中绿滚黄线为接大地 (FG)，棕色线为交流相线 (L)，蓝色线为交流零线 (N)。控制端为 2×0.75mm 芯线，其中蓝色线为调光信号 (DA1)，白色线为调光信号 (DA2)，不分极性。输出端为 2×1.0mm 芯线，其中红色线为输出电压正极 ($U +$)，黑色线为输出电压负极 ($U -$)。

DALI 接线示意图如图 11-8 所示。

★3. DMX512 (或 DMX) 调光

目前 DMX512 也是应用最广泛的 LED 控制系统，实际上是 LED 市场单独的标准。由于 DMX512 也要设定地址，而 DMX512 最多只能控制 512 个通道，也就是 170 个全彩 LED 灯具，所以它只能应用在小规模 LED 控制系统中。

DMX512 是传统的舞台灯光控制协议，是由美国剧场技术协会 (United State Institute for Theatre Technology, Inc) 于 1986 年 8 月提出的一个能在一对线上传送 512 路晶闸管调光亮度信息的标准。DMX512 通信方式采用了异步通信格式，每个调光点由 11 位组成，包括一个起始位、8 位调光数据和两个停止位。每一次能传输 512 个调光点。

DMX512 控制线采用 5 针 XLR (有时候是 3 针) 连接设备；母接口适用于发送器，而公接口适用于接收器。规范中建议用一条两对导线 (4 个连接口) 来实现屏蔽，虽然只是需要其中一对。第二对导线用于未指定的可选场合中。必须注意的是，一些调光器使用这些线来指示故障和状态信息。如果调光器用第二个信道，则需要专门配置的分路器和中继器。但是在建筑光亮工程中，直流的线路衰减大，要求在 50m 左右安装一个中继器，控制总线为并行方式。DMX512 协议要对每个接收设备设定地址，通常是每个接收设备有一个二进制或十进制拨码开关设定地址，而在 LED 灯光控制应用中有些灯具对防水有较高

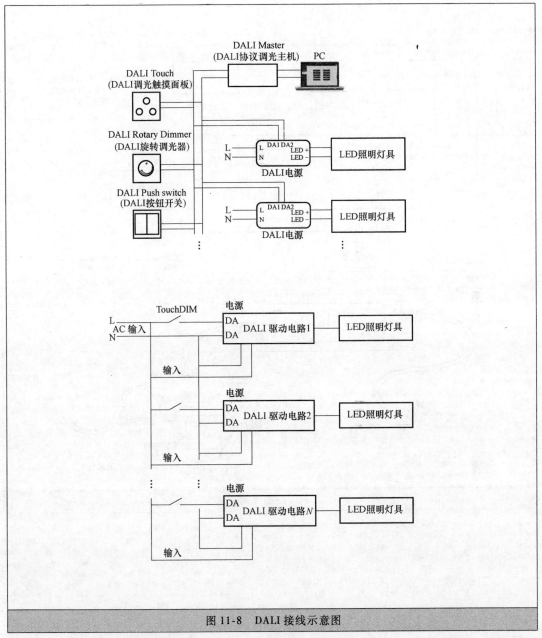

图 11-8　DALI 接线示意图

的要求，如水下灯、埋地灯等是无法通过拔码开关设定地址的，这样就加大了工程安装和维护过程中的难度。但是随着技术的发展，现在也出现了自己写地址的控制系统，只是多加了两根地址线。多个控制器互联来控制复杂的照明方案，软件比较复杂。所以 DMX512 比较适合灯具集中在一起的场合，如舞台灯光等。

★4. PWM 调光

PWM 调光是通过 PWM 波开启和关闭 LED 来改变正向电流的导通时间，以达到亮度调节的效果。该方法基于人眼对亮度闪烁不够敏感的特性，使负载 LED 时亮时暗。PWM 调光采用中国台湾明纬开关电源，其接线示意图如图 11-9 所示。

263

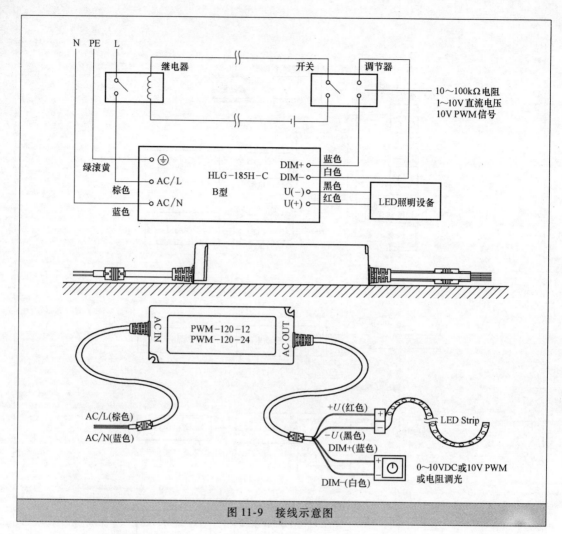

图 11-9 接线示意图

第12章

LED 照明产品认证及国际认证

本章主要介绍产品认证的概念以及国内外认证的相关知识。

产品认证制度起源于 20 世纪初的英国，目前已成为国际上通行的、用于产品安全、质量、环保等特性评价、监督和管理的有效手段。

国际标准化组织（ISO）将产品认证定义为"是由第三方通过检验评定企业的质量管理体系和样品型式试验来确认企业的产品、过程或服务是否符合特定要求，是否具备持续稳定地生产符合标准要求产品的能力，并给予书面证明的程序"。

世界大多数国家和地区都设立了产品认证机构，使用不同的认证标志，来标明认证产品对相关标准的符合程度，如 UL 认证、CE 认证、VDE 认证、CCC 认证等。

☆☆ 12.1 LED 照明产品节能认证简介 ☆☆

节能认证是指依据各国家相关的节能产品认证标准和技术要求，按照国际上通行的产品质量认证规定与程序，经节能产品认证机构确认并通过颁布认证证书和节能标志，证明某一产品符合相应标准和节能要求的活动。我国的节能产品认证工作接受国家质量技术监督局的监督和指导，认证的具体工作由中国质量认证中心负责组织实施。

图 12-1 中国产品
节能认证标志

产品节能认证是中国质量认证中心 CQC 开展的自愿性产品认证业务之一，以加施"节"标志的方式表明产品符合相关的节能认证要求，认证范围涉及电器、办公设备、照明、机电、输变电设备、建筑等产品的节能认证。旨在通过开展资源节约认证，促使消费者对节能产品的主动消费，引导和鼓励节能产品的推广和技术水平的进步。中国产品节能认证标志如图 12-1 所示。

注：

① 中国节能产品认证标志的所有权属于中国节能产品认证管理委员会，使用权归中国节能产品认证中心。

② 其他国家的节能认证有：澳洲 MEPS 认证、美国能源之星、欧盟 ERP 认证、美国加州 CEC 认证等。

LED 照明产品节能认证的产品有：反射型自镇流 LED 灯、LED 筒灯、LED 平板灯、双端 LED 灯管、普通照明用非定向自镇流 LED 灯、自镇流 LED 灯、LED 道路/隧道照明产品。其认证规则如下：

- CQC3127—2013《LED道路隧道照明产品节能认证技术规范》
- CQC3128—2013《LED筒灯节能认证技术规范》
- CQC3129—2013《反射型自镇流LED灯节能认证技术规范》
- CQC3147—2014《LED平板灯具节能认证技术规范》
- CQC 3148—2014《双端LED灯（替换直管形荧光灯用）节能认证技术规范》
- CQC1106—2014《双端LED灯（替换直管形荧光灯用）安全认证技术规范》
- CQC31-465192—2014《普通照明用非定向自镇流LED灯节能认证规则》
- CQC31-465315—2013《LED筒灯节能认证规则》
- CQC31-465137—2013《反射型自镇流LED灯节能认证规则》
- CQC31-465392—2013《LED道路隧道照明产品节能认证规则》
- CQC31-465197—2014《双端LED灯（替换直管形荧光灯用）节能认证规则》
- CQC31-465317—2014《LED平板灯具节能认证规则》
- CQC12-465196—2014《双端LED灯安全和电磁兼容认证规则》

注：

① LED道路/隧道照明产品节能认证要求：额定电压为AC 220V，频率50Hz；仅用于次干道和支路的道路照明产品；四种额定光通量的产品，即3000lm、5400lm、9000lm和14000lm；额定相关色温为6500K以下的产品。

② 反射型自镇流LED灯节能认证要求：额定功率60W以下；额定电压AC220V，频率50Hz；灯头符合GB24906《普通照明用50V以上自镇流LED灯安全要求》的要求；PAR20、PAR30和PAR38。目前使用G13灯头的LED日光灯和LED球泡灯、LED平板灯均可以进行节能认证。

LED照明产品的节能认证申请流程在这不作介绍，读者可以根据上面的认证规则或上中国质量认证中心网站查询。LED照明产品的节能认证流程图如图12-2所示。

注：

① LED照明产品产品检验由中国质量认证中心（CQC）派专人来抽检，由指定实验室检验。

② LED照明产品获证后监督。LED照明产品在市场流通，由工商等相关部门进行监督，监督其是否附合LED照明产品认证时的要求。

③ LED照明产品在检验时，如果有必要，可以将"产品检验"与"初始工厂检查"同步进行。

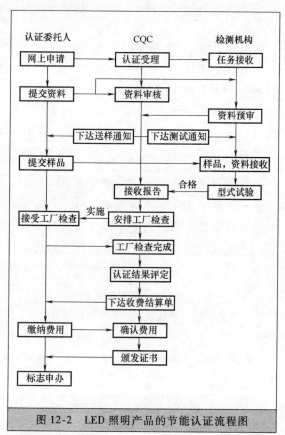

图12-2 LED照明产品的节能认证流程图

☆☆ 12.2 LED 照明产品 3C 认证 ☆☆

3C 认证是我国强制性产品认证制度，英文名称 China Compulsory Certification（英文缩写 CCC）。""是国家对强制性产品认证使用的统一标志。作为国家安全认证（CCEE）、进口安全质量许可制度（CCIB）、中国电磁兼容认证（EMC）三合一的"CCC"权威认证，是中国质检总局和国家认监委与国际接轨的一个先进标志，有着不可替代的重要性。3C 认证标志如图 12-3 所示。

目前的"CCC"认证标志分为四类，分别为

* CCC + S 安全认证标志。
* CCC + EMC 电磁兼容类认证标志。
* CCC + S&E 安全与电磁兼容认证标志。
* CCC + F 消防认证标志。

"CCC"认证标志如图 12-4 所示。

图 12-3 3C 认证标志

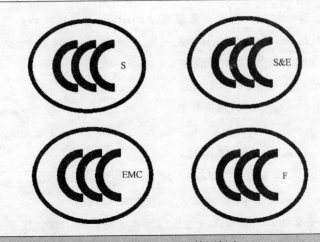

图 12-4 "CCC"认证标志

注：3C 标志并不是质量标志，而只是一种最基础的安全认证。

目前 LED 照明产品可以进行 3C 认证的产品，分别如下：

* 固定式通用 LED 灯具

悬挂、悬吊在天花板、天花板表面安装、墙面安装、地面安装、导轨安装等 LED 灯具，如 LED 吸顶灯、LED 壁灯、LED 草坪灯、LED 导轨灯。

* 可移式通用 LED 灯具

在桌面上摆放、地面摆放、夹在垂直或水平表面或圆杆的 LED 灯具，如 LED 台灯、LED 落地灯、LED 夹灯。

* 嵌入式 LED 灯具

嵌入安装在天花板或墙面上的 LED 灯具，如 LED 格栅灯、LED 筒灯、LED 墙脚灯、LED 平板灯具。

● LED 水族箱灯具

用于照明一个水族箱内部的 LED 灯具，灯具被放置在离水缸顶部很近的地方，或者放在水缸里或水缸上。

● 电源插座安装的 LED 夜灯

产品又称为"LED 小夜灯"，夜晚为不需要正常照明的区域提供低照度源的灯具。

● 地面嵌入式 LED 灯具

产品又称为"LED 地埋灯"或"LED 埋地灯"，其电源连接和电气部件在地面以下，适合安装到地面内的灯具，即与地面同一个平面。

注：

LED 路灯、LED 投光灯具不属于 CCC 认证的范围，LED 应急照明灯具除外，属于 CCC 认证的范围，检验依据是 GB 17945—2010《消防应急照明和疏散指示系统》。LED 手提灯、LED 灯串（圣诞灯）等不属于可移式通用灯具，不属于 CCC 认证的范围。

CQC 标志认证是中国质量认证中心开展的自愿性产品认证业务之一，以加施 CQC 标志的方式表明产品符合相关的质量、安全、性能、电磁兼容等认证要求，认证范围涉及机械设备、电力设备、电器、电子产品、纺织品、建材等 500 多种产品。CQC 标志认证重点关注安全、电磁兼容、性能、有害物质限量（ROHS）等直接反映产品质量和影响消费者人身和财产安全的指标，旨在维护消费者利益，促进提高产品质量，增强国内企业的国际竞争力。CQC 认证标志如图 12-5 所示。

自愿性产品认证主要是 CQC 标志认证和节能认证；CQC 标志认证已开展的产品认证范围目前主要有：

● LED 灯具产品。如 LED 路灯、LED 隧道灯、LED 投光灯、LED 灯串、LED 日光灯、LED 平板灯。

● 普通照明用自镇流 LED 灯。LED PAR 灯、LED 球泡灯、LED 蜡烛灯。

图 12-5　CQC 认证标志

● LED 模组用交流电子控制装置。包括内装式、整体式、独立式控制装置。

● 普通照明用 LED 模组。

● LED 杂类电子线路。

注：

① 自镇流 LED 灯的认证规则为：CQC31-46519—2014《普通照明用非定向自镇流 LED 灯节能认证规则》、CQC31-465137—2013《反射型自镇流 LED 灯节能认证规则》。

② 普通照明用 LED 模块的认证规则为：CQC12-465393—2011 普通照明用 LED 模块安全认证规则。

2014 年 7 月 16 日，国家认证认可监督管理委员会发布 CNCA-C10-01：2014《强制性产品认证实施规则 照明电器》，LED 驱动电源纳入 3C 认证名录。2014 年 9 月 1 日起正式实施，LED 驱动电源从 2015 年 9 月 1 日起实行 3C 认证。

LED 照明产品认证项目见表 12-1。

LED 照明产品的 3C 认证，以 LED 筒灯为例。LED 筒灯是一种 LED 光源和保持其启动和稳定燃点所需元件一体式的，或 LED 控制装置分离式 LED 下射照明产品。LED 筒灯认证基本要求：

表 12-1 LED 照明产品认证项目

产品名称	CCC 认证 （安全 + EMC）	CQC 认证 （安全 + EMC）	CQC 认证 （节能认证）
LED PAR 灯	×	√	√
LED 射灯（LED 蜡烛灯、LED 球泡灯）	×	√	√
LED 日光灯	×	√	√
LED 筒灯	√	×	√
LED 路灯、LED 隧道灯	×	√	√
LED 平板灯	×	×	√

➤ 安全和 EMC 要求

GB 7000.1—2015《灯具 第 1 部分：一般要求与试验》

GB 7000.201—2008《灯具 第 2-1 部分：特殊要求 固定式通用灯具》

GB 7000.202—2008《灯具 第 2-2 部分：特殊要求 嵌入式灯具》

GB 17625.1—2012《电磁兼容限值 谐波电流发射限值（设备每相输入电流≤16A）》

GB 17743—2007《电气照明和类似设备的无线电骚扰特性的限值和测量方法》

GB/T 29293—2012《LED 筒灯性能测量方法》

GB/T 29294—2012《LED 筒灯性能要求》

GB/T 30413—2013《嵌入式 LED 灯具性能要求》

➤ 能效和性能要求

CQC3128—2013 LED 筒灯节能认证技术规范

注：

电磁兼容 EMC（Electromagnetic Compatibility）是指设备或系统在其电磁环境中符合要求运行并不对其环境中的任何设备产生无法忍受的电磁干扰的能力。

LED 筒灯的技术要求见表 12-2。

表 12-2 LED 筒灯的技术要求

项目	内容	技术要求		
电性能	功率	不应超过额定值的 10%。		
	功率因数	实测功率	最低功率因数要求	其他要求
		实测功率≤5W	≥0.50	实测功率因数不低于标称值 0.05
		5W＜实测功率≤15W	≥0.70	
		实测功率＞15W	≥0.90	
安全要求	标记	除应符合 GB 7000.201—2008 或 GB 7000.202—2008 第 5 章的要求以外，产品上还应标注如下必要标记：额定光通量和额定相关色温		
	其他部分的要求应符合 GB 7000.201—2008《灯具 第 2-1 部分：特殊要求 固定式通用灯具》或 GB7000.202—2008《灯具 第 2-2 部分：特殊要求 嵌入式灯具》相关章节的要求			
额定寿命	应不低于 30000h			
EMC 要求	无线电骚扰特性应符合国家标准 GB 17625.1—2012《电磁兼容限值 谐波电流发射限值（设备每相输入电流≤16A）》的要求 输入电流谐波应符合国家标准 GB 17743—2007《电气照明和类似设备的无线电骚扰特性的限值和测量方法》的要求			

（续）

项目	内容	技术要求	
尺寸	符合国家标准 GB/T 29294—2012《LED 筒灯 性能要求》的要求		
光生物安全要求	符合国家标准 GB/T 20145—2006《灯和灯系统的光生物安全性》，并评估为无危害类或低危害类产品（Ⅰ类）		
适用要求	适用电压范围	90%～110% 额定电压范围内应能正常工作	
适用要求	适用环境要求	应满足具体使用场合的环境温度要求、湿度和腐蚀性等其他特殊要求 −20℃～40℃ 环境温度下应能正常工作	
光性能	初始光通量	不低于额定光通量的 90%，不高于额定光通量的 120%	
光性能	初始光效 /(lm/W)	≤3500K	>3500
光性能	初始光效 /(lm/W)	65（5 寸以下）	70（5 寸以下）
光性能	初始光效 /(lm/W)	70（5 寸以上）	77（5 寸以上）
光性能	光通维持率	3000h	6000h
光性能	光通维持率	≥96.5%	≥93.1%
光性能	光分布	与 LED 筒灯几何中心垂直轴夹角的 60°区域内，光通量应占总光通量的 75% 以上	
光性能	初始显色指数	不低于 80，R9 > 0	
光性能	颜色漂移	燃点至 6000h 的平均颜色坐标相对于初始颜色坐标的漂移 Δu'v'不应超过 0.007	

注：传统筒灯（仅包括外壳、导线和灯座），灯座为 B15d、B22d、E14、E27、GU10、GZ10 或 GX53，光源使用自镇流 LED 灯时，不能作为 LED 筒灯进行节能认证。
"寸"指"英寸（in）"，1in = 2.54cm。

LED 筒灯的色度要求见表 12-3。

表 12-3 LED 筒灯的色度要求

序号	额定相关色温	色调	初始相关色温	目标 Duv 及其容差
1	2700K	F2700（白炽灯色）	2725K ± 145K	0.000 ± 0.006
2	3000K	F3000（暖白色）	3045K ± 175K	0.000 ± 0.006
3	3500K	F3500（白色）	3465K ± 245K	0.000 ± 0.006
4	4000K	F4000（冷白色）	3985K ± 275K	0.001 ± 0.006
5	4500K		4503K ± 243K	0.001 ± 0.006
6	5000K	F5000（中性白色）	5028K ± 283K	0.002 ± 0.006
7	5700K		5665K ± 355K	0.002 ± 0.006
8	6500K	F6500（日光色）	6530K ± 510K	0.003 ± 0.006

☆☆ 12.3 欧盟认证简介 ☆☆

欧盟的产品认证有 CE、VDE、ROHS 认证等，下面对其一一介绍。

★1. CE 认证

"CE"标志是一种安全认证标志，被视为制造商打开并进入欧洲市场的护照。凡是贴有"CE"标志的产品就可在欧盟各成员国内销售，无须符合每个成员国的要求，从而实现了商品在欧盟成员国范围内的自由流通。在欧盟市场"CE"标志属强制性认证标志，不论是欧盟内部企业生产的产品，还是其他国家生产的产品，要想在欧盟市场上自由流通，就必须加贴"CE"标志，以表明产品符合欧盟《技术协调与标准化新方法》指令的基本要求。"CE"认证标志如图 12-6 所示。

图 12-6　"CE"认证标志

欧洲的能效要求主要是以欧盟的 ErP 的要求为代表。ErP 指令和 LVD 指令、EMC 指令一样，也被纳入欧盟的 CE 体系里。

欧盟理事会（EC）于 2009 年 10 月 21 日发布了 2009/125/EC 耗能产品生态化设计指令以取代旧版的 2005/32/E，从而将产品范围由耗能产品（EUP）扩大至所有耗能相关产品（ErP）。2012 年 12 月 14 日，欧盟在官方公报上发布关于定向灯、发光二极管灯及相关设备的生态设计要求法规（EU）No 1194/2012。ErP 认证是 CE 认证的能效认证部份，2013 年开始强制执行。ErP 指令的要求将连同安规、电磁兼容、无线电等其他要求一同被执行。

2012 年欧盟颁布了电灯和照明设备能源标签法规（EU）874/2012，对电灯和照明设备能源标签提出新的要求，能效标签是强制性实行的。（EU）874/2012 中，能效等级分为 A + +、A +、A、B、C、D、E。（EU）874/2012 与 98/11/EC 相比，新的执行指令在范围、能效等级表达及计算方法方面都做出了新的规定。

注：

① "CE"认证表示产品已经达到了欧盟指令规定的安全要求，是企业对消费者的一种承诺，增加了消费者对产品的信任程度；贴有 CE 标志的产品将降低在欧洲市场上销售的风险。"CE"标志不是一个质量标志，它是一个代表该产品已符合欧洲的安全/健康/环保/卫生等系列的标准及指令的标记。

② "ERP"是能效认证，每个型号都要测试的。

③ "CE"认证包括 LVD + EMC + ERP 的检测。

④ "定向灯"指的是在 π sr 的立体角范围内具有 80% 光输出（相当于 120°锥角）的灯，"非定向灯"指的是一种非定向灯的灯。通俗地讲，有反射杯或罩的灯泡一般都是定向灯，球泡、烛形泡之类均为非定向灯。

★2. VDE 认证

VDE 直接参与德国国家标准制定，是欧洲最有经验的在世界上享有很高声誉的认证机构之一。VDE 检测认证研究所（VDE Testing and Certification Institute）是德国电气工程师协会（Verband Deutscher Elektrotechniker，简称 VDE）所属的一个研究所，成立于 1920 年。作为一个中立、独立的机构，VDE 的实验室依据申请，按照德国 VDE 国家标准或欧洲 EN VDE

图 12-7　VDE 认证标志

认证证书标准，或 IEC 国际电工委员会标准对电工产品进行检验和认证。VDE 认证标志如图 12-7 所示。

注：

在许多国家，VDE 认证标志甚至比本国的认证标志更加出名，尤其被进出口商认可和看重。

★3. ROHS 认证

ROHS（Restriction of Hazardous Substances）是由欧盟立法制定的一项强制性标准，它的全称是《关于限制在电子电器设备中使用某些有害成分的指令》。该标准已于 2006 年 7 月 1 日开始正式实施，主要用于规范电子电气产品的材料及工艺标准，使之更加有利于人体健康及环境保护。

2008 年 12 月 3 日，欧盟发布了 WEEE 指令（2002/96/EC）和 ROHS 指令（2002/95/EC）的修订提案。本次提案的目的是创造更好的法规环境，即简单、易懂、有效和可执行的法规。

图 12-8　ROHS 认证标志

新 ROHS 检测项目有铅（Pb）、镉（Cd）、汞（Hg）、六价铬（Cr6 +）、多溴联苯（PBBs）和多溴联苯醚（PBDEs）、邻苯二甲酸二正丁酯（DBP）、邻苯二甲酸正丁基苄酯（BBP）、邻苯二甲酸（2-己基）己酯（DEHP）、六溴环十二烷（HBCDD）。ROHS 认证标志如图 12-8 所示。

注：

ROHS 认证适用于欧盟 27 个成员国，包括法国、德国、意大利、荷兰、比利时、卢森堡、英国、丹麦、爱尔兰、希腊、西班牙、葡萄牙、奥地利、瑞典、芬兰、塞浦路斯、匈牙利、捷克、爱沙尼亚、拉脱维亚、立陶宛、马耳他、波兰、斯洛伐克、斯洛文尼亚、保加利亚、罗马尼亚。

★4. GS 认证

GS 的含义是德语"Geprufte Sicherheit"安全性已认证或德国安全的意思。GS 认证以德国产品安全法（GPGS）为依据，按照欧盟统一标准 EN 或德国工业标准 DIN 进行检测的一种自愿性认证，是欧洲市场公认的德国安全认证标志。GS 认证标志如图 12-9 所示。

图 12-9　GS 认证标志

注：

① GS 标志是德国劳工部授权 TUV、VDE 等机构颁发的安全认证标志。GS 标志是被欧洲广大顾客接受的安全标志。通常 GS 认证产品销售单价更高而且更加畅销。

② 国内知名的德国本土的 GS 发证机构有 TUV SUD（TUV 南德意志集团）、TUV RHEINLAND、VDE 等，是德国直接认可的 GS 发证机构。

③ 通常欧洲其他与德国合作的 GS 发证机构有意大利 IMQ、SGS、KEMA、ITS、NEMKO、DEMKO、Eurofins 等。

☆☆ 12.4　美国认证简介 ☆☆

★1. UL 认证

UL 是美国保险商试验所（Underwriter Laboratories Inc.）的简写。UL 安全试验所是美国最有权威的，也是世界上从事安全试验和鉴定的较大的民间机构。UL 主要从事产品的安全认证和经营安全证明业务，其最终目的是为市场得到具有相当安全水准的商品，为人身健康和财产安全得到保证作出贡献。就产品安全认证作为消除国际贸易技术壁垒的有效手段而言，UL 为促进国际贸易的发展也发挥着积极的作用。UL 始建于 1894 年，初始阶段 UL 主要靠防火保险部门提供资金维持动作，直到 1916 年，UL 才完全自立。经过近百年的发展，UL 已成为具有世界知名度的认证机构，其自身具有一整套严密的组织管理体制、标准开发和产品认证程序。UL 标志通常标识在产品和（或）产品包装上，用以表示该产品已经通过 UL 认证，符合安全标准要求。UL 认证标志如图 12-10 所示。

★2. FCC 认证

FCC 认证即是由 FCC（Federal Communications Commission，美国联邦通信委员会）于 1934 年由 COMMUNICATIONACT 建立，是美国政府的一个独立机构，直接对国会负责。FCC 通过控制无线电广播、电视、电信、卫星和电缆来协调国内和国际的通信。FCC 认证标志如图 12-11 所示。

图 12-10　UL 认证标志

图 12-11　FCC 认证标志

注：

FCC 认证涉及美国 50 多个州、哥伦比亚以及美国所属地区，为确保与生命财产有关的无线电和电线通信产品的安全性，FCC 的工程技术部（Office of Engineering and Technology）负责委员会的技术支持，同时负责设备认可方面的事务。许多无线电应用产品、通讯产品和数字产品要进入美国市场，都要求 FCC 的认可。

能源之星（Energy Star），是一项由美国政府主导，主要针对消费性电子产品的能源节约计划。能源之星计划于 1992 年由美国环保署（EPA）和美国能源部（DOE）所启动，目的是为了降低能源消耗及减少温室气体排放。能源之星计划后来又被澳大利亚、加拿大、日本、台湾、新西兰及欧盟采纳。目前针对的产品有荧光灯、装饰性灯串、LED 灯具，电源适配器、开关电源等。

能源之星测试项目有光通量（光效）、色温（色偏差）、显色指数、光强分布、区域光通分布、色度空间不均匀性 、开关周期 、光通维持率、色度维持率等参数。

☆☆　12.5　日本认证简介　☆☆

★1. PSE 认证

PSE 认证是日本强制性安全认证，用以证明电机电子产品已通过日本电气和原料安全法（DENAN Law）或国际 IEC 标准的安全标准测试。日本的 DENTORL 法（电器装置和材料控制法）规定，498 种产品进入日本市场 PSE 认证必须通过安全认证。

273

日本 DENAN 将电气电子产品分为两类：特定电气产品（specified products），包括 115 种产品；非特定电气产品（non-specified products），包括 338 种产品。特定电气产品必须经由日本经济产业省授权的第三方认证机构进行产品及工厂测试设备的检验，核发 PSE 认证证书，认证有效期在 3~7 年之间，并在产品上加贴 PSE 菱形标志。

图 12-12　PSE 认证标志

非特定电气产品则需通过自我检查以及声明的方式证明产品的符合性，并在产品上加贴 PSE 圆形标志。PSE 认证标志如图 12-12 所示。

注：165 种 A 类产品应取得菱形的 PSE 标志，333 种 B 类产品应取得圆形 PSE 标志。

★2. TELEC 认证

《无线电法》要求，对指定的无线电设备进行型号核准（即技术法规符合性认证）。认证是强制性的，认证机构为 MIC 在指定无线电设备范围认可的注册认证机构。TELEC（Telecom Engineering Center）是日本无线电设备符合性认证的主要的注册认证机构。

（1）TELEC 认证标准

认证的技术标准参见其官网上技术法规符合性认证系统中的所列出的指定无线电设备的分类和技术标准。值得注意的是，这些技术标准与《无线电法规》（Radio Regulatory Commission Rules No. 18）的技术要求有差异时，以《无线电法规》为准。TELEC 认证标志如图 12-13 所示。

（2）认证类型

TELEC 认证包括测试认证（Test Certification）和型式认证（Type Certification）。测试认证是针对每一个设备单元进行验证，该认证只对每一个经过验证的设备单元有效；型式认证是指对同样设计和制造的一批设备的样品进行验证，该认证对该批设备都有效，但如果设备的设计或制造发生了改变，设备将需要重新认证。

★3. JQA 认证

JQA 是日本质量保证组织的英文缩写。它成立于 1993 年 10 月 1 日，是在 1957 年 10 月 28 日创建的日本机械协会的基础上建立起来的，其总部设在东京，现有雇员 650 人，是日本通商产业省认可的机构。JQA 作为日本的国家认证机构 NCB 加入 IECEE，并可颁发家用电器、信息技术、电子娱乐设备、照明电器、安全变压器以及电磁兼容（EMC）的 CB 测试证书。JQA 认可 IECEE-CB 体系成员国颁发的包含有日本国家差异的电线电缆、电容器、低压电器、电动工具和器具开关类的 CB 测试报告和证书。JQA 认证标志如图 12-14 所示。

JQA 的业务范围如下：

（1）质量体系认证。按 ISO 9000 系列标准开展质量体系的审核，对合格者颁发合格证，准予注册。

图 12-13   TELEC 认证标志

图 12-14   JQA 认证标志

（2）产品认证。JQA 开展产品认证的主要活动包括。

① 基于条例的测试和检验。主要有：基于《电气设备和电气材料控制法》进行的安全性测试和检验；基于计量法进行的计量；日本工业标准（JIS）符合性检验。

② 公共安全和 EMC/EMI 测试。主要有：安全认证；EMC/EMI 测试。

③ 委托的测试和检验：产品性能和可靠性的测试和检验，并颁发合格证；计算机保安检定。

（3）环境质量认证。包括环境评估与审核、污染源的调研及追踪到的化学物质的分析。

（4）新领域的质量保证工作，如太阳能等。

☆☆ 12.6 世界各国认证区别 ☆☆

CB 体系（电工产品合格测试与认证的 IEC 体系）是 IECEE 运作的一个国际体系，IECEE 各成员国认证机构以 IEC 标准为基础对电工产品安全性能进行测试，其测试结果即 CB 测试报告和 CB 测试证书在 IECEE 各成员国得到相互认可的体系。截止至今，全球共有 51 个国家的 66 个认证机构及其下属的 270 多个 CB 实验室参加了这一互任体系。

世界各国认证区别见表 12-4。

表 12-4   世界各国认证区别

序号	国家/地区	认证标志	认证名称	认证性质	适用国家	适用产品或标准及相关说明
1	欧盟	CE	CE	强制性	欧盟成员国	家用电器、灯具、音视频产品、ITE 及办公设备、电动工具、机械设备、医疗产品及个人防护产品等
		GS geprufte Sicherheit	GS	自愿性		家用电器、灯具、音视频产品、ITE 及办公设备、体育运动用品、家具、电工工具、电机、电动工具以及各类元器件，电器附件等

（续）

序号	国家/地区	认证标志	认证名称	认证性质	适用国家	适用产品或标准及相关说明
1	欧盟		ENEC	自愿性	欧盟成员国	信息设备、变压器、照明灯饰和相关部件、电器开关等产品
			VDE	自愿性		电热和电动器具、灯具及电子产品、医疗设备、电缆及绝缘材料、安装器材及控制器件、电子零部件等
2	美国		UL	自愿性	美国及加拿大	家用电器、灯具、音视频产品、ITE 及办公设备、电工工具、电机、电动工具以及各类元器件，电器附件
			ETL	自愿性	美国及加拿大	家用电器、灯具、音视频产品、ITE 及办公设备、电工工具、电机、电动工件
3	加拿大		CSA	强制性	加拿大	家用电器、ITE 办公设备
4	中国		CCC	强制性	中国	家用电器、ITE 办公设备、音视频产品等

（续）

序号	国家/地区	认证标志	认证名称	认证性质	适用国家	适用产品或标准及相关说明
5	日本		PSE	强制性	日本	特定电器及材料、家用电器、ITE 办公设备、音视频产品、通信产品等
6	韩国		EK(K)	强制性	韩国	ITE 办公设备、音视频产品、家用电器等电气产品
7	澳大利亚		C-TICK，SAA，RCM	强制性	澳大利亚，包括澳大利亚、新西兰等	家用电器、ITE 办公设备、音视频产品等
8	阿根廷		IRAM	强制性	阿根廷	各类电器产品（家电、电气零部件）
9	俄罗斯		GOST	强制安全认证	俄罗斯	家用产品和家用电器、家具、玩具、视听产品、电信产品等等
10	土耳其		TSE	强制安全认证	土耳其	家用电器、食品类、工业用设备、车辆、消防类产品和纺织品
11	南非		SABS	强制安全认证	南非	安全设备，电工产品，土木和建筑以及汽车产品

277

（续）

序号	国家/地区	认证标志	认证名称	认证性质	适用国家	适用产品或标准及相关说明
12	巴西	INMETRO	INMETRO	强制安全认证	巴西	巴西产品标准大部分以 IEC 和 ISO 标准为基础
13	新加坡	PSB SINGAPORE	PSB	强制安全认证	新加坡	列管电气产品需强制申请 PSB 认证
14	沙特	SASO	SASO	强制安全认证	沙特	SASO 的认证基本上应该由沙特进口商负责申领
15	印度	ISI	ISI	强制安全认证	印度	BIS 是第三方认证机构，通过其认证的产品会打上 ISI 标签，该标签在印度及周边国家有着广大的影响，良好的信誉，是产品质量的可靠担保
16	马来西亚	SIRIM	SIRIM	强制安全认证	马来西亚	MS 标记和 ST 标志分别是产品出口到马来西亚的自愿性及强制性的安全标志
17	瑞士	+S	ESTI	强制安全认证	瑞士	进入瑞士的低压电气设备必须进行强制性认证，并须施加 S + 安全标志

（续）

序号	国家/地区	认证标志	认证名称	认证性质	适用国家	适用产品或标准及相关说明
18	墨西哥	NOM	NOM	强制安全认证	墨西哥	电信及信息技术设备、家庭电气用品、灯具和其他对健康及安全具有潜在危险的产品
19	英国		BSI	强制安全认证	英国	BSI 倡导制定了世界上流行的 ISO 9000 系列管理标准，在全球多个国家拥有注册客户，注册标准涵盖质量、环境、健康和安全、信息安全、电信和食品安全等几乎所有领域
20	乌克兰		УкрСЕПРО 或 UkrSEPRO Certificate	强制安全认证	乌克兰	在乌克兰海关放行和在乌克兰国内销售过程中，都需要同时提供证书的原件和经核准的副本

注：

ETL 是美国电子测试实验室（Electrical Testing Laboratories）的简称。ETL 试验室是由美国发明家爱迪生在 1896 年一手创立的，在美国及世界范围内享有极高的声誉。同 UL、CSA 一样，ETL 可根据 UL 标准或美国国家标准测试核发 ETL 认证标志，也可同时按照 UL 标准或美国国家标准和 CSA 标准或加拿大标准测试核发复合认证标志。右下方的 "us" 表示适用于美国，左下方的 "C" 表示适用于加拿大，同时具有 "US" 和 "C" 则在两个国家都适用。如图 12-15 所示。

图 12-15　美国 ETL 认证标志

参 考 文 献

［1］ 毛兴武，张艳雯，周建军，等. 新一代绿色光源 LED 及其应用技术［M］. 北京：人民邮电出版社，2008.

［2］ 杨恒. LED 照明驱动器设计步骤详解［M］. 北京：中国电力出版社，2010.

［3］ 杨清德. LED 驱动电路设计与工程施工案例精讲［M］. 北京：化学工业出版社，2010.

［4］ 张庆双，姜立华. LED 照明电路精选图集［M］. 北京：化学工业出版社，2011.

［5］ 刘祖明. LED 照明工程设计与产品组装［M］. 北京：化学工业出版社，2011.

［6］ 刘祖明，黎小桃. LED 照明设计与应用［M］. 2 版. 北京：电子工业出版社，2014.

［7］ 陈大华. 绿色照明 LED 实用技术［M］. 北京：化学工业出版社，2009.

［8］ 刘祖明. LED 照明驱动器设计案例精解［M］. 北京：化学工业出版社，2011.

［9］ 刘祖明. LED 照明技术与灯具设计［M］. 2 版. 北京：机械工业出版社，2015.

［10］ 刘祖明. LED 芯片及驱动器电路应用速查［M］. 北京：化学工业出版社，2012.

读者需求调查表

亲爱的读者朋友：

　　您好！为了提升我们图书出版工作的有效性，为您提供更好的图书产品和服务，我们进行此次关于读者需求的调研活动，恳请您在百忙之中予以协助，留下您宝贵的意见与建议！

个人信息

姓名：		出生年月：		学历：	
联系电话：		手机：		E-mail：	
工作单位：				职务：	
通讯地址：				邮编：	

1. 您感兴趣的科技类图书有哪些？

□自动化技术　□电工技术　□电力技术　□电子技术　□仪器仪表　□建筑电气

□其他（　　　）以上各大类中您最关心的细分技术（如 PLC）是：（　　　　　）

2. 您关注的图书类型有：

□技术手册　□产品手册　□基础入门　□产品应用　□产品设计　□维修维护

□技能培训　□技能技巧　□识图读图　□技术原理　□实操　　　□应用软件

□其他（　　　）

3. 您最喜欢的图书叙述形式：

□问答型　　□论述型　　□实例型　　□图文对照　□图表　　□其他（　　　）

4. 您最喜欢的图书开本：

□口袋本　　□32 开　　□B5　　　□16 开　　□图册　　□其他（　　　）

5. 图书信息获得渠道：

□图书征订单　□图书目录　□书店查询　□书店广告　□网络书店　□专业网站

□专业杂志　　□专业报纸　□专业会议　□朋友介绍　□其他（　　　）

6. 购书途径：

□书店　□网络　□出版社　□单位集中采购　□其他（　　　）

7. 您认为图书的合理价位是（元/册）：

手册（　　）图册（　　）技术应用（　　）技能培训（　　）基础入门（　　）其他（　　）

8. 每年购书费用：

□100 元以下　□101～200 元　□201～300 元　□300 元以上

9. 您是否有本专业的写作计划？

□否　　　□是（具体情况：　　　）

非常感谢您对我们的支持，如果您还有什么问题欢迎和我们联系沟通！

地址：北京市西城区百万庄大街 22 号　机械工业出版社电工电子分社　邮编 100037

联系人：张俊红　联系电话：13520543780　传真：010-68326336

电子邮箱：buptzjh@163.com（可来信索取本表电子版）

编著图书推荐表

姓名：		出生年月：		职称/职务：		专业：	
单位：				E-mail：			
通讯地址：						邮政编码：	
联系电话：			研究方向及教学科目：				

个人简历（毕业院校、专业、从事过的以及正在从事的项目、发表过的论文）：

您近期的写作计划有：

您推荐的国外原版图书有：

您认为目前市场上最缺乏的图书及类型有：

地址：北京市西城区百万庄大街 22 号　机械工业出版社，电工电子分社

邮编：100037　网址：www.cmpbook.com

联系人：张俊红　电话：13520543780　010-68326336（传真）

E-mail：buptzjh@163.com（可来信索取本表电子版）